普通高等教育“十一五”国家级规划教材
教育部研究生精品教材
普通高等教育土建学科专业“十二五”规划教材

建筑创作思维的过程与表达

（第二版）

张伶伶　李存东　著

中国建筑工业出版社

图书在版编目（CIP）数据

建筑创作思维的过程与表达/张伶伶，李存东著．—2版．—北京：中国建筑工业出版社，2012.12（2021.12重印）
（普通高等教育“十一五”国家级规划教材．教育部研究生精品教材．普通高等教育土建学科专业“十二五”规划教材）
ISBN 978-7-112-15026-7

Ⅰ.①建…　Ⅱ.①张…②李…　Ⅲ.①建筑设计－研究　Ⅳ.①TU2

中国版本图书馆CIP数据核字（2013）第009538号

责任编辑：杨　虹
责任校对：肖　剑　赵　颖

普通高等教育“十一五”国家级规划教材
教育部研究生精品教材
普通高等教育土建学科专业“十二五”规划教材
建筑创作思维的过程与表达
（第二版）
张伶伶　李存东　著
*
中国建筑工业出版社出版、发行（北京西郊百万庄）
各地新华书店、建筑书店经销
北京嘉泰利德公司制版
临西县阅读时光印刷有限公司印刷
*
开本：787×1092毫米　1/16　印张：16　字数：400千字
2014年7月第二版　2021年12月第四次印刷
定价：49.00元
ISBN 978-7-112-15026-7
（23147）

本书论述了建筑创作思维的过程和表达。把建筑创作思维过程分为准备阶段、构思阶段和完善阶段三个部分，并对每个阶段进行了分析和讨论。在此基础上，结合三个阶段不同的思维过程，通过大量的创作实例，分析了相应的思维表达方式和重点；提出了建筑创作思维过程的一般规律和特征，力图从思维的角度对建筑创作进行理性的分析。以期在丰富建筑创作理论的同时，指导我们的建筑创作实践和建筑教育。

本书可供教育工作者、科研人员、建筑师、规划师、设计师和青年学生参考。

关键词：建筑创作
思维过程
思维表达
准备阶段
构思阶段
完善阶段

目录

建筑创作思维的过程与表达

引 言

建筑创作是人类一项十分复杂的社会实践活动。所有从事创作实践的建筑师和从业人员，都对其有自己的认识和理解。到目前为止，建筑创作理论体系还是一个有待于众多专业人士全面探索与研究，并逐步完善和充实的领域。多年以来，对于这样一个极为复杂的问题的讨论一直没有停止，相关的研究可谓仁者见仁、智者见智。由此产生了诸如功能论、技术论、空间论、艺术论、环境论等有见地的观点，它们从不同角度来认识建筑创作问题。这些理论虽自成一体，但在对建筑创作的认识上往往偏重于探讨影响创作的某些因素。在实际创作中，这些因素往往相互交叉、重叠，使得创作者对它们的把握容易产生认识上的混乱。系统方法的引入使得这种认识上的无序达到了一种综合，各种观点均可视为大系统下的子系统。但是，简单的综合并没有真正解决问题。因为，综合的结果仍然不能回答建筑师最为关心的问题，即在创作过程中如何去思考和表达自己的构想，又如何形成一个较为科学的思考与表达的体系。当我们面对一个设计任务时，建筑师更关心的是如何综合各种因素去思考，而不单纯是对这些因素的宏观认识。由此看来，我们必须重新寻找研究建筑创作的其他途径。

我们认为，要了解建筑师在创作中“如何思考”这个问题，就要研究其思维活动，从而在本质上认识建筑创作问题。建筑师在建筑创作过程中所经历的种种活动，诸如现场踏勘、调查研究、查阅资料、方案构想、勾画草图，直至完成最终的设计成果等等，这一切都只是建筑师外显的工作状态。显然，调研是为了思考，草图不过是思考的表达。因此，在我们看来，建筑创作的核心还是思维的过程与表达问题，选择思维的角度去认识和把握建筑创作有三个重要原因。

第一，思维对世界把握的完整性和深刻性是别的东西所无法比拟的。列宁曾对思维做过这样的描述：“表象不能把握整个运动，……而思维则能够把握而且应当把握。”[①]思维活动不是对现实的简单的、静态的，甚至是局部的“镜子般”的反映，而始终是对现实的某种解释，即有创造性的见解和认识。客观事物本质的、内在的关系和特征，正是通过人们积极的思维活动才被揭示出来。因而，要想对某个领域有深入的认识，就必须从思维角度入手对其加以研究。

第二，就建筑创作而言，其实质性的关键还是一个思维的过程问题。建筑创作的结果千姿百态，丰富多彩，这些都是建筑师复杂的创作思维活动最直接的反映。建筑创作中建筑师的思维过程和方式的不同，是导致创作结果有所差异的最根本的原因。因而，要想提高建筑创作水平，也必须对建筑创作思维加以研究。

① 列宁 · 列宁全集 · 第 30 卷 · 北京：人民出版社，1960. 246

第三，从知识体系的完整性上看，“必须将对于事物的本性的认识与人的本性和能力相比较，如此就可以容易达到，人所能达到的最高的完善。”[①] 根据研究表明，人类的认识方式或知识的种类可以分为四种：①由传闻得来的；②由经验而来的；③由逻辑推论出来的；④纯从认识得到一种事物的本质，或纯从认识到它的最近因而得来的。从中可以看出，惟有第四种知识可以直接认识事物的正确本质而不致于陷入错误，而这正是研究思维与表达的意义所在。

不难看出，建筑创作思维是影响建筑创作的本质或最近因，也是人的本性和能力的基础，只有对它的正确认识，才有可能更好地进行创作。把事物外在的考察与内在的审视结合起来，认识就容易达到全面和深刻的程度。以往对建筑创作呈“内外结合”的方式进行的理论研究尚不够充分，多数情况下关注的是建筑本身，而不是创作者主体。前面所提到的各种认识或理论，多是对建筑创作的客体和结果，即对建筑现象本身所做的一些外在的考察。我们认为，建筑创作的主体才是潜在的、难以驾驭的重要因素。所以，从内在审视的角度探讨建筑创作主体的思维与表达就有了特别的意义。

一、研究基础

1. 定义和分类

对建筑创作思维的研究是一项十分困难的工作。一方面，建筑创作思维活动所包容的面非常宽泛，难以把握；另一方面，思维的不可见性使得对它的研究往往带有不确定的性质，呈现“黑箱”特征。一般来说，我们常常要借鉴其他一些学科，如生理学、心理学、思维学、行为学、系统学、美学等方面的研究成果。以往，对建筑创作思维的研究，多侧重于探讨它的共时性特征，即对其进行定义或分类，并从中概括出创作思维的静态特征。但是，这种方法往往会因为研究者的侧重点不同，而使思维的定义和分类存在很多争议。

在思维的定义上，行为科学工作者认为，思维是一种认知行为，即我们回忆或操纵代表物体和事件的意象或观念的符号行为。控制论和符号学方面的观点则认为，思维是一种符号活动，这种活动归根结底是外部对象活动以压缩形式内化的结果，从哲学认识论的角度，我们可以把思维概括为一种大脑对信息的加工活动。它有狭义和广义之分，狭义的思维一般是指与感性认识相对应的理性认识阶段的思维，而广义的思维则包括了上述两个方面，它贯穿于人类实践活动的整个过程。我们对建筑创作思维的理解是基于广义的理解之上的，即泛指贯穿于建筑师建筑创作全过程的一种大脑活动，也可以说是设计中的思考(Design thinking)。建筑创作中的每一次进展都可以看作是建筑创作思维外化的结果。

关于思维的分类，涉及思维的心理机制和特征。分类的标准不同，则概括出的思维类型就不同。在思维科学中比较有代表性的有三种分法：一种是二分法，

① (德) 斯宾诺莎著，知性改进论 . 贺麟译 . 北京：商务印书馆，1986. 27

把思维分为相对立的两种类型，如按思维的方向来区分，思维可分为发散性思维与收敛性思维；按思维的对象来区分，思维可分为抽象思维与形象思维；按思维的过程来区分，思维可分为逻辑思维与直觉思维；按思维的创造性来区分，思维可分为常规性思维与创造性思维……。第二种是三分法，如钱学森先生把思维分为抽象（逻辑）思维、形象（直觉）思维和灵感思维。这是根据大脑的三个组成部分，即思维脑、情感脑和反射脑为基础进行划分而得来的。第三种是多分法，如云南大学赵仲牧先生提出的六种思维模型：①原始—神话思维；②审美—艺术思维；③思辨—分析思维；④体悟—直觉思维；⑤计量—运算思维；⑥日常—综合思维。这六种思维模型是根据思维活动中主、客体的关系，即主体性的思维形式与客体性的思维内容间的关系所构成的各种类型来划分的。

我们知道，建筑创作思维是人类普遍具有的一种思维活动，它应该包含有以上各种类型的思维特点。目前，比较普遍的看法认为建筑创作思维是形象思维与逻辑思维的统一。这一观点基本已被大家接受，但它的分类标准似乎不够确定。既以思维形式的有无形象性作为分类标准，又以思维过程的有无逻辑性作为分类标准，显然有标准不统一的问题。因此，我们可以依据这种分类所表达的内涵，根据建筑创作活动兼顾科学性和艺术性的特点，将建筑创作思维概括为理性与情感相结合的一种思维类型。

2. 过程性特征

当然，对建筑创作思维的定义和分类进行研究，是我们比较常用的研究方法，这种方法总结出的思维特征，具有共时性的特点。从上面的分析中可以看出，对思维定义的角度不同会产生不同的定义；分类的依据不同，思维又可分为不同的类型。这样一来我们对建筑创作思维的把握难免陷入困境。我们知道，对建筑创作思维的定义和分类是必需的，我们可以从不同的定义和分类中更全面地理解它、认识它，但是这种研究却不能为我们解答如何运用它去进行创作的问题。建筑创作是必须经历的一个全过程活动，建筑创作思维也有一个过程性的问题。这就需要我们除了掌握思维的共时性特征外，还必须了解它的历时性特征，即把它放到建筑创作的过程中去加以把握。这样一来，研究建筑创作思维的过程，就成了本书所要阐述观点的重要基础。对建筑创作思维过程的研究，有以下两个方面值得注意。

第一，只有对建筑创作思维的历时性特征，即思维过程有了相应的了解，才能更好地把握思维的共时性特征，才能了解建筑创作思维在创作过程中的整体规律，同时才能了解在整个过程中各个阶段的特征。这是个相辅相成的关系，惟有如此，才可以使得对建筑创作思维的把握更具体、更深入，也使我们对建筑创作思维的研究更具现实意义，从而可以有效地根据自己的情况调整思维过程，在过程中不断运用多种图示表达手段促进思维向前发展，运用思维规律促进建筑创作，从而有效地提高建筑创作水平。

第二，从建筑创作的特点来看，它具有非常强的程序性。从这个意义上说，对建筑创作思维过程性的研究，远远要比对它进行定义和分类更重要而有价值。我们知道，建筑创作之所以不同于其他的艺术创作，是因为它有较强的科学性和逻辑性；建筑创作表现在思维上，则是它具有较强的程序性特征。这一方面表现为建筑创作在整体上类似于一般的技术劳作，有一定的时间要求，并且在创作的每个阶段都有明确的任务和所要达到的目标。另一方面，它还表现为在一定的条件下，建筑创作客观存在一个最优决策，单靠“灵感”和“随心所欲”的手段是达不到的，需对方案进行逻辑分析和优化处理（optimuming），使其“逼近”最佳状态。同时，优化处理需要解决孰先孰后的问题，也即需要制定出一系列的过程和步骤，在总的时间进程上要合理安排思维进度。而在解决每一个问题时，也要有相应的策略，遵循一定的思维活动规律，这些都要靠对建筑创作思维过程的研究来把握，否则将是徒劳的。总之，抓住了建筑创作思维的过程性特征，会将复杂的问题简单化，这一点是我们立论的主要基础，在以后的讨论中我们会发现它的突出作用。

3. 过程三阶段

有了上面的讨论，问题的研究会明晰化。无论建筑创作思维过程多么复杂，从客观上讲，它都有一个从无到有，逐渐完善的过程。在这个过程中，创作者将创作构思从形成到发展到完善逐渐地物态化，最终完成整个创作。

如果对建筑创作思维过程做进一步的分析，我们又可以把它分成三个相对独立的阶段。为了便于思维过程的分析趋于理论化，我们引用一个图示来说明建筑创作的思维过程，我们提出的这个图示是早在 20 世纪 90 年代初期为研究问题的方便而确立的，它有助于我们把一个复杂的过程理论化，使之趋于简明。

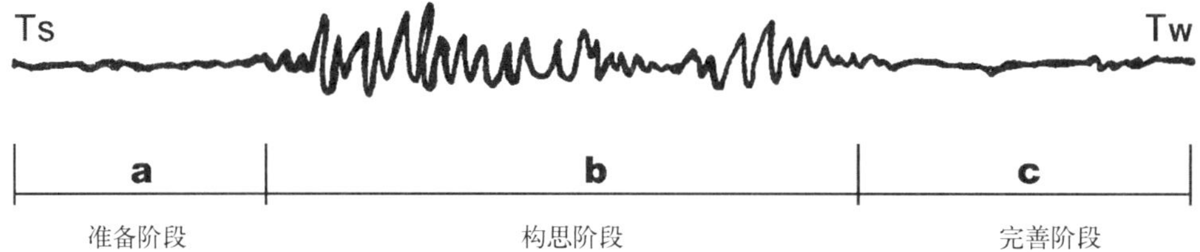

图中 Ts － Tw 表示整个构思的全过程。这个过程可以分作相对独立的三个阶段，即 a 是准备阶段；b 是构思阶段；c 是完善阶段。

图 1–1 建筑创作思维过程图 1990 年 张伶伶

我们把建筑创作思维过程分成三个阶段加以描述，是根据建筑师的具体创作特点而产生的。本书正是建立在上面的图示理论认识基础上，试图对建筑创作思维过程的准备阶段、构思阶段、完善阶段中的一般特点、思维规律、思维表达等方面做进一步的描述，以此对三个阶段构成的思维过程做总体上的探讨，总结出图示中三个阶段的时间进度安排和思维强度安排的特征。我们希望通过对上述内容的研究，能把建筑创作思维过程的认识提高到一个新的理论层次，为更好地指导建筑创作实践打下坚实的基础。

4. 过程的表达

前面，我们界定了建筑创作的三个阶段性过程，随着创作思维在过程中的不断进展，其内涵必然要通过一定的外显方式来体现，即将创作思维逐渐物态化，这就涉及思维表达的问题。

我们认为，建筑创作从某种意义上说就是不断思维和不断表达的一个过程。诗人通过文字，画家通过画面，摄影家通过照片向人们传达他们的思想。对建筑师而言，其思维表达的方式就比较宽泛而综合，语言、文字、图纸、模型、多媒体演示等都是我们用来表达的工具。建筑师的思维表达不仅有助于向外界传达信息，交流沟通，同时也是创作主体自身思维最直接的反映，它有助于我们按不同的阶段优化选择，以帮助我们整理思路、记录过程、完善思考，最终达到目标。

认识思维过程与思维表达的相互关系对建筑师来说非常重要，这会使得建筑创作成为一种脑、眼、手协调工作的整体过程。在建筑创作的整个过程中，思维与表达是互为依存的，一个阶段的思维必须借助一定的表达方式帮助记忆，借助一定的表达方式进行分析，从而有步骤地进入下一个层次。因此，我们可以说，思维表达与思维过程有着一致性的特征。这一方面表现在它们都是由不清晰到逐渐清晰的一个非线性过程，尽管其中有相当程度的不确定性、模糊性和重复性，但总的趋势一定是呈现出从模糊到清晰的渐变特征。另一方面，在整个过程中，我们几乎可以肯定的是，先有思维后有表达。表达是思维的依托，思维是表达的源泉。

图示表达可以看作是“脑－眼－手”循环往复的活动，也是自我交流的过程，交流中设计者与图示相交谈，这里的手是图示的思考（Graphic thinking），眼是视觉的思考（Visual thinking）。

图 1–2 形象化思考中“脑－眼－手”循环往复活动示意

这种思维与表达的一致性作为一种客观规律，可能许多人并没有完全理解和认识，至少没有引起足够的重视。在现实创作中，许多人在构思之初就确定了很具体的表达成果，这种成果主要从现成的资料中提取而来，这种“便捷式”反应会使人沾沾自喜，仔细地分析，却是很不正常的。很多情况下，没有思考或很少思考的表达就如同儿童的绘画一样，简单而粗浅，缺乏协调解决多重问题的策略，往往顾此失彼，表现出挂一漏万的状态。在目前的建筑教育中，尽管也引入了“视觉语言”之类的课程，或者也有教师潜意识中的摸索，而事实上，我们对此问题的研究和重视程度仍存在很大不足。我们应当看到，注重这种思维过程与思维表达的一致性特征，了解并掌握两者之间的逻辑关系是大有益处的，这不仅对被教育者有益，可能对已走向工作岗位的相关人士均会有所裨益。

由此，我们将建筑创作思维的表达单独划分出来，研究其在创作过程的不同阶段所应采用的方式和侧重点，并将其贯穿于实际探索中加以分析阐述，希望在阐述思维表达的过程中，对建筑创作思维三个阶段的特征进行更深入的剖析，也使得本书论及的思维过程与表达的理论能更趋完善。

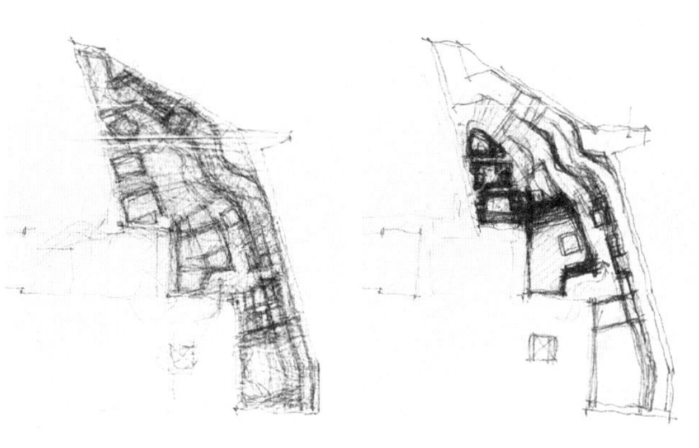

图 1–3 云南大学科研楼概念草图和模型 刘万里 张东旭 2002 年

图示表达反映了思维的过程，脑、眼、手协调工作后的逐渐物态化。

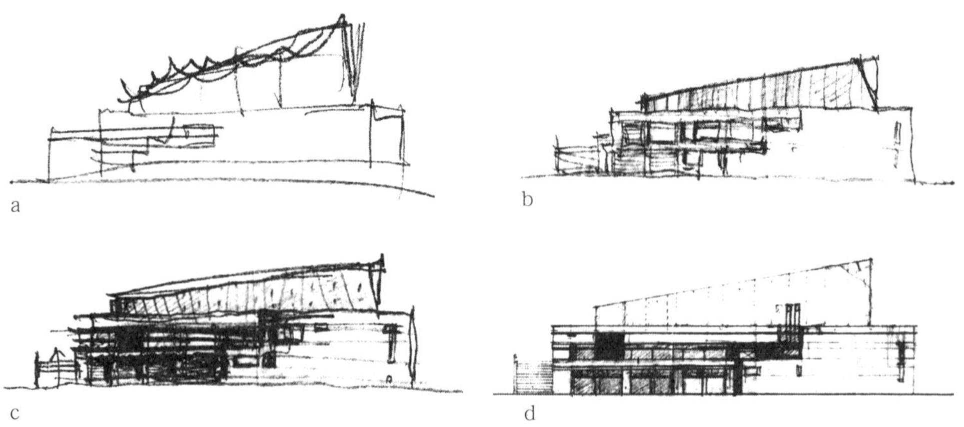

图 1–4 一个文化剧场立面生成过程草图 张伶伶 李国友 1998 年

图示表达反映了脑、眼、手协调一致后的“成像”，从“构思”走向“完善”。

建筑创作过程中逐渐清晰的草图，
反映了构思不断推进的过程。

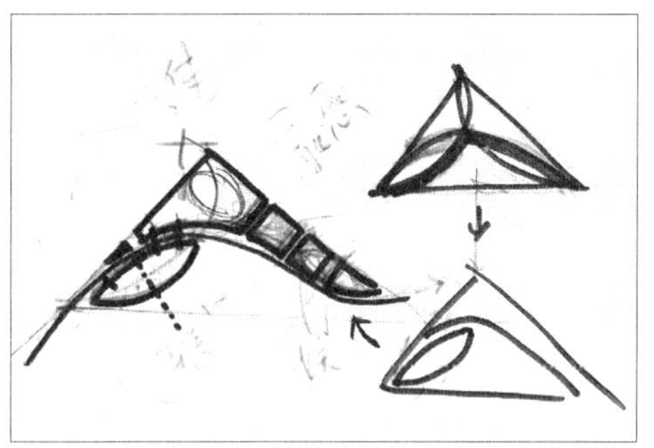

a. 构思初期的意向草图

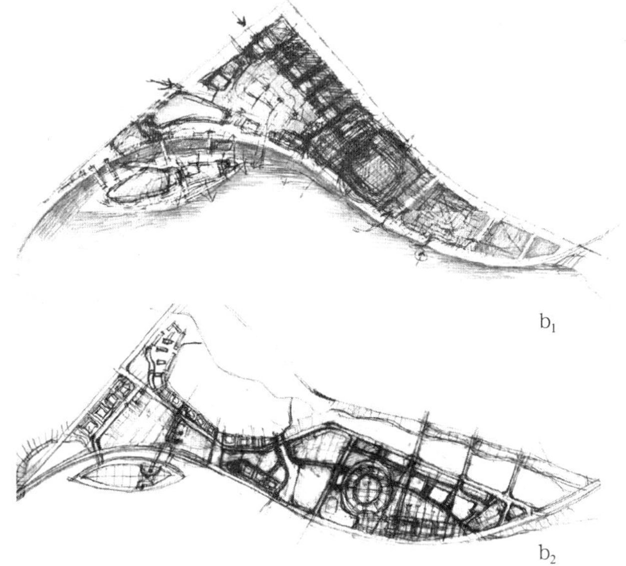

b_1

b_2

b. 构思深入过程的草图

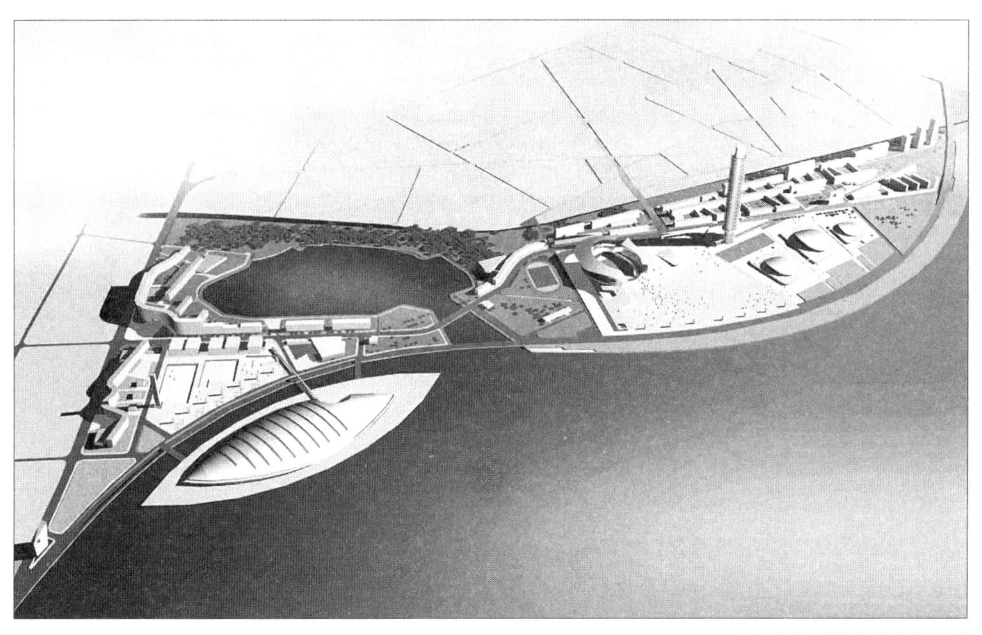

c. 完善阶段计算机模拟图

图 1–5 大连开发区海滨城市设计构思过程图解 张伶伶 蔡新冬 2002 年

黄咚咚（7 岁） 2000 年

从这个图示中可以看出，儿童绘画一般是直接对准结果的，不会出现更多的思考过程，简单而单纯。

图 1-6 儿童思维图示

赵一方（4 岁） 2004 年

二、研究范围

我们应该指出的是，建筑创作思维过程图解中，由准备阶段、构思阶段、完善阶段所构成的思维过程是对建筑创作思维过程的一种狭义上的理解，它远远概括不了建筑创作的整个过程。广义的建筑创作思维过程应该涵盖一幢建筑从无到有的全过程。目前我们国家比较普遍地把建筑创作的全过程分为四个部分，首先由城市规划师进行总体规划，业主投资方根据这一总体规划确立建设项目，建筑师按照业主的设计委托书进行设计，而后由施工单位进行建设施工，最后付诸使用。从这种广义的建筑创作过程来看，上海金茂大厦的策划、设计直到完工，可以作为一个好的实例。从它的选址到立项、方案竞赛到施工管理乃至使用运营来看，工程是一个有序的过程。权威人士评论："金茂大厦的业主决策及大厦整个建造过程的管理等方面都有成功经验值得借鉴。"在整个过程中，建筑师的大部

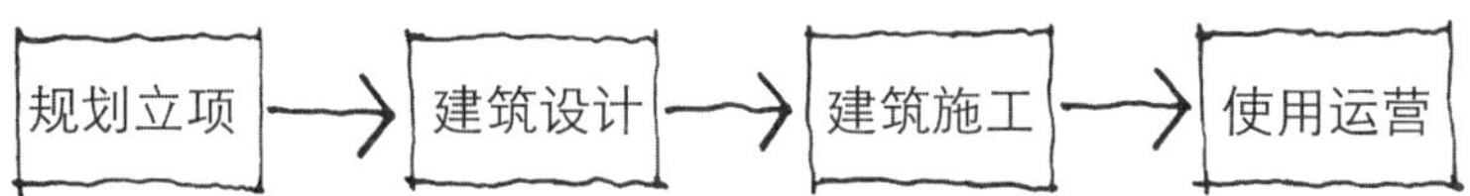

图 1–7　建设项目全过程图

分时间用在方案设计和深入设计阶段，这也是本书所论述的建筑创作思维过程中的主体状态。

从理论上讲，广义的建筑创作思维过程应该包括上述这四个阶段。但我们必须看到，把建筑创作的全过程加以划分是与时代的进步、建设规模的扩大、建筑技术的高速发展和社会结构的复杂化等社会发展特征相适应的。随着时代的发展，社会分工越来越细，建筑业也必然如此，建筑创作过程的分解也会越来越细，这势必导致建筑师的职业范围越来越专门化、精细化、职业化。过去一个时期，建筑师的工作常常贯穿在建筑创作的整个过程中，对建筑的立项、设计、施工等都要介入很多，甚至大包大揽。而现在，许多工作已由其他人去完成，建筑师的职业范围逐渐缩小到只对建筑设计负责。随着建设工作的规范化，建筑设计本身又可分为方案设计、扩初设计和施工图设计三个阶段。我们的研究，正是基于对建筑师职业特点的专业化倾向的充分认识之上，把建筑创作思维过程界定在建筑设计这一阶段之中做狭义上的理解。因为在这个过程中，方案从准备到构思到完善的过程是建筑师的思维最复杂、最活跃、最难以表述的阶段，也是每一个从事建筑创作的建筑师最为关心的过程。对这一过程的充分研究，其意义不言而喻。它必然引导我们更好地理解建筑创作的全过程，也会更有效地指导建筑师的创作实践与学习，这种理性化的过程使人学会遵循较为科学的方法，驾驭好创作思维规律，从而更好地提高自身的建筑创作水平。

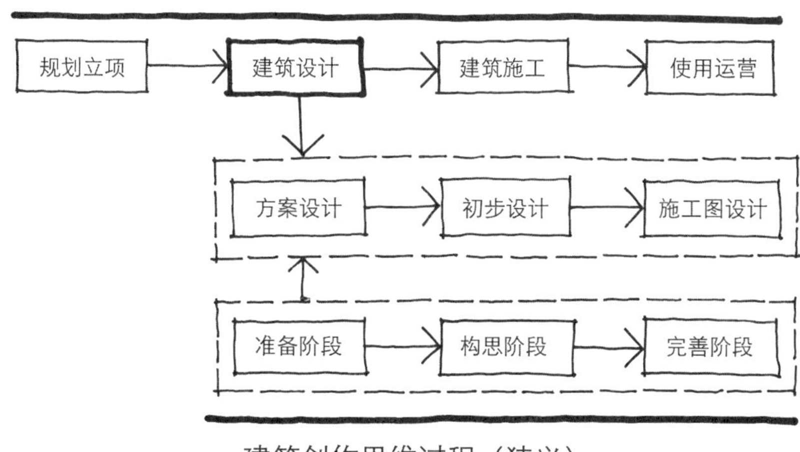

图 1–8　建筑创作思维的过程界定

需要说明的是，本书研究的重点是对“狭义”的建筑创作思维过程，做一次侧重于过程性的描述，而对建筑创作思维的形成和培养，创作中的思维方法和思维手段等虽有所涉及，但不作为研究的重点加以表述。

三、研究意义

任何课题研究，如果不是为了解决一些实际问题，那么它就失去了意义，失去了存在的价值。本书对建筑创作思维过程的研究亦如此，目的是针对当前建筑创作理论与实践中存在的问题寻求一种解决之道，观点可能有待讨论，或许也是一种引发思考的途径。当然，我们希望这种研究能丰富建筑创作理论，以便更好地指导青年学生的学习和建筑师的职业实践。具体来说，其意义可归结为以下两个方面。

第一，就建筑创作的主体而言，对建筑创作思维过程的认识程度和把握能力，直接反映了一个建筑师的综合素质和设计才能，它不会以个人的意志为转移，是建筑师思考轨迹的直接反映。建筑师要从多方面提高自己的设计能力，其中非常重要的一点就是能否对创作的思维过程有一个较全面的认识；能否在创作过程中有意识地发现和运用创作思维规律，以达到良性的循环状态。在实际的创作中，思维过程是因人而异的。从理论上讲，有什么样的思维过程，就会有什么样的设计结果，过程决定了结果。然而，实际的许多情况下，这一点却往往被许多创作主体所忽视。他们的建筑创作常常处于一种偶然的、随机性很强的状态，在创作过程中主体并没有了解自己的思维进程和思维特点，也不注意有意识地控制思维的时间和强度的安排，对过程中所遇到的问题也不能科学地和有创造性地解决，只是潜意识地依随着一定的走势去工作，主观能动性较差。不能否认，这种工作状态很难产生好的作品，更大的问题在于这种创作达到一定程度后便会产生某种惯性、产生惰性，使创作很难有更大的提高，导致“易操作性”建筑的出现。前一时期由于经济上的原因，建设项目往往要求“短、平、快”式的作业，使得某些只注重经济效益的建筑师把设计过程简单化，他们投合业主的需要，为了追求形式上的花样翻新，对一些作品或流行式样不加思索地拼贴，从而大大缩短了构思时间，弱化了建筑创作思维中的过程性特征。同样，由于电脑技术的普及，很多青年学生和建筑师不顾建筑创作思维过程的程序性特征，连最基本的图示表达都不做，直接在计算机上“做”方案，违背了建筑创作思维的过程与表达的正常规律，导致了大量建筑设计问题的出现。虽然这样做收效很快，偶尔也会有相应的报答，但这种创作思维一旦形成，只能产生越来越多的拙作，更谈不上创作水平的提高。类似的问题在现实的建筑创作中还有很多，如果细一分析，无不与思维过程及图示表达有关。对建筑创作思维过程缺少认识或错误认识，必将导致不良的创作过程，也必然带来低劣的图示表达方式，进而难以产生好的作品。相反，如果创作主体能了解建筑创作思维的过程性特征，掌握创作过程中的思维规律，能充分运用图示表达手段，自觉地在创作中有意识地调整自己的思维过程，无疑会给建筑创作带来无限的生机和活力，使思维过程与图示表达能沿着良好的方向发展，从而有效地提高自身的建筑创作能力。

第二，就理论研究的现状来看，多年来人们对建筑创作思维过程与图示表达的研究一直持冷淡的态度。究其原因，大致可归结为以下两个方面：其一，许多人一直认为建筑不同于“纯科学”，是艺术与工程的综合体，作为艺术它允许存在非理性的成分，而工程问题的解决，只有相对的优劣而无质的差异。因此有人认为，建筑学科既没有公理可循，也没有严格的科学语言，设计过程中的创造性飞跃不受严格的规则限制，他们过多地强调建筑创作思维过程的非理性和非人为性因素，对思维过程的探讨持怀疑态度。其二，对思维过程的研究，需要综合多方面的知识，涉及诸如心理学、生理学、行为学、思维学、系统学等很多相关学科的知识，并需要以大量的分析和研究为依托。建筑创作过程中思维本身又很难具体把握，只能通过对创作者的言论及具体的设计成果做些推测性的假说，同时要以丰富的实际创作经验为基础。这就使得建筑创作思维过程与图示表达研究的难度大大增加，无形之中造成了研究工作的困难，实践经验多者少有精力做这方面的研究，理论素质强者又缺乏内省经验，从而很少有人涉足于此。

以上两个方面的原因，造成目前国内建筑界对建筑创作思维过程与图示表达的研究呈现出两个方面的倾向：一是过于笼统，不够深入和具体，只停留在对思维过程总的概括性的描述上，缺乏对过程中涉及的诸多问题及过程中各个阶段的思维内容、思维特征、思维方式等的深入分析和研究，这种笼统的描述并不能给设计者以方法论上有价值的指导与启示；二是对思维过程研究的倾向过于片面而缺乏整体性，这些研究大多对建筑创作过程中思维的某一方面特质做一些概念上的分析和探讨，如创造性思维、图式思维、形象思维等等，这些分析没有把创作思维放到过程中去加以定位，从而难以总结出它们在创作过程中的阶段性的图示特征，因而显得不够系统和全面，自然也缺乏对现实创作的指导意义。

从总体上看，目前国内对建筑创作思维过程的研究显得很薄弱，也没有引起足够的重视。相比之下，国外很早就对建筑创作中的思维过程有所研究。关于建筑创作思维过程的研究，实际上属于设计方法论的范畴。国外从二十世纪 60 年代开始就着重对设计方法论中“设计过程的经营”进行了研究，先后有诸如琼斯(J.C.Jones)、亚历山大(C.Alexander)、阿舍尔（C.B.Archer)、拉克曼（J.Luckman)、布罗德本特（G.Broadbent)、罗恩（P.G.Rowe）等一些学者和相关的理论著述。由此可见，国外学者对设计方法的讨论比较系统，尤其对建筑创作思维过程与图示表达的研究也是十分重视的。

应该承认，目前我国的建筑创作水平较之过去已经有了很大的提高，甚至某些方面发展很快，但整体上还有一定的差距，原因可能是多方面的，其中理论研究上的不足不能不引起我们的重视。我们的建筑创作理论急待丰富和完善，尤其需要对创作思维及其过程与表达的研究应加大力度。本书正是基于这样一种认识的基础上，希望通过对建筑创作思维过程与图示表达的研究，为我们的建筑创作理论研究贡献一份微薄之力。如果它能引起有志于建筑探索的同仁们一点思索，并能为其创作实践提供一些有益的启示，那么本书的目的也就达到了。

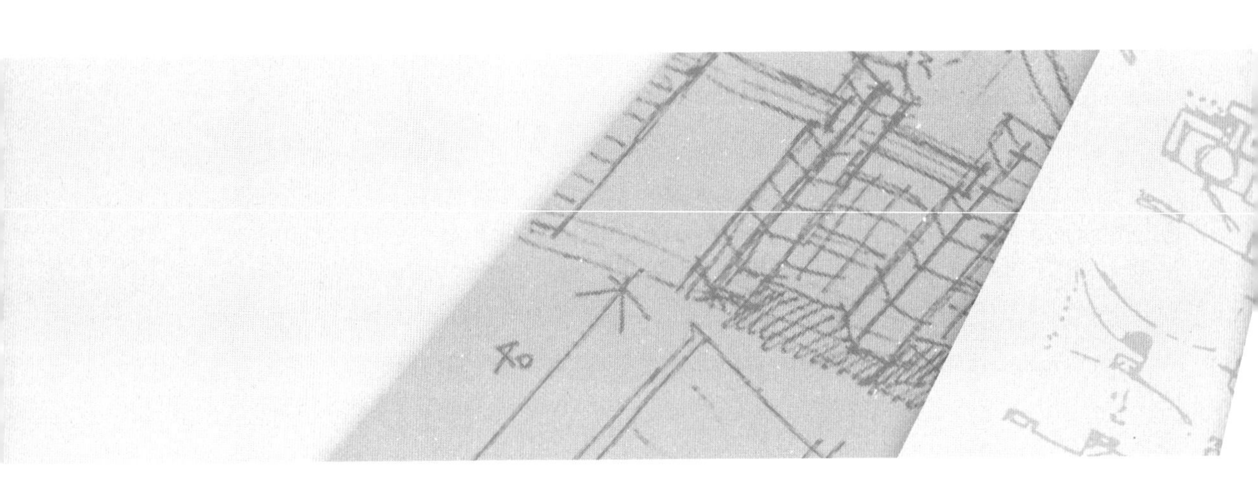

第一篇

思维过程描述

Description of Thinking

一、准备阶段

建筑创作思维过程的准备阶段，也可称之为构思的“预热阶段”。这个阶段是指建筑师从接受任务开始，一直到对所做的项目有一个总体上的认识为止。这是所有建筑师创作过程中必须经历的一个思维阶段。

在这个阶段里，创作主体要对建设项目进行总体上的把握，而对其创作和改造的工作还没有真正开始，创作和改造要以充分的认识为基础才行得通。建筑创作思维过程的准备阶段在整个创作思维过程中是至关重要的，它是后来构思阶段和完善阶段的基础和前提。准备阶段资料收集的充分与否，现场勘察过程是否详尽，能否把握住所应注意到的关键点等等，直接关系到以后设计构思的方向和最终的设计成果。因而，这个阶段历来都被众多建筑师所重视。赖特在设计日本帝国饭店时，为了确保建筑不受地震的侵害，在设计前曾用了数月的时间去研究地震和震害的特点及规律，并对帝国饭店的基地地质做了仔细的勘查，这使得帝国饭店经受了 1923 年东京有史以来的大地震而安然无恙。路易 · 康对每项设计的准备都十分认真，有时竟显得十分迟缓，以至于如金贝尔美术馆在接受委托之后的一年中，他竟未动一笔，令业主愕然。但正是这种充分的准备，才造就了这样一个不朽的作品。同样，贝聿铭在受到密特朗总统的邀请，设计巴黎卢浮宫的扩建工程时，他的答复是需要四个月的时间去准备。这期间，贝氏不定期地去巴黎，每次逗留七到十天，通过对卢浮宫的亲身体验来找出解决问题的关键。在第三次巴黎之行后，他才形成了对卢浮宫改建的总体认识，并欣然接受了设计任务。经过了这样慎重的准备，贝聿铭才创造了富有时代意义的玻璃金字塔形象，为后人所瞩目。这些都说明了准备阶段的重要性，也充分显示了对准备阶段的足够认识和深入实地勘察工作是十分必要的。

（一）准备阶段的一般描述

我们首先对建筑创作思维过程的准备阶段做一般意义上的客观描述，使我们对准备阶段的工作内容和思维特征有一个大致的了解，以便在具体的创作过程中能从认识上和行动上确保完成准备阶段的一般性工作。

1. 工作内容

在建筑创作思维过程的准备阶段，创作者的重要任务是逐渐进入“角色”，着眼于理解消化项目任务书，调查研究设计目标的背景资料，了解和掌握各种有关的外部条件和客观状况，做好前期准备。如果做一个比喻，这个阶段的工作内容就如同在一个集成网络上不断加载信息的过程。这个网络可以理解为建筑师对所做项目由未知到理解的过程，那么其理解的程度就取决于信息加载的容量及经过综合处理后所获得的效益。从这个意义上说，建筑创作准备阶段的工作内容，其显著特点就是对外部信息的加载与处理。这些信息资料至少包括：①自然条件，包括气候、地形、地貌、水文、地质、日照、景观等；②城市规划对建筑物的要求，包括用地范围、建筑红线、建筑物高度和密度的控制指标等；③城市的市政

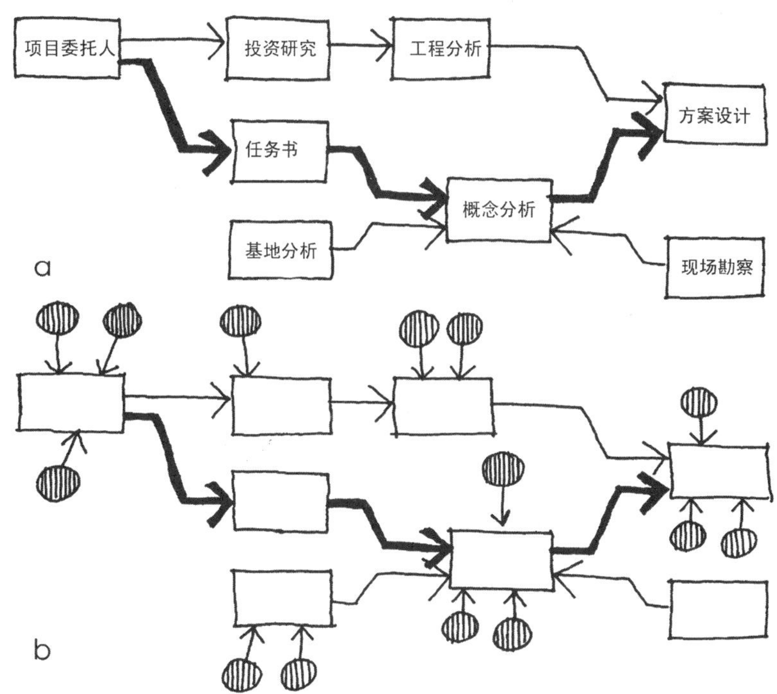

加载后的信息复杂得多，但加载情况却是因人而异的，与主体的日常积累有很大的关联。

图 2–1　准备阶段的加载信息图

a. 正常的准备过程　b. 加载的准备过程

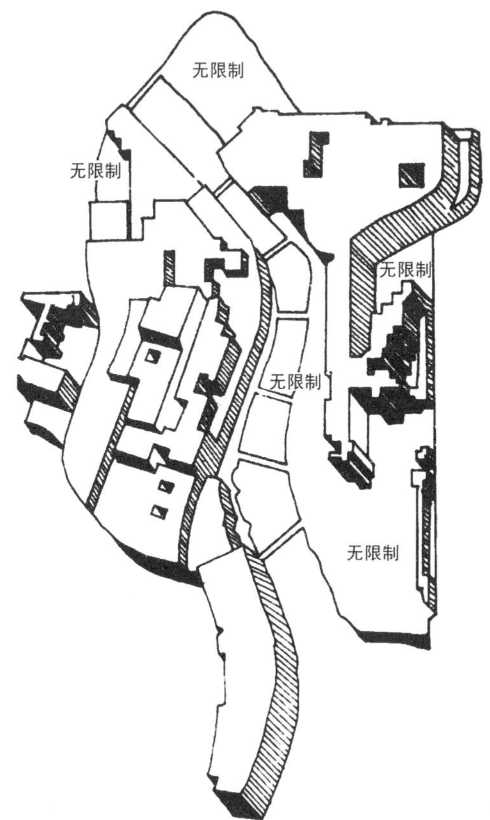

城市规划整体控制的要求是建筑设计乃至城市设计的根本依据，这种结构约束成为重要初始条件，它是准备阶段要收集的重要内容。

图 2–2　城市规划体块控制图

对环境条件和物理特征的收集与总结是准备阶段的重要内容，直接影响构思的形成。

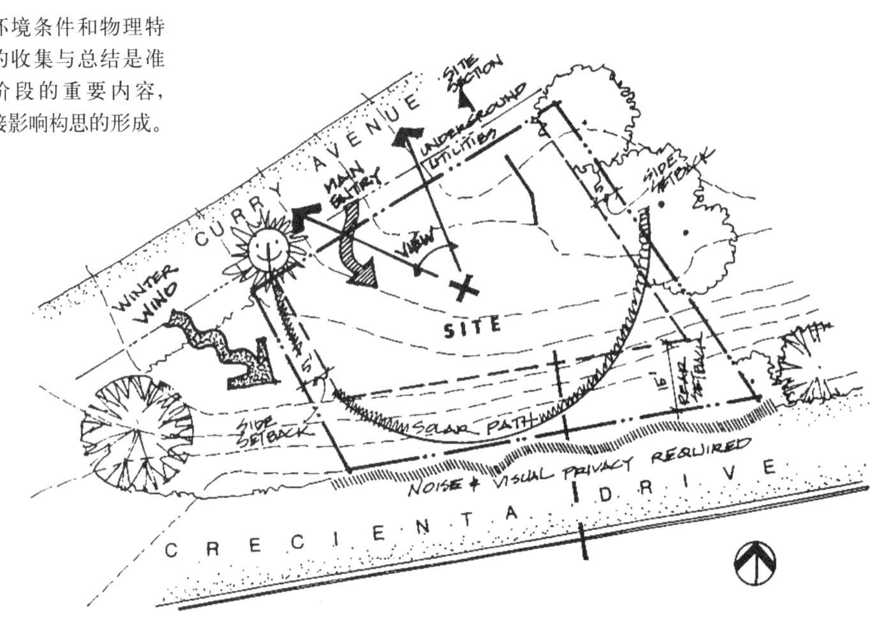

图 2–3 西斯特维特住宅基地分析 沈莉莉（戴维 R · AIA）

环境，包括交通、供水、排水、供电、供气、通讯等各种条件和情况；④使用者对拟建建筑的要求，特别是对其所应具备的各项使用内容的要求；⑤拟建建筑的特殊要求，如应满足一些建筑的类型特征和工艺要求等；⑥工程经济估算依据和所能提供的资金、材料、施工技术和设备等；⑦拟建建筑所在区域的历史文化特征和人文背景；⑧可能影响拟建工程的其他因素等等。

一般来说，在这个阶段，建筑师在收集资料时，可以采取多种方式，运用不同手段，尽可能做到详细而全面，有利于加快“预热工作”的进程。比如前面提到的对场地自然条件的认识，往往要经过实地考察，亲身去体验，并通过速写、拍照、录像等方式做记录；而甲方对建筑的具体要求，要从任务书上获取，并可通过与甲方沟通，以会议记录等方式加以收集整理；各种规范要求和各类建筑的功能要求则要从建筑资料手册及现行规范中去获取；规划要求、地形图及市政条件如水、暖、电、气等的现状可以从甲方或相应的政府机构等处获得；至于同类已建成建筑的借鉴与学习，则要靠速写、拍摄等手段，或从相关资料及计算机储备中加以收集，更多要靠平时的观察与积累。

这里，我们特别要强调建筑师日常的观察与积累，这对培养建筑师的素质极为重要，所谓处处留心皆学问，如果不善于日常积累和学习，仅靠工程到来做临时性补充是远远不够的。当代大雕塑家亨利 · 摩尔 (Henry Moore) 曾对他的创作有过这样的感触：“每一样东西，每一种形状，每一个自然形态，动物、人、卵石、贝壳……任何你喜欢的东西，都是可以帮你进行雕刻的资源。对我而言，我收集河木一类其形态能使我感兴趣的东西，把它们放在小工作室内，这样我任何时候走进工作室，都会在 5 到 10 分钟内找到一些能启发我新的构思的东西。”类似的经验在勒 · 柯布西耶（Le Corbusier）朗香教堂的创作中也有所体现，教堂顶部用于采光的三座竖塔，其灵感来源于对蒂沃里古罗马石窟采光方式的速写，可见日常积累的重要性。从主体论角度讲，我们提倡建筑师素质在平时的培养和形成，否则工作起来会出现“预热工作”时间太长，以至于占用了整个工作的大部分时间，这种情况在现实的建筑教育中常有发生，应当引起我们的足够认识。

图 2-4　雕塑家亨利 · 摩尔的工作室

这种到处具有启发性的“布置”是建筑师也需要的准备内容。

图 2-5　蒂沃里古罗马石窟采光速写　勒 · 柯布西耶

这种有意识的积累会自然地反映在日后的工作中。

总之，在创作构思的准备阶段，建筑师要运用各种手段，以各种方式收集大量的相关资料，并加以分析和综合，为下一阶段的构思工作做好必要的准备。同时，在这个阶段的工作中，建筑师之间的交流也常常借助极具专业特性的图示语言来进行，这成为一种特有的现象。

2. 思维特征

应该指出的是，建筑创作思维是始终贯穿于整个创作过程之中的，准备阶段本身也是思维过程的一部分。在这个过程中，思维特征中理性与感性的特点都有所显示，只不过相对而言，这个阶段思维的特征更多地表现为理性的一面，常常以记录性为目的的程序性思维和以归纳、总结为主的逻辑性思维为主导，而思维感性的一面则相对表现得较少。究其原因，主要是在这个阶段，创作主体的思维目的着重是用以对所做项目形成总体上的认识，实质性的创造和改造的工作还没有开始。对这个阶段的这一特征尤其要有比较清楚的认识，如果不能很好地去把

图 2–6　跨越语言障碍的图示

1999 年 11 月，莫天伟、吴庆洲、卜菁华、方拥、李保峰、严建伟、张伶伶等访问德国慕尼黑大学时与德方教授在餐桌上用餐纸进行的“学术交流”，涉及城市、古建、技术等诸多内容。

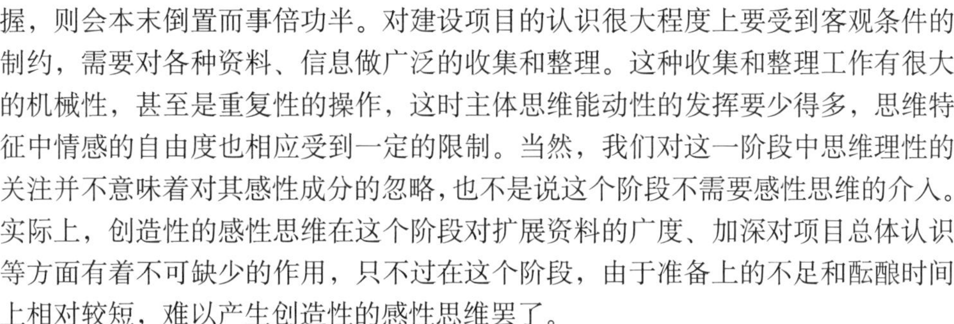

握，则会本末倒置而事倍功半。对建设项目的认识很大程度上要受到客观条件的制约，需要对各种资料、信息做广泛的收集和整理。这种收集和整理工作有很大的机械性，甚至是重复性的操作，这时主体思维能动性的发挥要少得多，思维特征中情感的自由度也相应受到一定的限制。当然，我们对这一阶段中思维理性的关注并不意味着对其感性成分的忽略，也不是说这个阶段不需要感性思维的介人。实际上，创造性的感性思维在这个阶段对扩展资料的广度、加深对项目总体认识等方面有着不可缺少的作用，只不过在这个阶段，由于准备上的不足和酝酿时间上相对较短，难以产生创造性的感性思维罢了。

（二）准备阶段的两个要点

我们可以这样理解，准备阶段的思维进程主要是对资料进行广泛的收集，进而归纳整理，确定重点所在，为进一步深入工作打下基础。经过这样一个循环上升的过程逐渐形成对建设项目的总体认识。然而，在实际的创作中，由于所需收集的资料内容十分宽泛，而且收集的深度又有很大的弹性，因而导致创作者的准备活动往往会出现两种不良的倾向：一是资料收集的广度不够；二是对资料收集的深度把握不住。这种情况使得创作者面对所收集到的资料，要么无动于衷，显得无所适从；要么陷入偏差，被并不重要的细节所迷惑，从而抓不住需要深入研究的重点。这样的被动局面在创作思维过程的准备阶段常有发生，有经验的建筑师有时会有这种失败的体验，对初学者来说更会陷入一种困境而难以前进。针对这种情况，我们提醒创作者有两个要点问题不能被忽略：一是积极地去思维，努力拓宽资料的广度；二是有意识地去综合，归纳出需要深入收集的重点。

1. 积极的思维

在准备阶段，保持积极的思维状态是至关重要的。如果把资料的收集当作是一种负担，一种不得不做的任务，或仅仅是一种表面形式，那么势必会导致准备工作浅尝辄止，避重就轻，收集到的资料自然不会全面、丰富、深入，也就更谈不上能对建设项目有总体上的正确认识了。主体保持积极地思维则能够避免这种局面，可以保证创作者的情感不断汹涌，以极大的热情尽可能多地收集资料、信息，并在各种资料信息的碰撞中引发对项目的总体认识。正如德国心理学家和美学家玛克斯·德索所描述的那样：“模糊和无序是这个阶段的特征，一切都是不确定的，各种各样的。创作者似乎已经从远处听到了微微的声音，然而仍然不能推测这声音的含意，但他从微小的迹象中窥见了一种希望，一系列远景展现出来，就像梦幻世界那么广阔，那么丰富。”诚然，这种感觉是思维过程准备阶段的一种良好的心态，只有在这种心态下才能“听到微微的声音”，“窥见一种希望”，这是符合人的心理行为的。必须承认，这种良好的心态只有在积极的思维状态下才会出现，它需要主体对创作的准备阶段要有兴趣、有热情、有敏锐的洞察力。

2. 有意识综合

由积极的思维所带来的那种“如同梦幻世界那么广阔”的感觉，毕竟不是对所做项目真实的认识，这种感觉还没有被确定，处于一种模糊状态，它还需要借助理性的分析、归纳、综合，才能从大量的信息资料中发现有价值的东西，从对它进行有重点的收集与整理中形成自己对项目总体上的正确认识。如果援引控制论的观点，由准备阶段观察和收集而来的信息，往往处于单独、具体、个别的层次上，虽然它们对于以后的创作有着不可缺少的作用，但它们毕竟纷乱而混杂，需要创作者加以有目的的提取和利用。这时，主体需将观察、收集到的信息，按照具体的要求分成若干组，使之进入意识层次和智性层次，以便进一步加工、筛选，实现高度的分析与综合。我们知道，在准备阶段，有重点地收集资料是非常必要的，因为在实际创作中，资料的涉及面是非常广泛的，而且准备阶段的时间也不可能无限制地延长。如果一味地对各方面资料都详察细考，势必导致时间和精力的不必要的浪费，使得在有限的时间内对整体的认识不够深入。我们采取抓住重点、有所侧重的收集资料的办法是解决上述问题的行之有效的途径。然而确定重点并不是一件易事，一方面要受到创作主体思想素质、创作修养和决策能力等内在因素的影响；另一方面，在准备阶段有意识地对资料进行适时的归纳与综合，也能促进对所需侧重研究的关键点的抉择。通过有意识地归纳与综合，从大

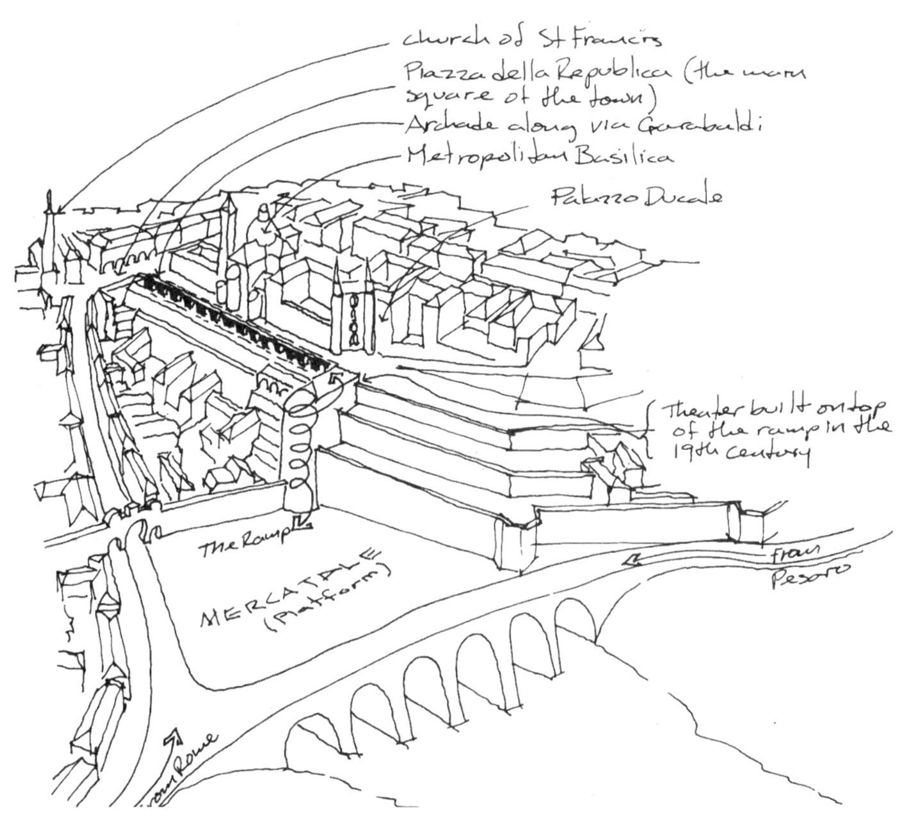

图 2-7 某建筑用地周边城市空间记录图　诺曼 · 克罗　保罗 · 拉索

这是对乌尔比诺镇中心区的记录。图示中显示出基地是如何跨越山谷，并被安放在一个适当的位置上。作为真实记录，总体环境关系较为自然地呈现出来。

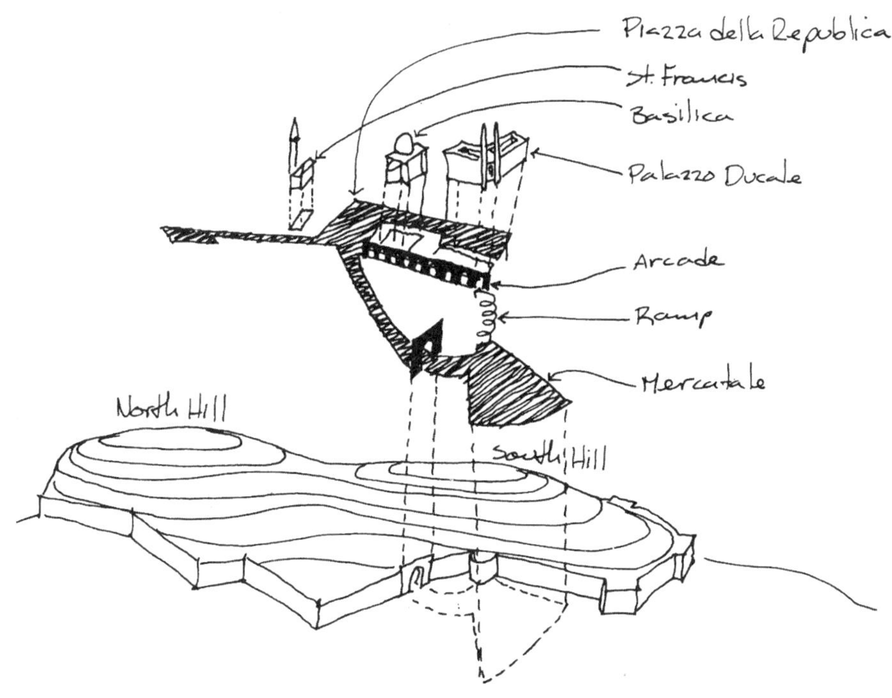

图 2–8　某建筑用地周边城市空间特征总结图　诺曼 · 克罗　保罗 · 拉索

进一步的工作是把影响空间结构的一些重要项目分离出来，这个颇为简单的图示表达了区域的重要特点，以及它们之间的联系方式。这需要观察者的总结与提炼，是简单记录的升华。

量收集来的资料中确定需要进一步深入收集、整理的部分，才能提高效率，得出对建设项目更为符合实际的认识。

总之，主体积极地思维、有意识地归纳和综合是准备阶段的两个要点。如果说通过积极思维，收集大量的资料是准备阶段的第一层次的话，那么有意识地对资料进行归纳与综合，确定需要进一步深入的重点则是它的第二层次。在准备阶段，建筑创作思维在这两个层次的交互作用下，不断增加资料收集的广度和深度，有效地完成对资料的分析与综合，从而最终形成对项目的全面而深入的认识。

二、构思阶段

建筑创作思维过程的构思阶段，是整个思维过程的主要阶段。在这个阶段中，建筑物的构想逐渐成形，建筑师内在的观念经过反复推敲后，终于成为可以表现的雏形了，按照德国美学家克罗齐的说法，这时它成为成熟了的“被表达的直觉”(intuizioni espresse)。这个阶段是建筑师内心的建筑“意象”逐渐形成并不断将其“物态化”的过程。所谓物态化，这里的含义不是指建筑物已经建成，而是指建筑师在一定的建筑“意象”的指引下，通过对建筑物的布局、功能、形式等问题的通盘考虑后，形成的较为明确的建筑构想。“意象”一词源于一千五百年前的中国南梁朝。文学理论批评家刘勰在《文心雕龙·神思》中，第一次使“意”和“象”两个字形成一个词，认为“窥意象而运斤”是“驭文之首术”，指出了它在创作中的重要地位。在近代的理论研究中，仍视其为一个相当重要的概念，这里不做纯理论上的讨论。在建筑创作的构思阶段，实际上就是“意”与“象”之间互为形成的一个复杂的矛盾过程，即所谓“窥意象而运斤”的过程，这个过程的目的是“立象以尽意”。

（一）构思阶段的一般描述

在我们看来，建筑创作思维的构思阶段是所有从事建筑创作的建筑师最为关注的阶段。在这个阶段，设计方案从无到有逐渐成形，思维经过了一个极其复杂的过程，因而对它的描述是比较困难的。下面我们先从这个阶段的工作内容和思维特征入手，对它的客观特征做一般性的描述，以便能比较清晰地说明这个问题。

1. 工作内容

如果说准备阶段主要是对外部信息进行加载与处理的话，那么构思阶段便是在此基础上，将侧重点放在对建筑所应解决的诸多问题上的一个内省性的、全面而综合的回应。

在构思阶段，创作者的任务是要完成下列各项工作：对建筑物的主要内容（包括功能和形式）的安排有个大概的布局设想；要考虑和处理建筑物与城市规划的关系，其中包括建筑物和周围环境的关系（建筑物之间高低和体量的布置，根据周围环境的现状和发展的可能性，处理好建筑对邻近建筑及周围环境的影响）、建筑物对城市交通或城市其他功能的影响等；接下来还要解决建筑内部各种使用功能的合理布置，建筑物各部分相互间的交通联系，不同大小、不同高低的空间的合理组织，空间体量的良好心理感受、视觉要求、艺术效果、建筑形式的确定等；另外还要考虑一些带有全局性的问题，如结构选型、材料的选择、各种设备系统的选择、工程概算以及主要的技术指标是否合理等。粗看起来，这个阶段涉及的内容比较庞杂，在过程中要逐步深入，各个击破，以宏观把握为主，有些更详细的内容可预留给下个阶段去补充，不能过分陷入某个环节。

总之，在这个阶段创作者要考虑几乎所有的建筑问题，并对它们提出相应的解决办法。从总体上看，在这个阶段的后期建筑方案构思已基本成型。

2. 思维特征

在构思阶段，创作者的思维活动十分复杂，既要对所做的建筑有个总体上的意象，又要解决大量的建筑问题来实现这种意象。主体在解决问题的过程中，又会不断发现新的问题，而很多问题的解决又往往一环扣一环地缠绕在一起，甚至是相互矛盾的，要想取得一个适当的相对满意的结果，需要进行大量的综合思考、分析和比较，按照模糊论的观点只能是一种逼近满意的状态。由此我们可以说，这个阶段是创作者的思维最活跃、创造性思维最丰富、灵感火花不断闪现的阶段，因而这个阶段也是我们所要研究的重点。

在建筑创作思维过程的这个主要阶段，创作思维的特征可以说表现得十分全

面，既有理性思维，又有感性思维；既有逻辑思维，又有形象思维；既有发散思维，又有收敛思维；既有常规思维，又有创造性思维……。某种程度上，在对思维所做的各种分类中所涉及的思维类型，都会在这个构思阶段有所体现，所以，单纯从思维的类型展开讨论是难以完成我们的任务的。由于我们把建筑创作思维看作是理性与感性相结合的一种思维类型，因此这里仅从思维的理性和感性两个方面对构思阶段的思维特征作一个初步的探讨。

在构思阶段，思维的理性和感性既相互对立，又互为融合，在它们的共同作用下，思维才得以不断地发展。这一方面是由于在构思阶段种种错综复杂的工作需要建筑师去权衡把握，这时主体势必需要借助理性的力量从多重矛盾冲突中理清脉络。另一方面，正因为设计问题的复杂性、矛盾性，建筑师的个性特征和对问题感性的认识与处理才得以有用武之地，使得设计结果表现出因人而异的特征。这正是构思阶段难以述说清楚的困难所在，也是构思阶段吸引人们去探索的魅力所在。如果用大脑神经活动的原理来理解思维的理性和感性对思维进程的作用，那么可以对此作这样的描述：创作者在经过准备阶段大量资料的收集后，在对所建项目有了总体认识的基础上，开始进一步对所得信息进行加工；这种工作要经过高级神经活动的各个层次，不只停留在智性层次上，而是要不断返回感觉区，以便形成建筑意象或对已有的建筑意象增减某些特点和品性，然后再进入智性层；把已经有所改变的意象纳入不同的联系和关系之中加以综合与完善，如此经过多次反复，直到将所接受的信息体现塑造为完整的建筑形象为止。这种表述难免有点理论化的味道，但不可否认的事实是在创作者理性与感性相互交织、重构的过程中，大脑的思维活动不断循环发展，建筑师的创造性工作也就在这个阶段产生。与之相应，建筑形象的孕育和成熟也就在这个阶段逐步实现。

建筑创作思维中理性和感性的相互作用是极其复杂的，很难把它们对思维进程的推进做更具体的描述，但是，我们可以明确的是，不能把构思阶段的思维活动简单地描述成一种机械循环。比方说，一个建筑形象今天被感性地加工，不久或第二天进行理性处理，最后成为最终的方案。这种认识带有机械论的味道，事实上我们所采用的应是辩证唯物主义的观点，即把两种相互对立的思维形式看作是矛盾的两个方面，它们互为依托，对立统一地相互作用，辩证地促进了方案的最终完成，两者是不能脱离的。

为了可以更好地说明构思阶段的思维进程，在以后的讨论中，我们将从构思的性质入手，对这个建筑创作思维过程的主要阶段作两次分解。

（二）构思阶段的两次分解

要对建筑创作思维过程的构思阶段做深入的分析和探讨，必须首先对构思的性质有所认识。建筑创作的构思并不是灵感的火花一经闪现就立刻终止的过程，它必然受到大量必须解决的问题的约束，也即要对所产生的灵感，或叫想法，或叫建筑意象进行不断取舍、增减、调整、补充、完善的一个不断循序渐进的过程。在这个复杂过程中，先前产生的建筑意象可能会不断发展完善；也可能会被否定，或者被新的想法所取代。如果我们把灵感的闪现、想法的产生、建筑意象的出现看作是一个发现问题的过程，而把对它进行取舍、增减、调整、补充、完善看作是解决问题的过程的话，那么建筑创作构思的性质可以表述为一个不断发现问题，又不断解决问题的过程，实际上大多数人的体验也是如此。

关于设计问题，美国学者西蒙（H.A.Simon）曾阐述过这样的观点："当某人要做某事，却不能立即知道他能够采取一系列什么样的行动去获得答案时，那么他就遇上问题了"。亚历山大通过内容与形式的相应关系来指示设计问题的存在，他区分了"非自觉的"（un-selfconscious）和"自觉的"（selfconscious）两种设计方式。如下图：

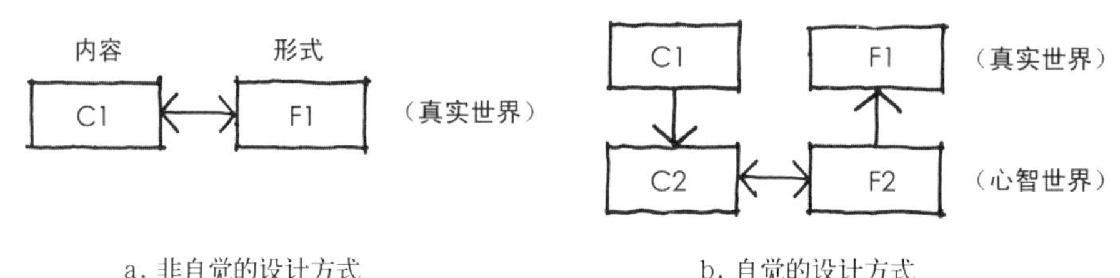

图 2–9 问题产生图解 沈克宁

他认为 a 是传统的状态，内容和形式的关系是自然合理的；b 是当代的设计方式，内容和形式之间的关系是不自然的。形式不是通过实际内容的需要和形式的不适之间相互作用，而是借助内容的概念化图示而形成的，也即要经过心智世界的过滤与介入。前者没有碰上问题，而后者就涉及问题了（《Notes on the Synthesis of Form》1964 年哈佛大学出版社）。我们说，随着建筑的复杂性、矛盾性、模糊性的提高，以及人们观念上的差异，建筑中的问题存在是在所难免的，重要的是我们如何去发现问题，并找到解决它的方法。

以往人们往往认为"解决问题"是建筑创作构思的主要特征，但通过对设计问题的研究，这种看法已经有所改变。美国建筑理论家希思（T.Health）认为（《Method in Architecture》1984 年韦里公司出版），建筑问题与科学问题相比，有其独特之处，科学中的生产性活动具有智力测验解答问题的性质，如拼板游戏（jigsaw puzzle）、纵横字谜游戏（Cross word Puzzle）等。智力测验问题有如下特点：知道应该做什么，知道问题一定有确定的答案，但不能确切地知道如何去做。比如魔方游戏和华容道游戏等，有规则，有限制条件，知道可以做某些事情，如转动魔方或移动游戏中的某些部分，并知道最后的答案，但不知道如何具体解决。这种问题虽然在设计中时有出现，但在建筑创作中大量的问题是人们不能确定所要达到的是什么目标。因此，在达到目标之前必须去确定目标，即去制订所需要和希望达到的那些特定要求，一旦这些都确定了，解决它就不困难了。于是，建筑创作构思活动的又一性质就被归结为"发现问题"。对于这一点极为重要，在以往的建筑教育中出现困境的直接原因可能就在于此。多数情况下，我们过早地确定了目标，其实目标的确立不应在早期出现，如果真的做对了，恐怕也是偶然的。建筑创作的特点不同于科学问题，可能就是不仅需要寻找到达目标的途径，同时也需要去寻找目标。

把建筑创作思维过程的构思阶段看作是不断发现问题、不断解决问题的过程，比较符合对设计活动的新的认识。B. 希力尔等新一代的理论研究者认为(《Develpments in Design Methodology》1984 韦利公司出版)，把设计过程看作是个理性化的逻辑推导过程是建立在过时的科学哲学理论基础上的。他们借用波普尔的科学模型，提出了以"猜想—分析"为核心的设计过程模型，认为设计依赖于猜想，猜想必定在设计过程的早期出现以促使设计者构想一种对问题的理解，并通过逐渐改进早期的猜想来发展设计。实际上，这种"猜想—分析"的过程模型也正符合我们不断发现问题、不断解决问题这样一个对构思过程性质的理解。

对建筑创作构思性质的理解，给我们进一步分析构思阶段的思维过程提供了依据，我们可以从发现问题与解决问题两个方面对构思阶段做两次分解式的探讨。

1. 发现问题

（1）问题的分类

我们可以明确地说，创作思维过程的构思阶段是一个不断发现问题不断解决问题的过程。那么创作主体是如何发现问题的呢？这首先涉及对设计问题的认识，也即需要对设计问题作归类理解。美国哈佛大学教授彼德 · 罗恩（Peter.G.Rowe）在他的《设计思维》(Design Thinking)一书中，将设计问题按难易程度归结为三种：

1）易于确定的问题（Well-Defined Problems）

这些问题是指那些目标或结果已经被提出，或者很明显的一些问题，解决它们只需要适当的手段。这类问题的解决往往凭知识或经验即可，不用考虑其未来

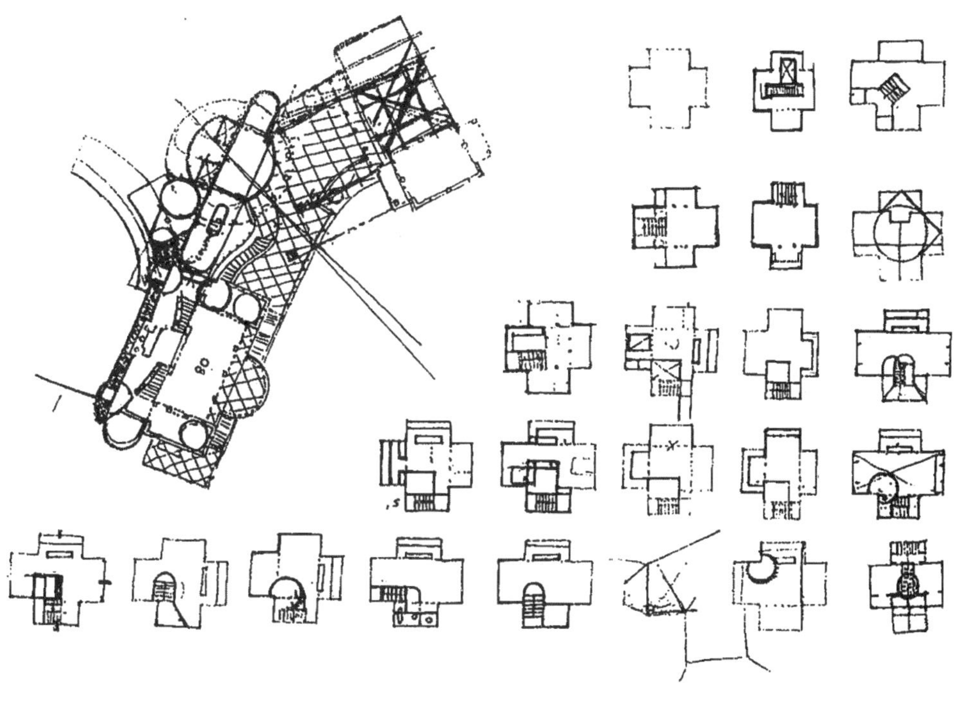

图 2–10　琳达 · 弗洛拉别墅平面比较方案　Hodgetts+Fung 事务所

基本的形体轮廓确定之后，内部的空间结构和交通系统虽然还有多种可能，但这种在一定限制下的调整已成为一个易于确定的问题。

的变动。比如上文所说的魔方游戏或纵横字谜游戏等，在数学上就好比一个方程式的求解，我们可以根据必须满足所列等式的要求找出所有解。建筑创作中的空间组织就是这类问题，一系列所要求的空间被给定，它们的尺寸及功能被限定，它们之间的联系也有一定的要求，如何去组织这些元素就涉及这类问题的求解。再如建筑的布局、结构选型、构造处理等也属此类问题，它们的目标已经明确，只需用适当的方法使它们解决得更完善。

2）难以确定的问题（Ill-Defined Problems）

在这类问题中，解决的目标及手段均不清楚，很多设计问题都属此类。比如说我们要建一幢住宅，除了应具有的功能外它应能改善邻里的关系，那么这种问题便被提出了。一方面，我们是否有必要用建筑的方式去改善邻里关系还有待商榷；另一方面，要想使建筑真的能改善邻里关系，其途径和方法都需要建筑师自己去摸索确定。

3）极难的问题（Wicked Problems）

很多设计问题远要比上述两种问题复杂，它们通常有如下几个特点：①它们的目标很难确定；②没有恒常的解决办法，一种解决方式被提出还远远不够，还必须不断地发展构思去完善它，但仍没有确定的目标和方向；③设计问题中的不同组成部分蕴含着不同的解决途径，甚至是完全相反的解决办法，相互间有冲突，这就需要预先确定一个假设的途径；④问题的发现与问题的解决是相互伴随的，在问题解答过程中会发现新的问题；⑤问题的最终解决无法判定是否正确，或者说不一定非要有明确的目标和惟一的解决途径。这类问题呈现出开放的状态，它可能有不同的解决办法，例如建筑的整体意象、形式问题、风格问题等等，对这类问题的解决，因人而异的特征表现得比较明显。由于问题的复杂性和解决问题的人的多样性，自然构成了设计问题解决的复杂性和多样性。这样一来，许多问题就有了较理想的解释，出现多种可能也是必然的。

（2）发现问题的两个层次

在建筑创作思维过程的构思阶段，上面提到的各类问题都有待于创作主体去不断发现，不论是易于确定的问题，还是难以确定的问题或极难的问题，从问题发现的过程上看，它们都要经过两个发现的层次，即目标的确定和建筑意象的形

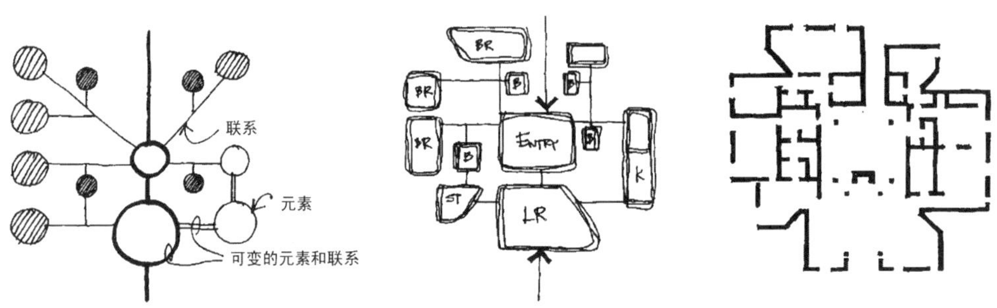

图 2-11 戈登堡住宅分析

建成的平面显示出一种向心的秩序，对它的分析表明了方案的生成是由功能的关系组织开始，这显然是易于得来答案的问题。

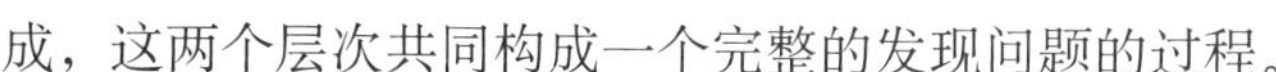

成，这两个层次共同构成一个完整的发现问题的过程。

1）目标的确定

目标的确定是发现问题的第一层次，也即提出一种理念、一种需要达到的目标。这时往往还没有形成初步的达到目标后的建筑意象，目标的确定往往还是一种概念性的或语言文字上的要求。如功能要合理、流线要简捷、建筑要与周围环境协调、建筑要有雕塑感、建筑应成为某幢保护建筑的配景、建筑要恢复地段的文化传统、建筑要有时代性或民族性、建筑要成为城市的标志、建筑应分散或集中布局、建筑要充分考虑其经济性、建筑要表现高技术特征、建筑要表达某种意境、建筑要表现某种风格等等。这些目标的提出虽然是发现问题的第一步骤，但对建筑意象的形成有着总体方向上的指引，因而是非常重要的，也是必不可少的。

2）意象的形成

确定构思需要达到的目标或对某个问题的解决提出大致的方向还远远不够，还需要针对这个目标和方向提出初步的建筑构想，也即把这种设计目标“物化”成某种建筑意象。目标与建筑意象相融合，才完成了发现问题的整个过程。尽管这时的建筑意象还很不成型，甚至极为模糊，还有待于后来解决问题时不断对其增减完善，甚至否定、排除，但这个建筑意象的形成，是发现问题的高级层次，是发现问题的关键和最终目的。举两个例子来说，伍重对悉尼歌剧院的设计方向是“归港的船帆”，勒·柯布西耶对朗香教堂的设计最初确定的目标是“上帝的听觉器官”，尽管这些目标很富有新意，但如果不和最初的建筑意象相结合，不把它们物化为初步的建筑语言，那么这些目标就只能算是一纸空文，一句空洞的口号。现实状况中，这种空洞的情形并不少见。

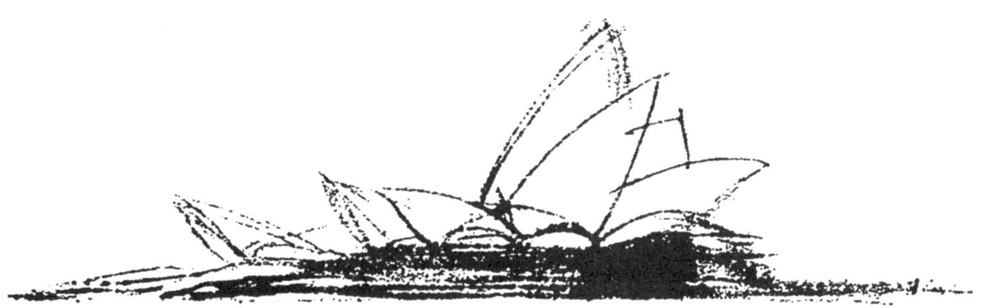

图 2-12　悉尼歌剧院意象草图　伍重

简单而舒畅的线条勾画出“归港的船帆”这一浪漫的建筑意象。

图 2-13　朗香教堂意象草图　勒·柯布西耶

勒·柯布西耶赋予这个教堂以“上帝的听觉器官”这一概念，使得建筑形象具有了象征意义。

提出设计目标和概念性的方向，不能说就完成了发现问题的全过程，这也是由建筑创作的特殊性决定的。大量的研究表明，建筑师的设计方法不同于科学家的方法。一般来说，科学家从分析问题开始，已发现问题所包括的未知准则为出发点，是"聚焦于问题"（Problem-focusing strategy）的方法；而建筑师则以尝试提出问题的解答为起点，是"聚焦于解答"（Solution-focusing strategy）的方法。只有把提出的设计目标与尝试提出的解答（初步的建筑意象）相结合，才完成了建筑创作构思阶段的第一步，即发现问题的全过程。

在我们实际的建筑创作中，往往会看到这样一种倾向，即对所做的建筑提出构想时，常常会有很多惊人的想法，甚至是非常动人的口号，如"诗意空间"、"场所精神"、"历史的再现"、"艺术之舟"、"当代包豪斯"、"文化之旅"……，初看这些提法似乎很吸引人，但如果和最终的建筑对照起来看则相去甚远，所做的建筑根本没有达到这种目标的要求。究其原因，则是对问题的发现没有充分理解，这种情况往往仅停留在发现问题的第一层次上，即只提出了设计的目标和宏观设想，但没能和初步的建筑意象相结合，没能达到发现问题的后一个层次，也即没能真正充分地完成发现问题的全过程。这种发现问题的状态势必导致后来问题解决得不充分，从而使发现问题与解决问题脱节。

需要指出的是，发现问题阶段所形成的建筑意象与最终的建筑形象有所不同，它只是所确定的目标基础上的一种或多种较模糊的建筑构想。一般来说，这时的建筑意象多是对方案总体上的把握，或对某个问题总体上的建筑意念，它还需要进一步的推敲与完善。尽管如此，通常意义上所说的建筑灵感多在这时闪现，因而它对整个构思阶段，或者说对整个建筑创作思维过程的进行都是至关重要的。能否合理地确定目标，恰当地形成建筑意象，或者说能否充分地发现问题，是整个建筑创作成败的一个关键所在。

(3) 发现的途径

由确定目标到建筑意象的形成这样一个发现问题的过程并不是轻而易举或自然而成的过程，而是要经过建筑师大量的思维活动，不断地艰辛思考而得来。就建筑创作思维的特点来看，我们可以把发现问题的途径归结为理性地发现和感性地发现两种情况。

1）理性地发现问题

理性地发现问题是比较普遍的途径。通常，我们可以根据准备阶段收集到的大量资料进行分析，由此形成对建设项目总体上的认识，对所做项目做理智的研究，有针对性地提出所要达到的目标，进而提出有逻辑的建筑意象。例如在吉林省农业干部培训中心的设计中，经过准备阶段对基地状况的深入调查、分析后，提出了因山就势，因地制宜的设计目标，进而构想出分散布局比较适合制定的目标，最终形成了富于北方特点的坡顶、厚重的墙面和围合多处不同标高的庭院的建筑景象。类似的实例还有对圣·索菲亚教堂环境改造和赫尔辛基现代艺术馆的设计，在这两个实例中，由于建筑对城市环境影响很大，因而设计目标都是力图使建筑顺应城市的肌理，与周围建筑取得某种联系。建筑意象的产生也都是建立在对周围建筑的边界、轴线、网格等的充分研究基础之上，运用对位、分割、平

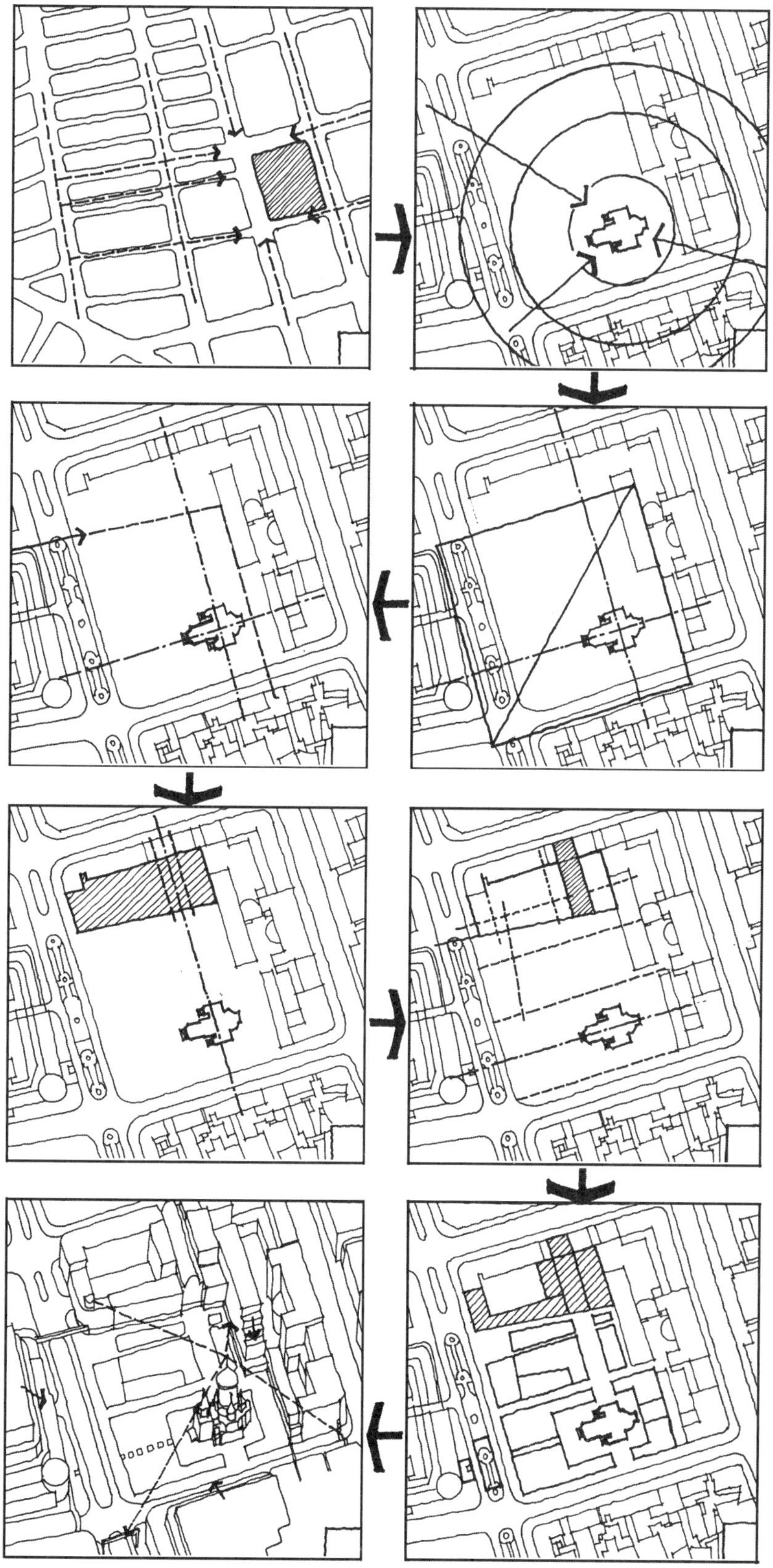

理性的分析工作导致了发现问题的逻辑性，依据城市中的诸项问题找到发现问题的有效途径。

图 2-14　圣·索菲亚教堂环境改造建筑意象生成图解　1992 年　孟浩

图 2–15 湛江会展中心整体轮廓意象 2000 年 张伶伶
针对尚未形成的周边环境，建筑师首先理性的赋予了建筑群一个轴线秩序，较主动地确立了空间意象。

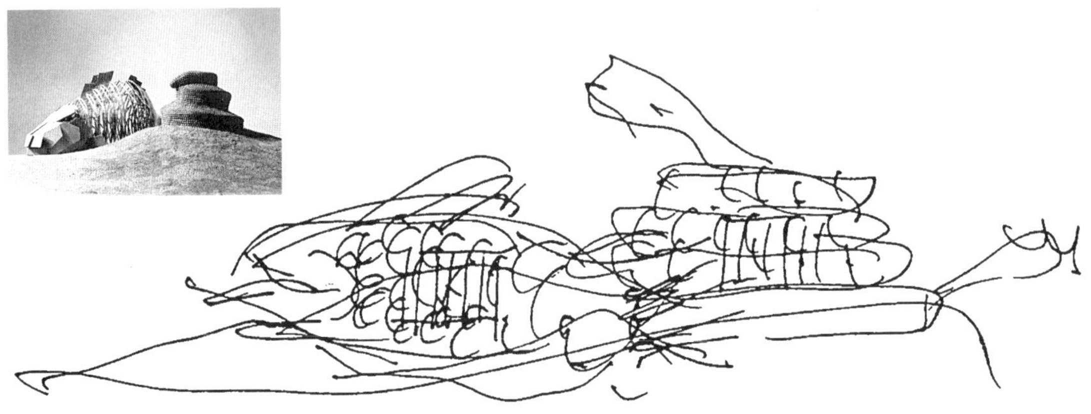

图 2–16 “监狱”意象草图（鱼和蛇） 弗兰克 · 盖里

移、变形等理性的方法促使建筑意象的生成。

2）感性地发现问题

一般来说，理性地发现问题多是在受到较多制约条件下产生的，也就是说，建筑师受到的限制条件越多，他就越能较理智地去发现问题，而这类问题也多成了易于确定的问题（Well-Defined Problems）。对于那些难以确定或极难确定的问题来说，它们所受到的制约则较少。这类问题一方面所要达到的目标不明确，另一方面由此而来的建筑意象也很难产生。这就使得创作者很难理智地去发现问题。勒 · 柯布西耶曾对此深有感触，他说 ：“没有任何限制，完全自由地去做一件事是痛苦的。”对于这类问题的发现，即提出目标和形成初步的建筑意象则要靠建筑师感性的力量了。例如勒·柯布西耶在提出将朗香教堂设计为“上帝的听觉器官”后，充分选用自己从平日积累而来的经验和感觉，较感性地确定了初步的建筑意象。盖里在设计某“监狱”时，凭借其对自然形态的积累和想象，把建筑意象形象化为“鱼和蛇”，这种十足的感性化味道贯穿于盖里的许多设计中。

感性地发现问题，并不是随心所欲、完全偶然的和随机的行为。实际上，它也是建立在创作者对所收集资料的综合理解和对所做项目总体认识基础之上的，只不过它更多地受到主体自身的观念、修养、知识结构及思维方式、思维方法等条件的影响。关于这些问题这里就不做进一步探讨了，有关的评判也不做进一步的展开。

在实际创作中，建筑师总是既靠理性又靠感性，并且总是将二者融合在一起去确定目标和形成建筑的意向的。只不过针对不同的问题，理性和感性的成分有所差异，所占主导地位不同而已，它们总是共同地作用于建筑师的大脑，在交织状态下促使主体不断地发现问题，进而去解决问题。

2. 解决问题

(1) 问题的结构

尽管构思阶段对问题的发现是建筑创作非常重要的一环，但仅仅限于发现了问题还不够，建筑创作思维过程还远没有完成。我们必须对所发现的问题着手进行解决，也即需要将提出的目标和由此而来的建筑意象进一步物化，使其能够更加具体和完善，同时也才可能满足工程性的要求。

解决问题的过程是十分复杂的，它既需要依靠理性的力量又要借助感性的指引。我们无法确切地指出创作者必须先解决什么问题，后解决什么问题，因为这在很大程度上因创作者的不同而有所差异，但我们可以通过认识设计问题普遍具有的结构，来探讨理性解决问题的一般过程。从这个意义上说，对问题结构的认识直接影响到解决问题的理性方法和思维规律。对设计问题结构的探讨，是西方学者一直非常关注的问题，并相继提出了许多假设。目前比较普遍的看法是设计问题的结构由许多相互制约的因素组成，设计问题可以分层次，分解为多重次级问题，也即一个设计问题可以看作是次级问题的多种复合。针对这种看法，许多人对设计问题的结构作了图解说明，这些图解有环状的、树状的、链状的。其中研究比较系统和深入的有亚历山大提出的树状结构和半网络结构。他的方法始于对问题内容的观察和对“意象”的详尽罗列，并辨别“意象”之间是否相互联

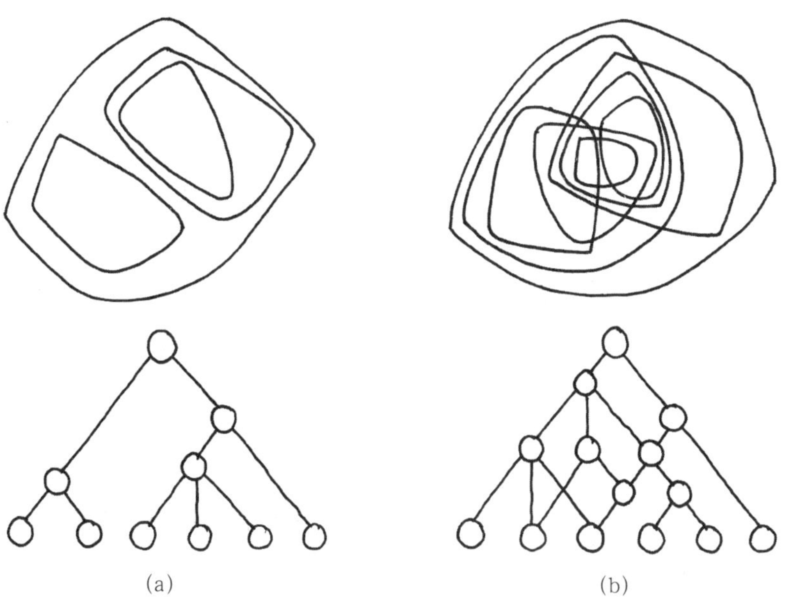

图 2–17　树状结构和半网络结构　K · 亚历山大　a. 树状结构　b. 半网络结构

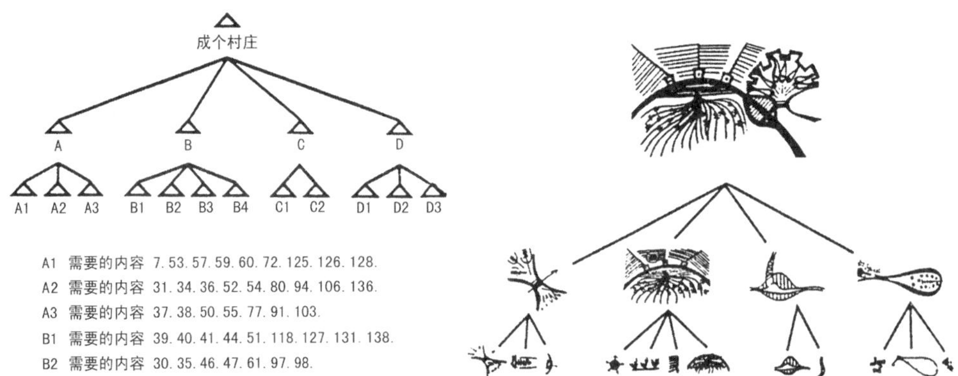

图 2-18 印第安村落设计问题的结构 K · G · 罗恩

系或相互依赖。他认为设计过程中有时问题过于庞大和复杂，有必要将该问题分为子系统，如子系统仍纠结相联不易入手，则要继续将这些子系统分为更小的系统。亚氏的方法源于图示理论（GraPh Theory），其目的是更系统地表述设计问题。他在《形式合成纲要》中说："今日越来越多设计问题已经到了一种不可解的复杂程度，我们应当寻找一条简捷的方法，这种方法可将复杂的问题记录下来，并将其拆散为较小的问题"。他是寻求理性的理想主义者，一般会把主问题逐层分解，以利于问题的解决。从他对印第安村落的系统研究中，可以看出他的观点，该图解表示村落有 142 项要求及它们之间的联系和限定，这些要求可分为四个子系统：A、B、C、D。继而分成 12 个较小的子系统：A1、A2、A3……，这 12 个子系统每个又包含 12 项要求。这样一来，问题就形成了一个"树形"。城市问题则更为复杂。亚历山大在他的《城市并非一棵树》中，提出一种半网络结构，他认为设计问题是复杂的，简单的树形结构实际上只是思维的先导，设计问题的合理结构是半网络的，多种意象元素间的关系是复杂的，有时是很随机的。然而对人的思维来讲，树形系统更易于接受，也易于把握，易于推进构思，而半网络系统则很难在脑海中形象地呈现出来，从而也难以进行构思。他试图寻找系统阐述半网络结构的新方法，并试图取消传统的方法而代之以系统的数学方法，这在他的《建筑模式语言》一书中有充分的表现。

虽然各种对问题结构的描述和猜想都不一定准确，甚至这些假设有时过于武断，过于理想化，但把设计问题看作是次级问题的多重复合，进而寻找解决它的办法是比较可取的。它看似更合乎人们的思维习惯和理性地解决问题的方法，我们可以在这种对设计问题结构认识的基础上，对问题解决的过程做进一步的探讨。

（2）解决问题的三个步骤

既然设计问题可以看作是不同次级问题的多重复合，那么我们就可以将难以解决的问题分解为相对容易解决的问题，对次级问题进行解答，然后再对这些次级问题的答案进行综合或评价，最终完成整个问题的解决，这是较为理性地针对设计问题的结构提出的解决问题的过程。由此，我们可以将解决问题的过程再划分为三个步骤：问题的分解；次级问题的解决；问题的综合解决。下面将对三个

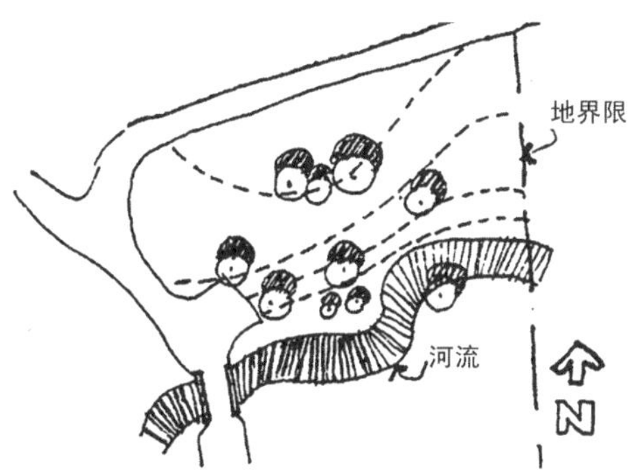

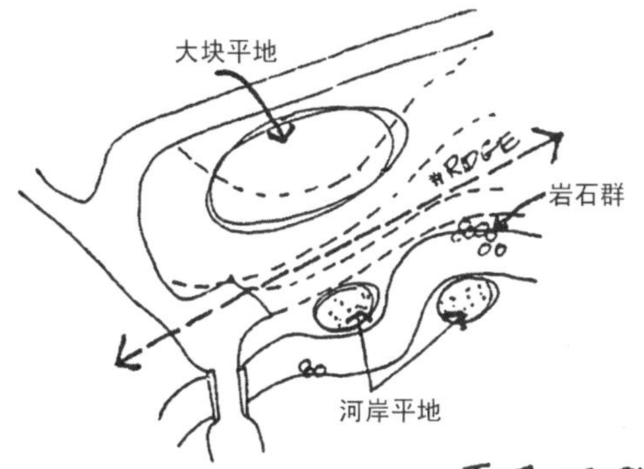

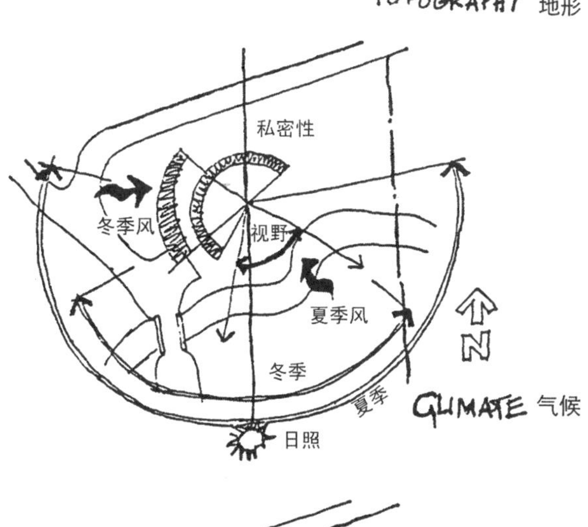

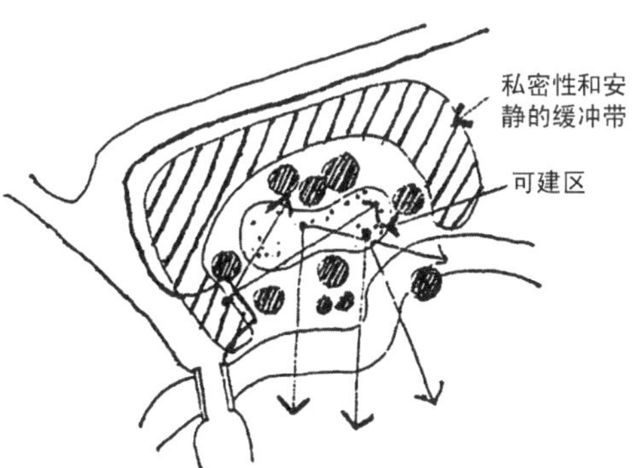

图 2–19　某别墅的布局问题分解　保罗 · 拉索

基地特征包括宏观和微观气候、地形、视野和风景等要素，对这些复杂的基地特征进行分解使问题的解决更加清晰和有序。

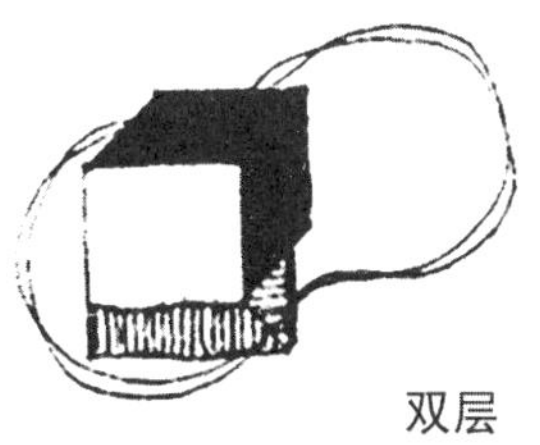

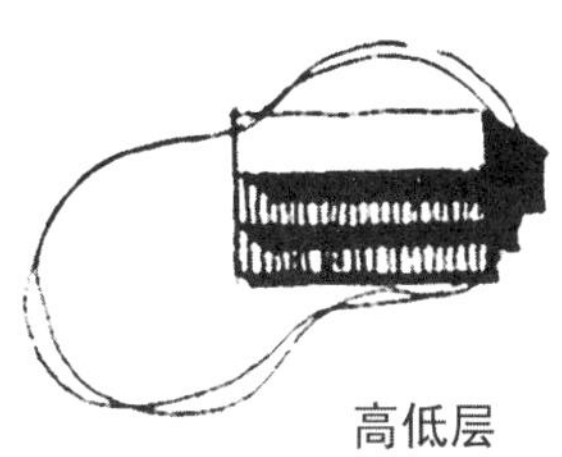

步骤作较为细致的描述。

1）问题的分解

问题的分解是针对所发现的问题而来的。前面我们曾提到，发现问题的过程是由目标的确定到建筑意象的形成，这时的建筑意象往往只是对建筑总体上的一种模糊的构想。一方面，这种模糊的建筑意象必须从多方面去完善它、丰富它、细化它，才能使之不断物化；另一方面，这时的建筑意象往往又很宽泛，很难一次性地将其全部物化完成。换句话说，创作者最初发现的问题往往很难解决，它们多是难以确定的问题或极难的问题，这些问题的解决要受到与建筑相关的各种因素的制约。因此必须将其分解，把它分化为多个次一级的问题，以期通过次级问题的求解来加深或找到对原问题的解答。如果一次性的分解仍不能解决问题，那么还必须要对问题进行多次分解，直至易于解决为止。

在实际的建筑创作构思过程中，我们都有意无意地经历着把问题分解的过程。例如，当我们对建筑总体上的把握不足的时候，我们往往把问题分解为先从总图布局入手，进而从平面设计、立面设计、剖面设计、形体处理等几方面分别加以考虑，提出各自的解决策略。又如，在解决建筑布局问题时往往会不自觉地分别考虑到影响布局的各种因素，如气候因素、人文因素、景观因素等等，保罗·拉索在《图解思考》中的图示说明了这种状态。再如，我们把建筑的形式确立为古典的风格后又必须分别从屋顶的山花处理、立面柱子的运用、平面的轴线关系等多个方面对其加以进一步的分解。

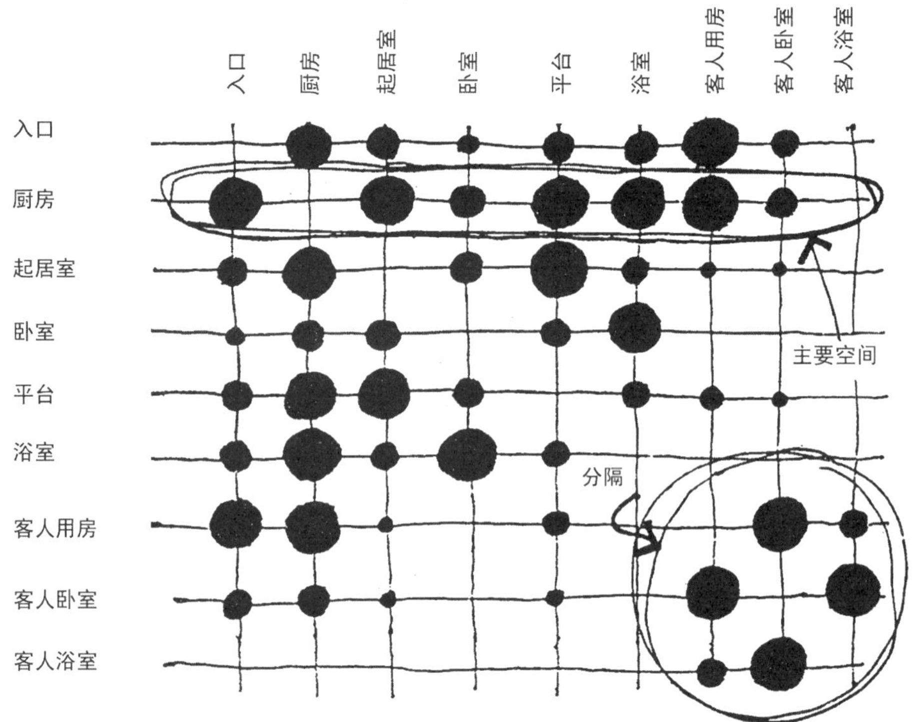

图 2–20　某别墅的功能关系矩阵图　保罗·拉索

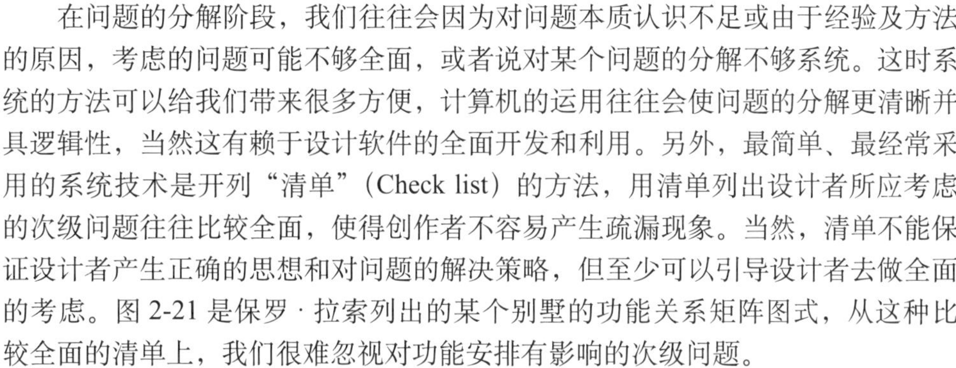

在问题的分解阶段，我们往往会因为对问题本质认识不足或由于经验及方法的原因，考虑的问题可能不够全面，或者说对某个问题的分解不够系统。这时系统的方法可以给我们带来很多方便，计算机的运用往往会使问题的分解更清晰并具逻辑性，当然这有赖于设计软件的全面开发和利用。另外，最简单、最经常采用的系统技术是开列“清单”（Check list）的方法，用清单列出设计者所应考虑的次级问题往往比较全面，使得创作者不容易产生疏漏现象。当然，清单不能保证设计者产生正确的思想和对问题的解决策略，但至少可以引导设计者去做全面的考虑。图 2-21 是保罗 · 拉索列出的某个别墅的功能关系矩阵图式，从这种比较全面的清单上，我们很难忽视对功能安排有影响的次级问题。

需要指出的是，对问题分解的过程也是一个对问题进一步发现的过程，即确立子目标和进一步提出建筑意象的过程。从这个意义上说，问题的分解阶段是对问题发现过程的延伸。在这个阶段，问题被进一步提出，目标和建筑意象被分解，产生新的子目标和局部的建筑意象，但这时的建筑意象仍不完善，有待于进一步的物化和调整。另外，子目标的提出和建筑意象的分解，势必会造成意象外延的扩大，很容易导致不必要的子目标的产生和相互矛盾的建筑意象的出现，这些都有待于问题的进一步解决。

2）次级问题的解决

次级问题的解决是解决问题最为重要的阶段。面对已经分解的次级问题，以及由此产生的初步的或局部的建筑意象，这时的任务是把这种建筑意象清晰地、明确地物化。这时的物化因为子目标比较小，而且对建筑意象的要求比较具体，因而问题已经变得比较易于确定，比较容易获得解决。但这绝不是一个自然而然的过程，并不是将问题分解得足够细就能产生最后的答案，次级问题的解决同样需要创作者的思维积极参与其中，需要经过一系列理性的步骤，创造性地加以解决。

次级问题的解决也可分为三个步骤：一是分析，收集资料并对已获得的信息进行分类；二是综合，对部分问题提出系统的“可能答案”，当答案与分析阶段所获得的信息相互印证时，这些“可能答案”则是可行的；三是评价，运用某些标准尺度去判定哪些可能的答案是最佳方案。次级问题要求必须在整个问题中采用一套相互联系的判定，设计时不要急于选出某一方案而要保持若干观念，以便下一阶段对问题的综合解决时进行更彻底的考察。图 2-22 是拉克曼在《设计经营的研究》中提出的设计流程图，表现了某层次的一套设计过程。“组集 G”表现了方案初始设计者所收集的资料，随后进行详查、筛选、整理，这些都是分析活动。接着设计者寻求“创造性飞跃”，进入“ P 阶段”（综合）。次级问题的解决通过形成可能的答案而发展，将可能答案（P）的组成部分与在 G 中所包含的信息相对照，如参照所收集的资料，这就是 G 所示的活动。当可能的答案与信息相恰合时，流程才会继续进行。每个可能的答案都被带入评价阶段，在这个阶段，答案与标准互相印证而得到检验。如答案被接受，它将增加或替代某些或全部先前已评价的答案，这就是 E，这时该层次才算结束并转入下一层次，这样次级问题才算得以解决。

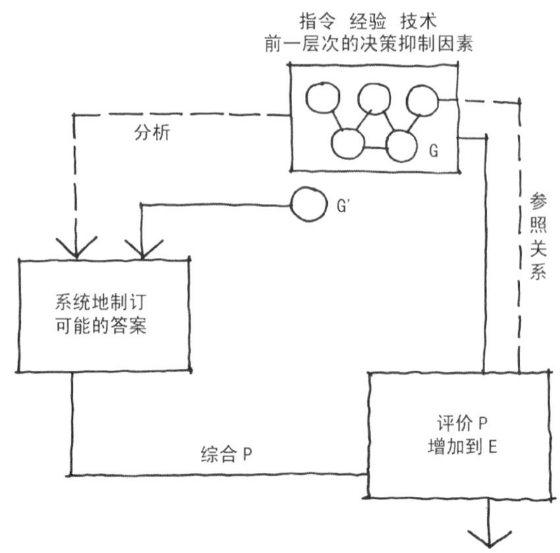

图 2–21 拉克曼的次级问题解决流程

很大程度上，以上描述的理论模型有些过于理性化和程式化，在我们的实际创作中，对次级问题的解决并不能总是有意识地按该程序进行，而经常是跳跃的，有时是间断的，甚至是颠倒的。但对这种理性程序的归纳是十分必要的，它可以为我们解决问题的过程提供某些有益的指导与启发，甚至是有效地推动设计过程。

在我们解决次级问题的过程中，往往会有这种情况，即对前个过程所提出的某个次级问题感到束手无策，甚至经过分析、综合、评价后仍然找不到解决的办法，这时我们惯常的思维机制就会起作用，使问题回到另一个线索或子问题上，当所有子问题都无法解决时，思维便会返回到分解前的问题中去，再重新进行分解，这便是美国管理学家赫伯特·西蒙在《思维模型》一书中提出的启发式搜索机制。他认为在解决问题的过程中，人的注意力会转移，当一个子目标实现了，注意力便转向新的子目标。如果遇到困难，为解决这个困难所提出的新的子目标就会建立起来，也有太困难而暂时停止的情况，建筑创作过程中有时暂时性的停滞，就属这种情形。研究表明，人的注意力暂时离开既定问题，短时记忆中的信息被遗忘了而长时记忆中的信息却保存下来，并开始发挥作用。也就是说，人们再重新开始回到该问题时，一般也不会回到原先停止思索的那个子目标，而是回到更早完成的某个子目标，子目标体系不得不加以重建。同时，长时记忆里与问题特征有关的信息存储往往引导设计者从另一条思路搜索下去，从而有可能很快达到解决问题的目标。这种启发式搜索的思维机制可以用一个图解（图 2-23）来表示。

现代认知心理学已经揭示了人类设计过程的搜索特征，使我们有理由相信，搜索模型更符合问题求解的设计过程的实际情况。实际上，这种对建筑创作思维机制的认识也正是问题结构和问题解决三个步骤的理论基础。如果推而广之，那么我们可以说启发式搜索的思维机制贯穿于整个构思的全过程之中，它时时都在发挥着作用。

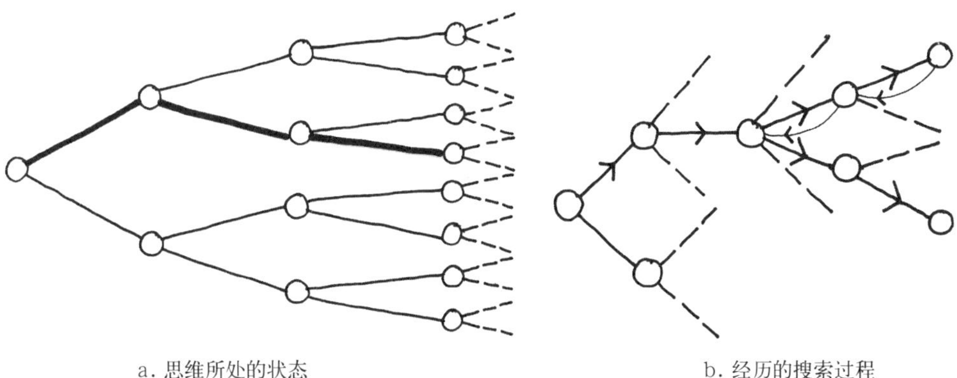

图 2-22　启发式搜索的思维机制　赫伯特 · 西蒙

3）问题的综合解决

经过问题的分解和次级问题的解决两个阶段，很多设计问题已经有了相应的解决策略。多个子目标和局部的建筑意象已经基本成形，但这些还不足以完成整个设计问题的解答。或者可以说，不能简单地将这些次级问题的解答累积起来就得出最终的建筑设计方案。因为建筑创作是一个多目标的综合系统，将其进行分解和对次级问题的个别解决，势必造成一定的冗余量，也即一个问题会出现多个目标，每个目标又相应存在多个解决策略，这就需要对其加以取舍，选出最佳的解决方案。另外，由于将问题分解为次级问题并对次级问题进行求解，也会使得次级问题的解决不可能完全考虑到整个问题所涉及的方方面面，也即不可能顾及与其他次级问题的协调。设计中常常会遇到这样的情况：某个问题最佳答案的采用意味着另一问题答案的不适应性，设计者必须要考虑的是两个问题何者具有优先权。以上情况足以表明，在对次级问题的解答之后还必须对问题进行综合解决。

应该指出的是，在前面两个阶段，某个问题的解决实际上是采用了"最优化"理论，它的基本框架是先给定备选方案的可能性，然后依据目标约束和理想化的要求，选取"最优"。其实对设计问题的解答，"最优"方案只是理论上的，在真实的世界里，往往只能寻求"满意"，或者逼近"最优"。这是因为，实际问题的复杂程度远远超过每个问题的简单判定，正如半网络结构对于树形结构一样，人的思维不可能将半网络系统考虑周全，因而多在树形系统中去寻求简单划一的解答。那么，将设计问题进行分解和对次级问题进行"最优化"选择，也就是针对人类思维的局限性而言的。在这个过程中，不可能将所有问题都充分考虑周全，在解决次级问题时，只能考虑与之相关的约束，而不能对另外问题中与之相反的约束加以全面考虑。这样一来，就需要将问题"最优化"之后再进行综合，选择"次优化"也即"满意"的综合解决方案。这就是说，对问题进行综合解决，也是基于人类思维的局限性基础之上的。满意的原则是从人类设计技能的真实情况出发的一种解决策略，它的结果可能是强调某一问题的解决而忽略另一些问题的最佳解答，也可能是选取多个问题解答之间的一种妥协，寻求一种折中的策略，这可能也是解决有些建筑师创作思维误区的策略。这在亚历山大运用"模式语言"进行的具体设计过程中有所体现，如图 2-24，整个过程是多个问题复杂纠结在一起

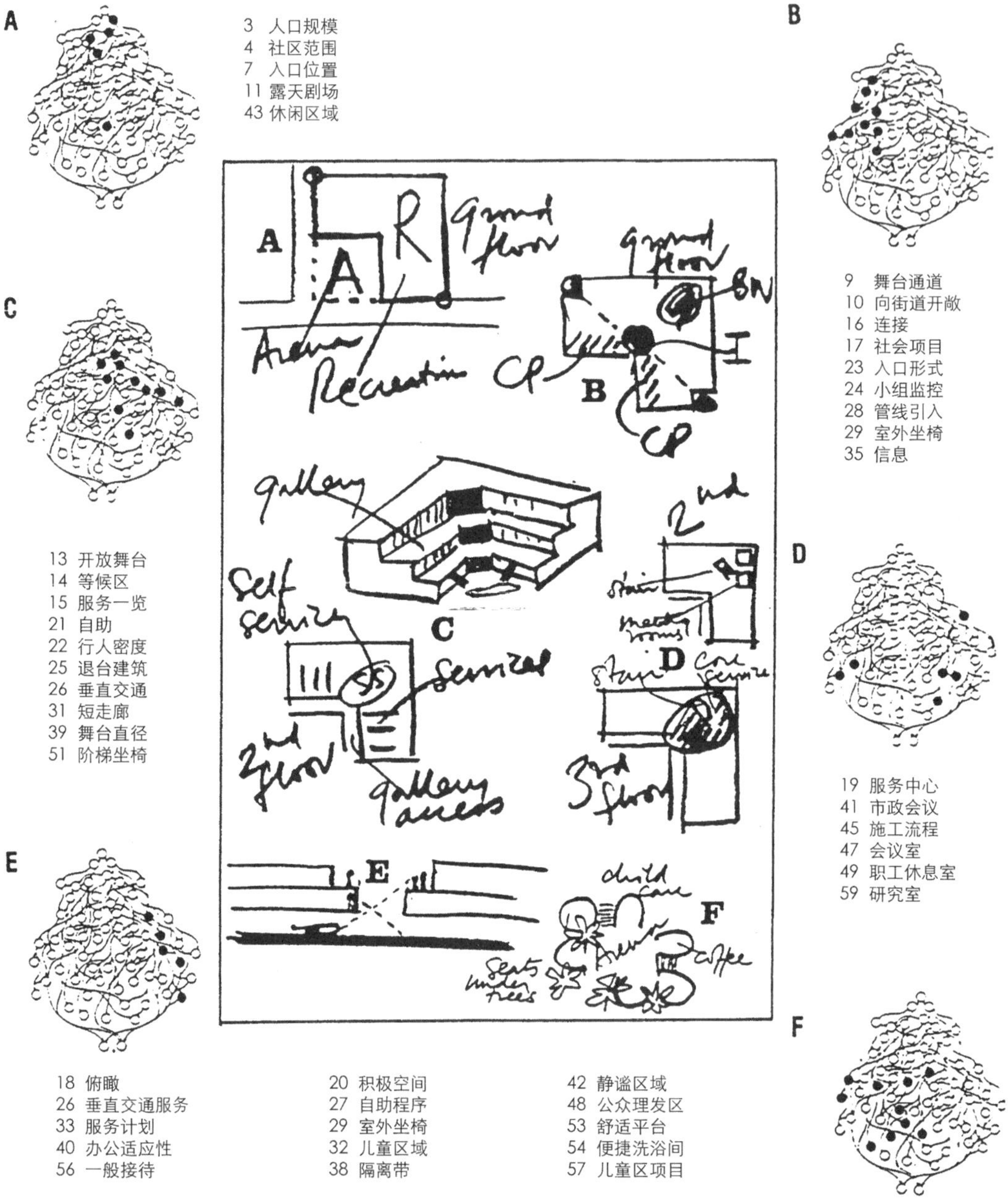

A

3 人口规模
4 社区范围
7 入口位置
11 露天剧场
43 休闲区域

B

9 舞台通道
10 向街道开敞
16 连接
17 社会项目
23 入口形式
24 小组监控
28 管线引入
29 室外坐椅
35 信息

C

13 开放舞台
14 等候区
15 服务一览
21 自助
22 行人密度
25 退台建筑
26 垂直交通
31 短走廊
39 舞台直径
51 阶梯坐椅

D

19 服务中心
41 市政会议
45 施工流程
47 会议室
49 职工休息室
59 研究室

E

F

18 俯瞰
26 垂直交通服务
33 服务计划
40 办公适应性
56 一般接待

20 积极空间
27 自助程序
29 室外坐椅
32 儿童区域
38 隔离带

42 静谧区域
48 公众理发区
53 舒适平台
54 便捷洗浴间
57 儿童区项目

图 2-23 旧金山某建筑设计问题的解决 K · 亚历山大

这个图示显示，对建筑设计各次级问题以及相应的子问题的关注。图中复杂联系的小球形象地表明次级问题纠集缠绕的状态，而 A、B、C、D、E 和 F 则分别从总体关系、流线系统、对外联系、交往需要、防御要求和舒适度等方面对目标分别进行研究。

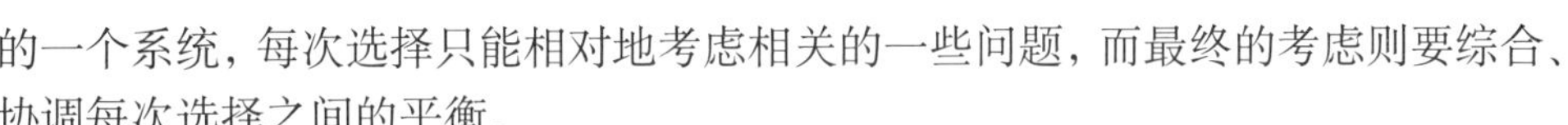

的一个系统，每次选择只能相对地考虑相关的一些问题，而最终的考虑则要综合、协调每次选择之间的平衡。

建筑创作牵涉的问题大多是相互联系的，彼此之间有着多重影响，因而它们的解决往往比较困难。多重价值的冲突使得优劣难分的情况常常出现，满意原则提供了现实的终止割据，避免了设计过程的永无止境。这个原则符合现实中的设计过程，反映了人的设计技能内在限定性的真实情况。因此，满意原则已被广泛接受，作为基本的原则或观念，我们承认理性是有限的，现实的世界迫使我们不得不适可而止。大家知道，建筑是人为性很强的创作，它还有很多非理性和感性的决定因素存在。就其人为性来讲，对设计问题的最终解决，每个建筑师都有自己的满意原则，但仅有建筑师自身的满意是不够的，具体创作中还要考虑其他因素的影响。举例来说，建筑师的方案最终还要由业主来拍板决定。因此，在许多情况下满意程度也是很难把握的。

从学科性质来说，我们很不情愿承认建筑设计不是科学。因为科学关心的是事物的本来面目，研究已有的东西，科学的创造和发现是客观存在的、过去不曾为人所知的事实、规律和定理等。科学学科的基本概念是它对事物或现象进行研究的描述性或实证性，而设计是规范性或规定性的学问或技术，它很大程度上还是一种以艺术为导向的活动。设计不等于科学，但并不排斥它成为科学的研究对象，也不排斥科学方法在设计中的应用，这就是设计与科学的关系，也是我们对建筑创作思维的过程与表达进行理性研究的依据所在。

（3）解决问题的思维规律

从上面对问题的结构及解决问题的三个步骤的描述中，我们可以大致把握设计问题解决的过程。这个过程是针对人类理性思维的局限性特征，并根据启发式搜索的设计思维机制，建立在对设计问题结构认识基础之上的。

讨论在过程中提到的问题，既包括总体上的大问题，也包括某个方面的小问题。也就是说，这种解决问题的过程是适用于设计中的各种问题的。这样一来，由于问题结构本身具有层次性的特点，而使得这种解决问题的过程也有了层次性的特征，即在解决一个问题时，从总体上看，要经过问题的分解、次级问题的解决、问题的综合解决三个步骤，而在解决由这个问题分解而来的某个次级问题时，仍要遵循这三个步骤的过程规律。我们可以把这个过程用图式加以表示：

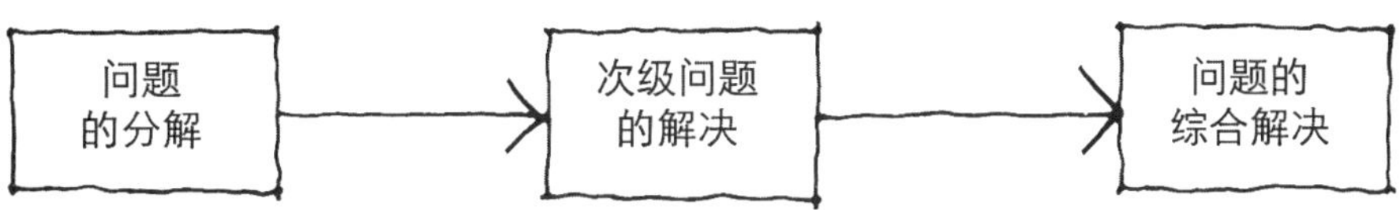

图 2–24　解决问题的三个步骤

如果我们把问题具体化，则发现问题的两个层次是先提出目标并相继产生初步的建筑意象，而解决问题的三个步骤却是把这种初步的建筑意象分解为局部的建筑意象，再将其综合为整体的较明确的建筑意象。那么上面的图式就可以换一种方式加以表述：

图 2-25　解决问题中建筑意象的变化

在将问题分解为次级问题的论述中，我们指出这个分解的过程，实际上是又一个层次上的发现问题的过程。那么将局部的建筑意象再综合为整体的建筑意象，我们又可以称之为问题的再发现过程，也即将发现的问题深化的过程。从这个意义上说，发现问题的过程与解决问题的过程是互为融合的，解决问题的过程实际上也是一个不断发现问题的过程，而发现问题本身也包含有解决问题的倾向。

对问题解决的思维过程的描述，实际上只是较理性地为问题的解决搭建了一个程序化的框架。至于发现问题和解决问题的核心即建筑意象是如何形成的，则还没有深入的论述。应该说，建筑意象的形成既受到思维理性的约束，又受到思维感性的影响；它既依赖于创作主体的思维方法，又涉及创作主体的各种内在因素，如主体先天具有的性格、资质、禀赋等等；也涉及后天形成的思想观念、理论素质、艺术修养、实践经验等等，这些都远非理性化的过程描述能够完全涵盖的。

对解决问题的思维过程的描述虽然不能具体解决先考虑功能问题还是先考虑形式问题，先考虑立面设计还是先考虑剖面设计等具体的思维步骤以及采用什么方法将影响主体思维的各种因素综合形成一定的建筑意象，但是从过程的分析中我们可以总结出思维过程的一般规律：从思维内容上看，过程是沿着从总体到局部再到总体的步骤进行的；从思维方式上看，过程要经过从分析到综合的思维程序。这个过程中的思维规律可以用下图表示：

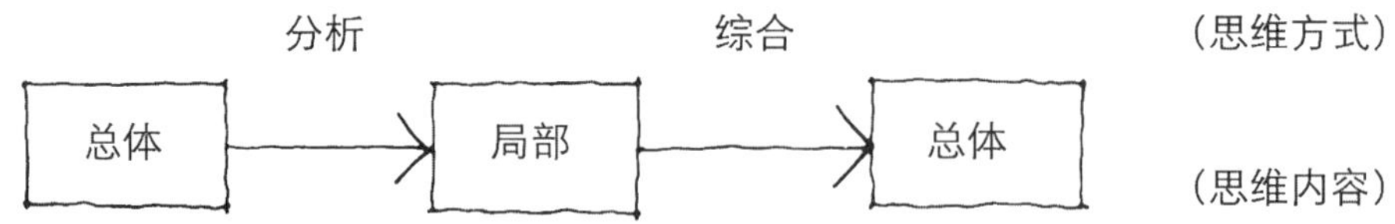

图 2-26　解决问题的思维活动规律

应该指出，这个过程的思维规律是有层次性的。我们在解决问题的过程中总是先考虑总体问题，先形成一个总的建筑意象，然后对其进行分析，形成一系列局部的建筑意象，再综合形成较完整的建筑意象。在总的构思进程上是如此，在解决某个次级问题时也同样如此。而且，图示中的两个总体是有区别的，后一个总体是前一个总体的发展和完善，后者是更为明确、完整的建筑意象。如果我们把这个过程中的思维规律加以引申，它不仅适用于解决问题的过程，也同样适用于不断发现问题，不断解决问题的构思阶段的整个思维过程，这就是我们的结论。

三、完善阶段

建筑创作思维过程的完善阶段是整个思维过程的最后阶段。实际上，在对构思阶段的描述中已经可以看出这个阶段的存在。它是指方案构思基本确定后，对其尺寸、细部及各种技术问题做最后的调整，使建筑意象更加具体化，并将这种完善的建筑意象充分“物化”，以多种方式表现出来，成为最终的设计成果。

在建筑创作思维的整个过程中，完善阶段的意义是非常重要的。因为就建筑创作的目的来说，除了一些纯个人的概念性设计外，绝大部分的建筑构思都要通过最终的成果来体现。对甲方、业主和欣赏者而言，最终的方案成果是他们最为关注的东西。虽然这是一种有失偏颇的观点，目前也有用中间构思过程的表达与人交流的呼声，但实际运作中的所有艰苦的准备工作、精妙的构思过程，往往都要以最后成果的形式被评价、被认可。因此方案完善的程度，及结果表达的如何便成了方案优劣的决定性因素之一。同时应该看到，在对方案做最终的调整与完善时，对以前的构思仍会有促进作用，通过对技术性问题的解决和对成果表达的推敲，可以推动建筑构思向更高、更完善的方向发展。因此，建筑创作思维过程的完善阶段之意义是不可忽视的。

（一）完善阶段的一般描述

如同前两个阶段一样，我们对完善阶段的研究也要从工作内容和思维特征开始，对它的客观特征作一般描述。

1. 工作内容

完善阶段的工作内容主要包括两个方面。一是解决技术性的问题，如确定整个建筑物和各个局部的具体做法，各部分确切的尺寸关系；结构、构造、材料的选取和连接；各种设备系统的设计、计算和对建筑的影响；以及各个技术工种之间的协调，如各种管道、机械的安装与建筑装修之间的结合等问题。二是完成建筑意象的最终表达，这也是完善阶段比较特殊的一项内容，前两个阶段的思维表达多是过程性的，伴随在思维过程中的没有特别要求的一种真实的“流露”，而完善阶段的表达则有一定的内容要求，如要完成平面图、立面图、剖面图、透视图等等，以及精细的模型和计算机模拟、动画演示等结果性的表达成果。

这时，它与准备阶段类似，完善阶段的工作不仅要靠建筑师个人的积极思维，还要综合多方面的力量和智慧，共同完成设计成果。在解决技术问题时，可以征求结构、水、暖、电等专业人士的意见，最终成果的表达，也可以委托绘图公司、模型公司或计算机演示公司等协助完成。但这些工作都必须以建筑师为核心，应按照他的设计意图进行，并需要建筑师根据构想的建筑意象，对各方面的工作提出要求和意见，在建筑师的把握下不断地加以比较、综合，最终完成建筑设计。

2. 思维特征

在这个阶段，思维特征中理性和感性的成分随着工作内容的改变而有所侧重。在技术性问题的处理中，往往要受到很多法规、规范条例的制约，也会被一些固定的标准或现有的条件所限制。因而从思维特征上看，它的理性成分比较大，往往要做很多较客观和理性的分析、综合和评价。而在设计成果的表达阶段，思维的理性与感性则呈现出一种并行不悖的势态。因为从建筑意象的最终表现成果上看，它既要富于真实性，满足工程性的要求，又要富于表现性，表现出设计者的构思意图，反映出设计者所追求的建筑意境，从而使人们真正体会到设计者匠心之所在。这就需要创作者在完善阶段的表达中，既要保持思维的理性，又要发挥思维的感性，真正体现出建筑作为技术与艺术相结合的特征。从总体上看，完善阶段思维的特征中，理性的成分是比较重要的，因为技术性的处理要以理性的分析综合为基础，而成果表达中感性的发掘也不是随心所欲、漫无边际的，它必须以准确性、真实性、客观性为基础，在一定的目的约束下发挥其自由。这种较理性的思维是完善阶段成果完成的有力保障，这也使得完善阶段的思维表现出如下特征：创造性思维相对于构思阶段有所减少，而机械性、重复性的工作则有所增加。

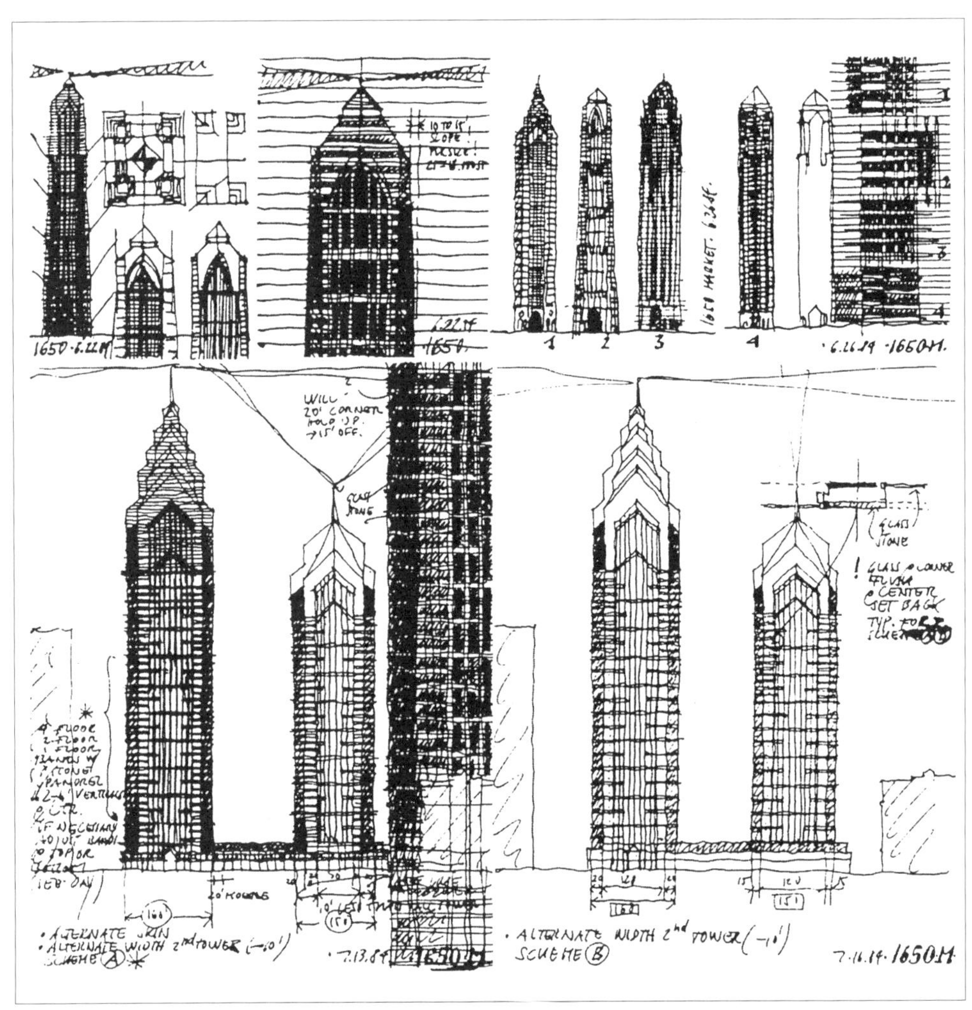

图 2–27　休斯敦西南银行塔楼形式调整　赫尔蒙特 · 扬

（二）完善阶段的两个层次

在上面对完善阶段工作内容和思维特征的描述中，我们可以明显地发现完善阶段的两个层次，即技术完善和成果表达。这两个层次各有特点，同时又共同构成完善阶段的整个过程。为了对完善阶段的思维进程有更好的理解，下面将对这两个层次作进一步的阐述。

1. 技术完善

技术完善是建筑创作完善阶段的第一层次，也是对构思阶段的延续和补充。当我们面对构思阶段经过多次分析与综合而形成的相对完整的建筑意象时，比较明确的任务是通过对各种技术问题的处理，使建筑方案变得更细致、更完整、更明确，从而使其具有成果性和可理解性。

在前面对构思阶段的描述中，我们知道最终建筑意象的生成要经过不断发现问题、不断解决问题的过程，在这个过程中，思维的内容由总体到局部再到总体不断地循环进行，思维方式则是不断地由分析到综合地运行，从而促使建筑意象不断完善、逐渐成形。而到了完善阶段，在对方案进行技术处理时，仍要遵循上面构思阶段的思维过程规律，只不过这时的思维过程呈现出两个主要的特点：一是由总体到局部再到总体的分析与综合的过程已经到了最后的阶段，强调总体上的把握，建筑意象经过技术完善后，一般不会再有很大的改动和变化；二是从建

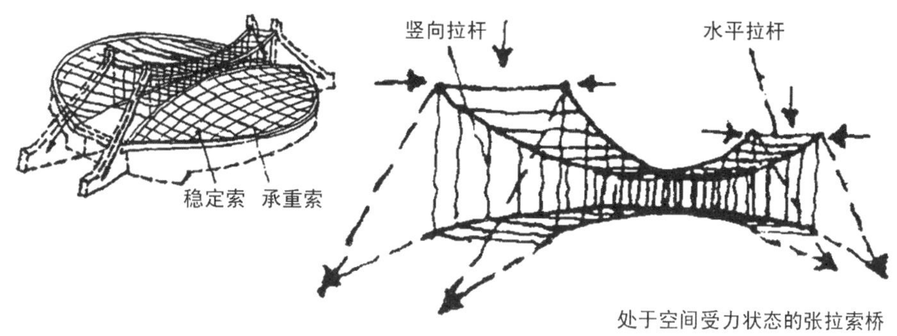

图 2–28　朝阳体育馆结构受力形式确定　1986 年　张伶伶

建筑师先提出结构选型构思，再与结构工种协调，达成一致，最终完成建筑设计。

图 2–29　石景山体育馆结构受力形式确定　1986 年　张伶伶

建筑采用三角形布局，“腰部”空间相对较低，支撑点向中部移，使得三片网壳组合成为可能。

筑创作思维整个过程上看，这个阶段的思维方式相对于准备阶段和构思阶段来说，更多地表现出综合性的特征。因为经过了技术完善，建筑意象就被明确下来，因而这个阶段需要将所有次级问题的解答都综合起来，集结为一个完整的建筑意象。这里的综合不只是将各种技术问题的解答加以整合，还要将这种技术问题的综合与构思阶段所有悬而未决的问题一并加以考虑，全面地综合各种信息，推敲至多方面相对满意的状态，完成最后明确肯定的建筑方案。

在技术完善阶段，比较显著的特征是方案改动的可能性比较小，往往是在一个大的建筑意象不变的情况下对其进行细微的调整，这个阶段的工作一般比较细致，思路也比较清晰。不会像构思阶段那样建筑意象有较大幅度的变化，思维跨度也比较宽，往往表现出矛盾纷呈、复杂多变的局面。在这个阶段的讨论中，我们再次重申，构思阶段是最为关键的环节，尤其在宏观把握和创造性方面更为重要，一旦进入完善阶段，对方案的补充是有限度的，这应引起读者的足够注意。

2. 成果完善

当建筑方案经过技术完善阶段后，建筑意象被最后明确下来。至此，建筑创作“窥意象而运斤”的过程算是告一段落。然而，整个建筑创作思维过程却并没有因此而停止，因为它的最终目标——“立象以尽意”这时还没有彻底完成。也就是说，它还必须经由一个成果完善的过程，只有经过成果的完善，建筑意象才算完成最终的“物化”。这也是由建筑的特殊性，即技术与艺术相结合的特征所决定的。建筑创作作为技术，它必须使建筑意象以最终成果的方式与甲

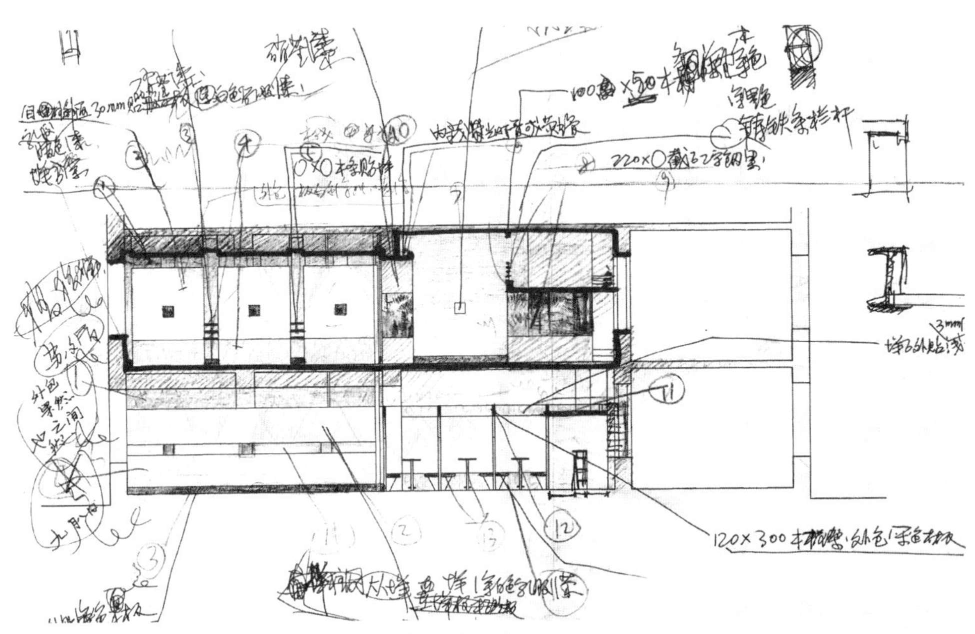

图 2–30 某店铺室内设计草图 2000 年 李国友

对材质及细部构造的标注成为技术完善的重要内容，为设计构想的实施提供了保障，与艺术家吕胜中的草图有一致的地方（图 3–5），呈现出思维的开放状态。

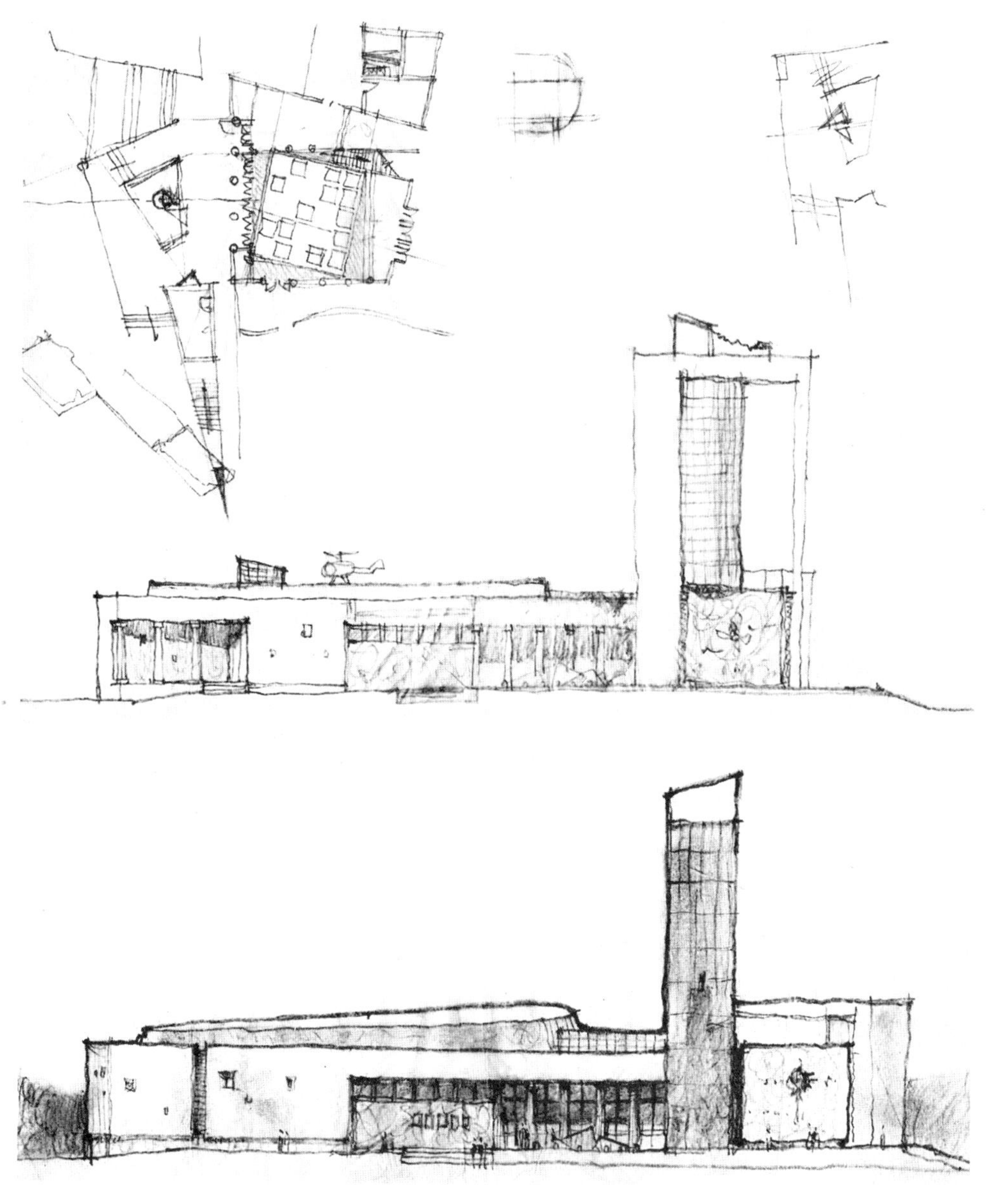

图 2–31　赫尔辛基现代艺术馆立面形式调整　1988 年　张伶伶
这是方案设计完成后，在完善阶段因技术原因所带来的局部调整，大的布局已经确定，不会影响整体。

方、业主、施工人员等进行交流，满足工程性的要求；作为艺术，它又要求创作者能以最终的成果来表达他的创作意象，展示他的创作境界，抒发他的创作情感。

对于成果完善阶段的描述，我们仍然侧重于它的过程性特征。一般来说，成果的完善也要经过以下三个思维历程：①目标的确立；②方法的制定；③具体操作。这实际上也是一个由发现问题到解决问题的过程。在这里，①和②可以被看作是发现问题的过程，而③则是解决问题的过程。

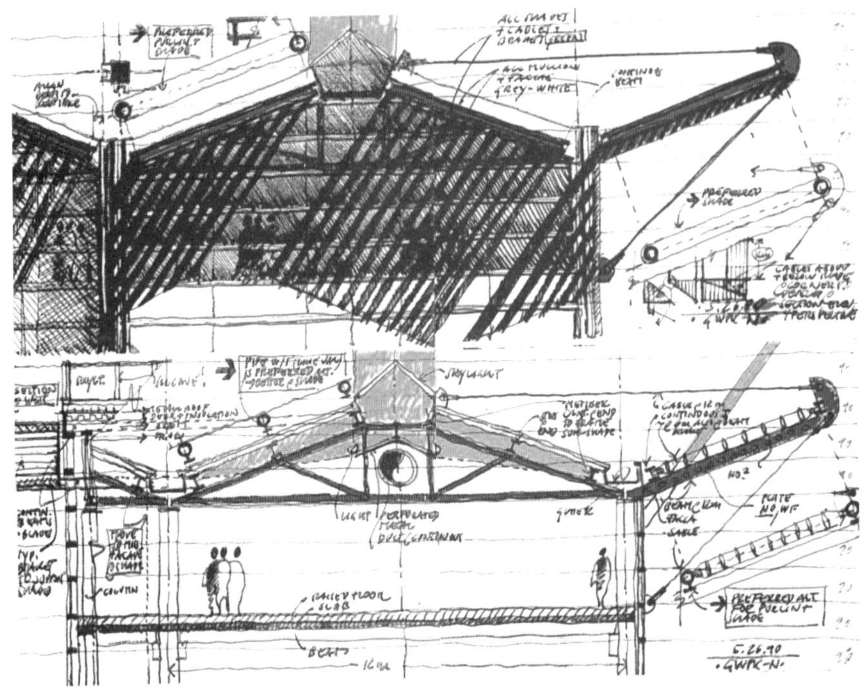

图 2-32 MOC 中心细部草图 墨菲·扬

墨菲·扬在报事贴稿纸上用红色毡头笔写的注释表明，对细部进行技术完善工作具有一种随时补充的特征。

这是个建筑形体较复杂的方案，利用模型和计算机表达其设计“结果”，既便于与业主沟通，又便于建筑师的不断完善。

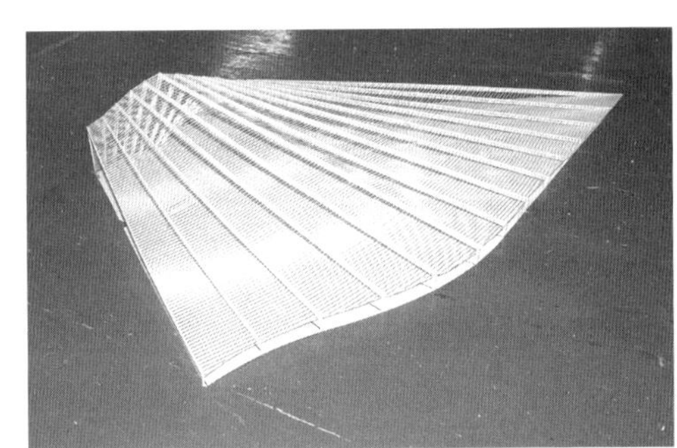

b. 屋盖工作模型

a. 电脑模拟效果图

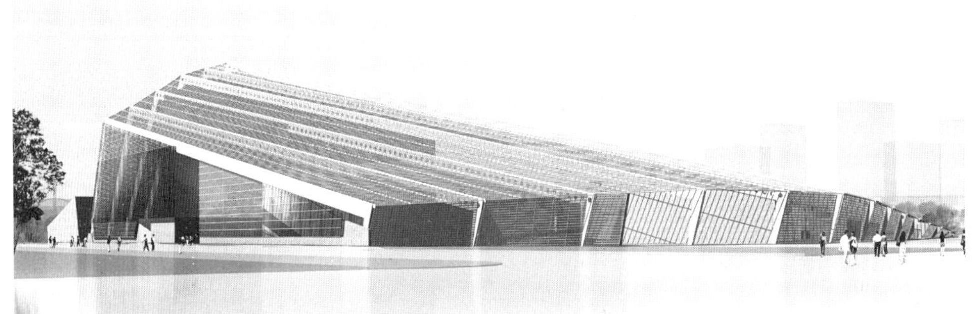

图 2-33 河南艺术中心的方案表现 2002 年 张伶伶 黄勇 李光皓

(1) 目标的确定

成果完善必须有明确的目标，这一方面由于建筑创作内容十分宽泛，构思阶段所有想到的问题不可能都表达出来，所谓“言不尽意”，而只能有所侧重，选取其中思考最多的内容，或者说最能代表方案特色的部分着重加以完善。一般情况下，在构思中需要着重推敲的内容包括实体、空间、光影、结构、细部、材料、连接方式、设备和机械部件等，而这些都可能成为成果完善所侧重的目标。

为了表达纪念台所在环境的宁静气氛，作者选择了夜色中的环境作为表达的意境，最后的成果删除了草图中的月亮。显然，这很清楚地告诉我们最终的结果需要设计者不断的取舍与提炼。

图 2-34
Edoff 纪念台效果图
Stephan Hottpauir

另一方面，建筑创作除了工程性的要求外，还有艺术性的一面，建筑师对意境的追求、对形式美的探索、对内心情感的抒发，也都要借助成果来体现。因而表达某种氛围、某种建筑意境或某种建筑观念自然应成为目标，也应是成果完善的侧重点。

通常，目标的确立往往容易被忽视，许多设计者到了完善阶段，只是按照某种常规的套路，泛泛地对设计问题做等量和均质的表现，目的是为了完成平、立、剖等图纸内容。这种机械般地完成任务式的表达，会给人一种平铺直叙的感觉，要么过于简单化，应该着重完善的部位没有充分表达；要么过于繁琐，某些很简单、细小的地方，或者说没有仔细推敲的地方却表现得很过头，这些都是完善前没有充分确定需要表达的重点，也即没有明确目标的结果。这需要创作者在完善前有意识地去整体考虑，在有了比较明确的目标时，再去动手。

如果创作者能有意识地寻求完善目标，那么目标的确定是比较容易的。因为在方案从准备到构思到完善的过程中，只有设计者最清楚构思的重点、建筑的意境和方案的特点，而这些都是目标确定的重要来源。

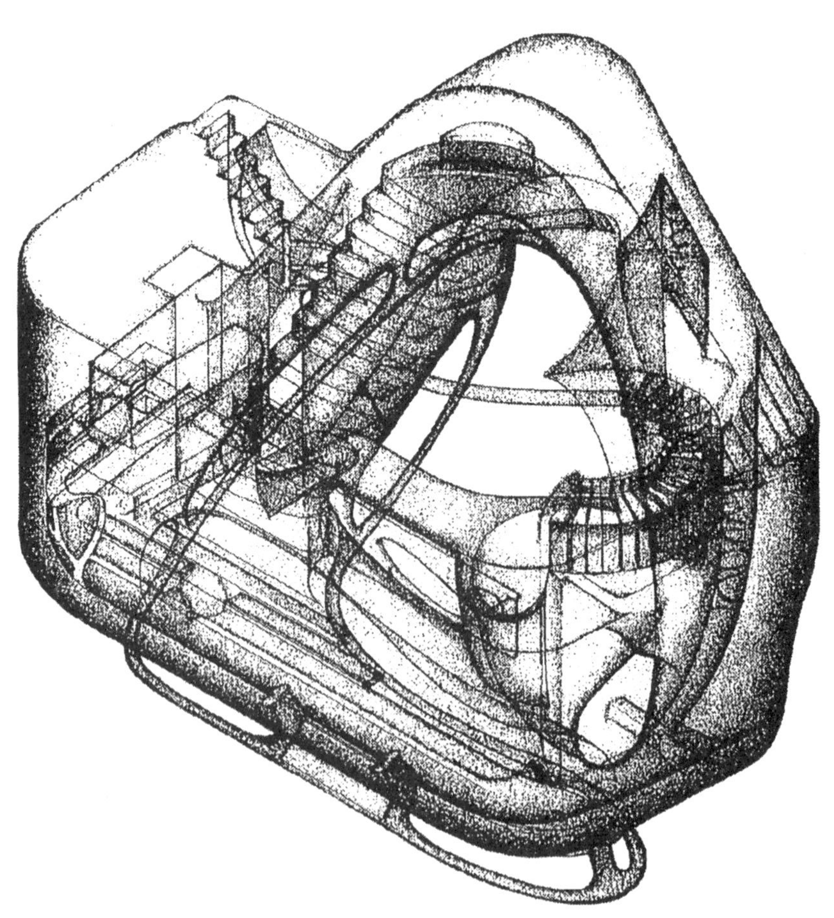

图 2-35　Truss-Wall 住宅正等测图　Ushida · Findiey 事务所

由于设计方案特有的自由形态，通常很难用传统的平、立、剖面图来表达，设计者巧妙地运用一种透明的正等测图来展示内部的空间关系，生动而具特色。

（2）方法的制定

当我们确定目标以后，进一步的工作是要针对目标，制定能够充分完善设计意图的方法。因为设计的思想需要表现手段来实现，而特殊的思想则需要独特的表现方法来体现。传统的常规表现方法，如绘制平、立、剖面及透视图的方法仅能表达一般的设计概念，满足工程性的要求，而要想实现特殊的表达目标，则要相应制定出富于创造性的表达方法。

富于创造性的表达方法，在图示语言、模型语言、计算机模拟等各种方式中都有所体现。以图示为例，其中存在着许多新颖的手法来表达特殊的设计思想和目标。透视法和轴测图法是常用的方法，传统的透视和轴测图的表现特点是现外不现内、见前不见后，这是强调表现而忽视设计构思、忽视对建筑逻辑构造的研究所带来的结果。其效果是只注重某几个外部角度的美观而忽略了建筑的逻辑构造，忽视了建筑实体、空间、结构和设备的形式构成特点。从这个角度讲，传统

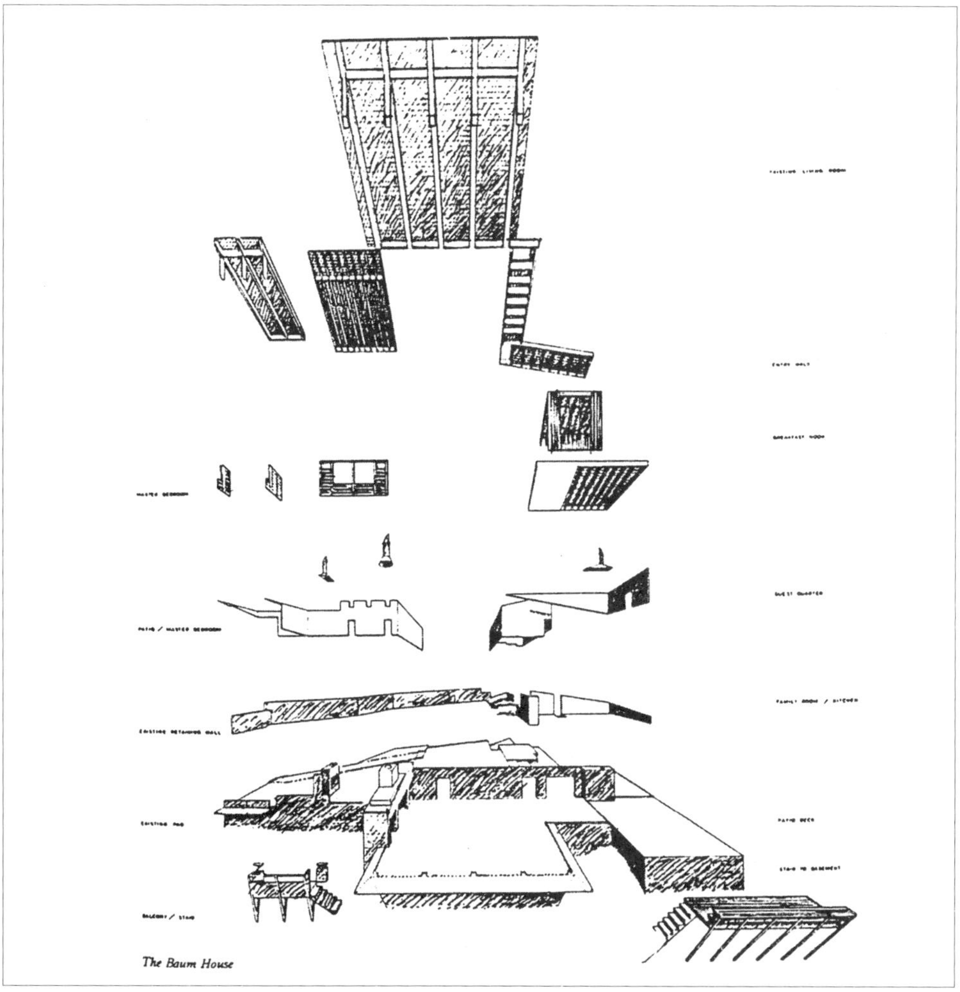

图 2–36　布姆住宅分解轴测图　马克 · 麦克

同常规表现方法不相同，它的表达创意很好地反映了方案特色和空间构成的逻辑关系。

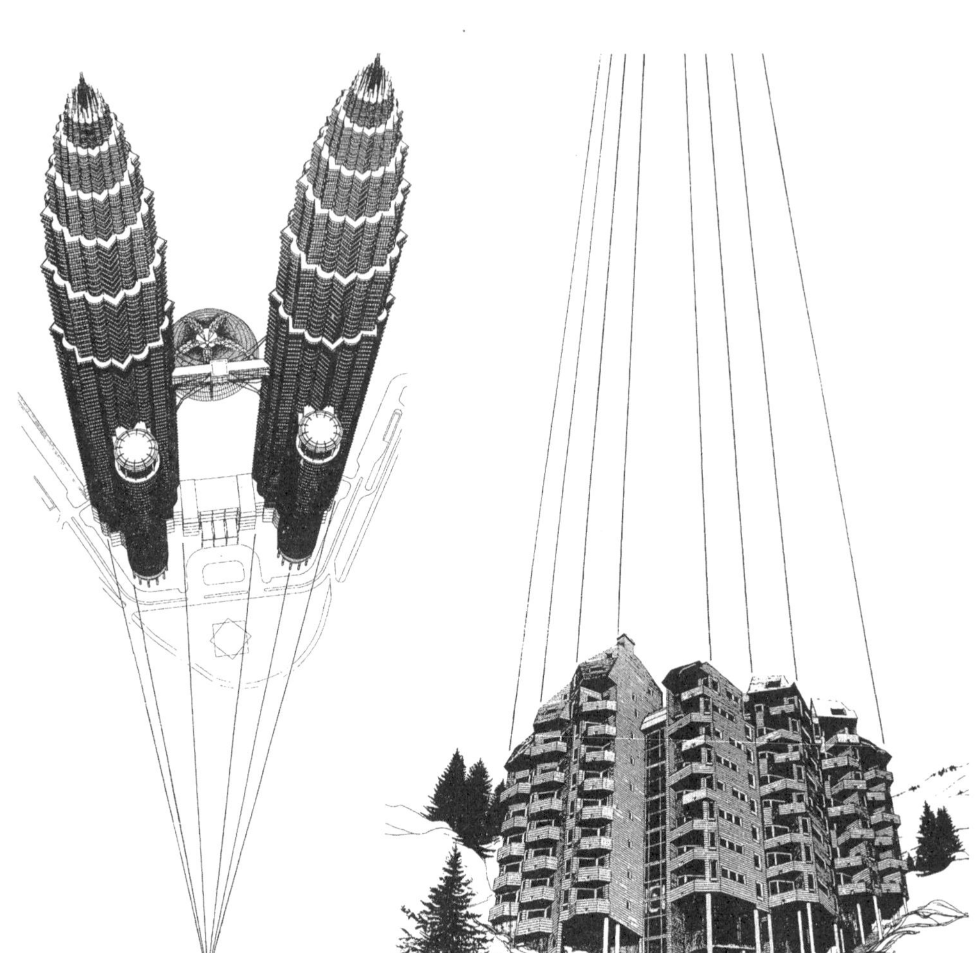

图 2–37 a. PETRONAS 双塔鸟瞰图 西萨 · 佩里；b. AVORIAZ 滑雪胜地仰视图 Jacques LABRO
视觉强烈的鸟瞰图或空中一点透视常常有助于塑造高耸的体量或拔地而起的态势。

的透视图影响了设计的质量。在现实中，常常会出现一些虚假的图示，这种情况固然有客观原因，但也不能否认建筑教育中的不足。当代的表现方法中使用透视图是与大量的构造、空间和实体的联结方式以及结构、构造、设备的分析图等一起使用的，这也是当今欧美建筑设计表现中传统的透视图比例减少的原因。

这种成果完善主要是各种角度的轴测及俯视、仰视、变灭点、多平面、移位、局部变位、局部扩大、分解等各种方法的结合。所有这些方法在传统的观点中均是非自然的，是夸张的、强调的、变形的和探索性的，但却更清晰地表达了建筑的逻辑结构关系，表达了创作者所追求的重点。

应该指出，这种表现方法的拓展是与当代建筑的发展紧密相联的。当代建筑的材料、结构和构造日新月异，结构、构造、设备的工艺已成为建筑设计和表现中的一个特殊的审美领域，而且结构和构造的手法直接关系到空间和实体的连接方式，从而产生了与之相适应的诸如变形、移位等的表现方法。社会在进步，时

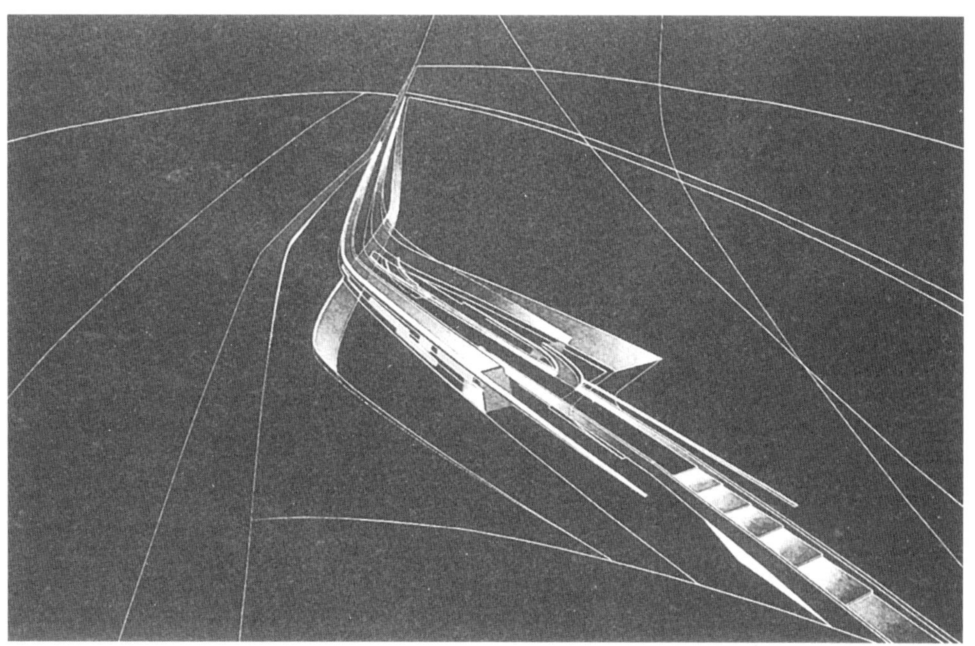

图 2-38　拉维莱特消防站方案透视图　哈蒂德

代在发展，建筑成果的完善方法也在变化。建筑师要紧随时代的发展不断扩大自己的表现手法，提高自身素质，以有足够的手段表达自己的新思想。在这方面，国外一些有影响的建筑师可以为我们提供某种参照，他们都有自己独特的表现手法。例如，哈蒂德早期建筑设计主要是"面"的形式语言构成，"片状"要素形成其设计构成的主要因素，这也是她那独特、新奇的表现图的缘由。摩菲西斯（Morphosis Architects）的设计表现注重建筑中的设备、技术和机械要素，并认为建筑是关于创造一系列机械部件关系的学科，这也在他的表现中有所体现。哥伦比亚大学教授斯蒂文·霍尔（Steven Holl）的建筑表现则试图通过室内外建筑部件体块和线条的组合在空间气氛上创造出一种哲学上的、形而上学的、生活经验上的不同效果，从而表达人类生存经验，创造出他所强调的场所和空间的现象学（Phenomenology）的区别。

通过以上的分析，我们可以总结出建筑创作思维的完善方法是多种多样的、因人而异的。我们不仅要借助于图示、模型、计算机的一般性方法和特点来推进思维进程、加强完善力度，还要针对自己的创作构思和习惯，采用创造性的方法去加以完善。同时，我们制定出恰到好处的方法，对设计成果的完善有着举足轻重的作用，应该为此去努力，因为这也是体现主体创造性的重要部分。

（3）具体操作

在确立了目标，进而制定出相应的方法后，接下来的工作便是要进行具体的操作了。这里我们不谈某一幅图纸或某一个模型是如何被一步步制作出来的，而只是概括地描述操作过程的一般特征。在具体操作过程中，思维的特征仍然是遵

图 2–39　艺术公园表演中心方案表现　墨菲西斯

图 2–40　弗吉尼亚联邦大学当代艺术学院表现图　斯蒂文 · 霍尔

图中线条简洁清晰，寥寥几笔却刻画了较为丰富的内容。

循着由总体到局部再到总体这样一个不断上升的过程，经过多次分析与综合的比较、推敲才能最终完成设计成果。在这个过程中，由于构思阶段和技术完善阶段已经将建筑由总体到局部都考虑得比较周全，因而，对于建筑细部形式处理等内容可以直接地沿用成熟的设计成果。当然如因成果的特殊要求，细部也要进行设计，这时我们把思维的重点放在如何运用各种技巧，如色彩语言、形式语言等方面，从而使设计成果更为完善。运用所制定的方法达到特定的目标，是具体操作

的关键。需要指出的是，设计成果的优劣，一方面要靠正确地选择完善目标、恰当地制定方法和具体过程的正确操作；另一方面还要在很大程度上受到创作者内在因素的影响，如思想观念、理论素质、艺术修养和创作风格等方面。这些都要在平时不断地加以有意识地培养，才能使得设计成果的完善得心应手。所谓“得之于顷刻，积之于平日。”

以上，我们对完善阶段的两个层次，即技术完善与成果完善做了一般性的探讨。实际上，在这个阶段，技术问题的解决与最终成果的形成是统一的。如果我们没有精确解决若干细致的问题，那么尺寸、构造和连接等就无法清楚地体现成果。同时，在对设计成果的完善中也会不断地遇到一些技术问题，解决这些问题才会促使方案的成果更加精细完备。这也是一个辩证统一的过程，方案最终的完成是这两个层次共同作用的结果，缺一不可。这些还有待读者在实践中去切身体会，有意识地挖掘，逐渐培养，这可能就是理论指导实践的意义所在。

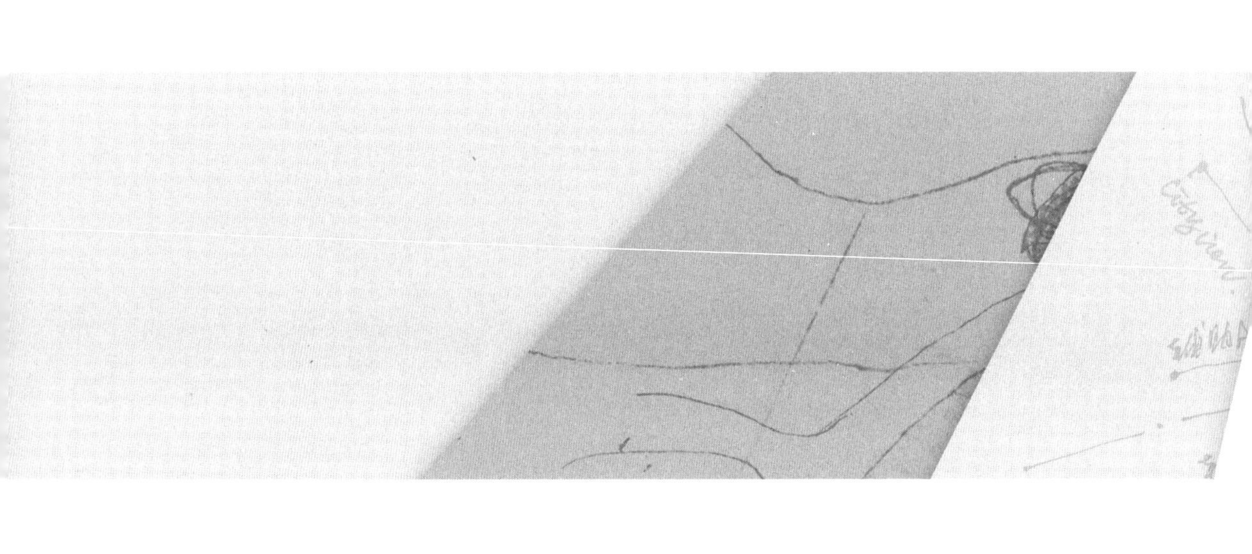

第二篇

思维过程表达
Expression of Thinking

建筑创作一个明显的特点是在不断思考的过程中将创作思维用一定的方式表达出来，在促进思维进一步深化的同时用以与别人进行交流，为方案的确定和最终的实施提供参照。从某种意义上说，建筑创作的过程也是一个不断将思维表达出来的过程。思维表达与建筑创作相互促进，相互依存。一方面，建筑创作思维必须通过某种途径表达出来，没有思维的表达，建筑创作就不能称其为创作。如同作家的写作一样，没有文字这种形式的表述，仅有作者的构思和幻想，我们不能认为他在写作，也就不能认为他是一个作家。建筑创作也一样，同其他艺术门类的创作有趋同的现象，创作的结果必然以特定的方式表现出来。在这些方面，相关的非建筑艺术给我们提供许多启示，也有许多成功的佐证。无论文学、音乐、美术、舞蹈、戏剧还是电影，其构想的完成过程紧紧地与某种表达方式联系起来。艺术家吕胜中在其创作中乃至策划展示过程中，大量地将思维诉诸文字与图示。而著名电影人姜文在导演剧目时也以连环画的草图形式来推敲完善，以使构思清晰地得以品评。另一方面，建筑创作思维的表达，并不仅仅是思维过程阶段性结

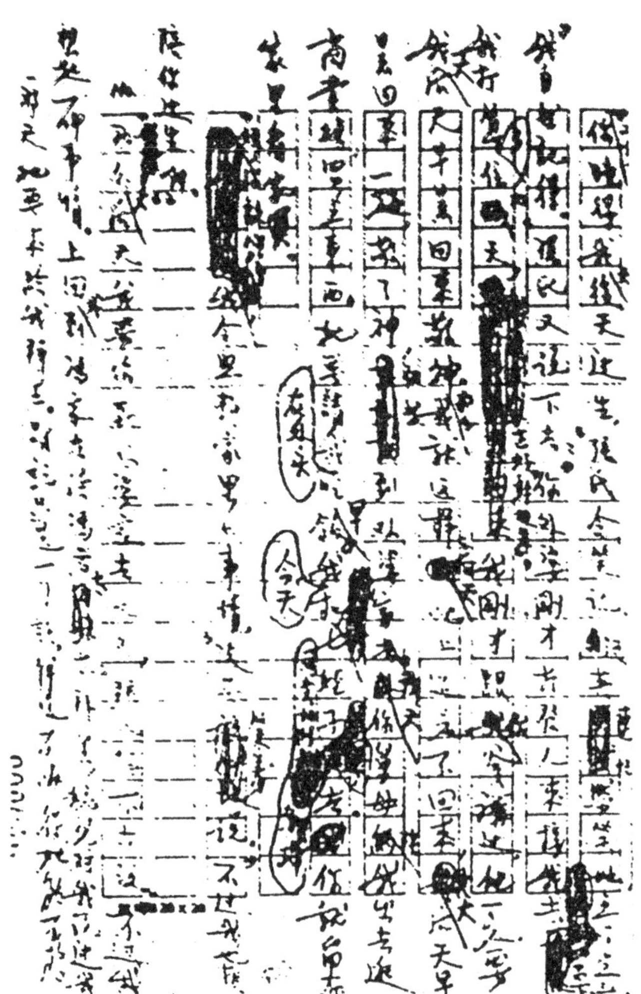

作家的手稿如同建筑师的草图，在不确定或需斟酌的地方也会修修补补、勾勾抹抹，思维的过程有相近之处。

图 3-1 《春》新版第六章手稿 巴金

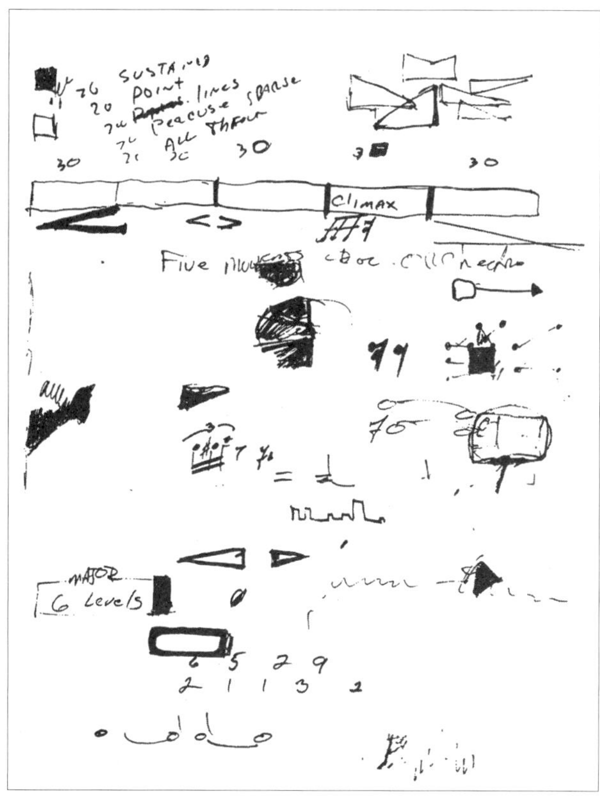

在融和了作者的思想的同时，新的想法重叠在先前的思想上，直到早期的思想消失。草图中有些片段比较清晰，这是某种形象的“混合体”。

图 3–2
音乐构思草图
弗雷德里克 · 比安奇

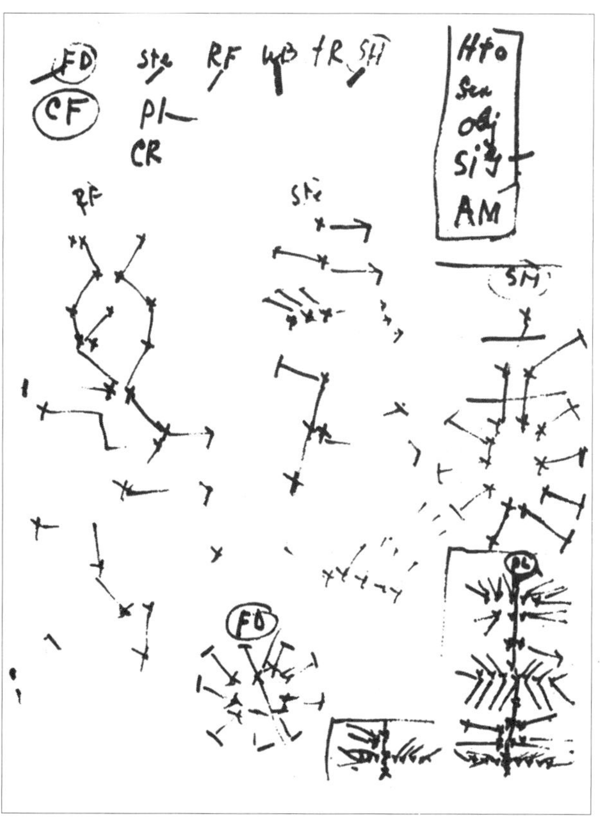

草图叙述了几种舞蹈空间方向的可能性，其内容并非来自某一单个舞蹈，一种可比较的相似性使舞蹈家把它们放到一起来思考。

图 3–3
舞蹈步法草图
默斯 · 坎安宁

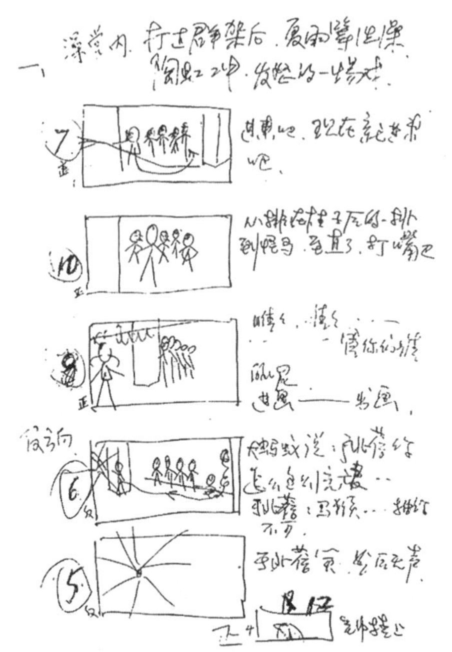

图 3–4　导演的电影拍摄手稿及分镜头草图

姜文

这是电影在拍摄时的分镜头草图，集中反映了导演对故事情节的调度，文字的补充是对重点剧情的提示，与建筑创作非常接近。

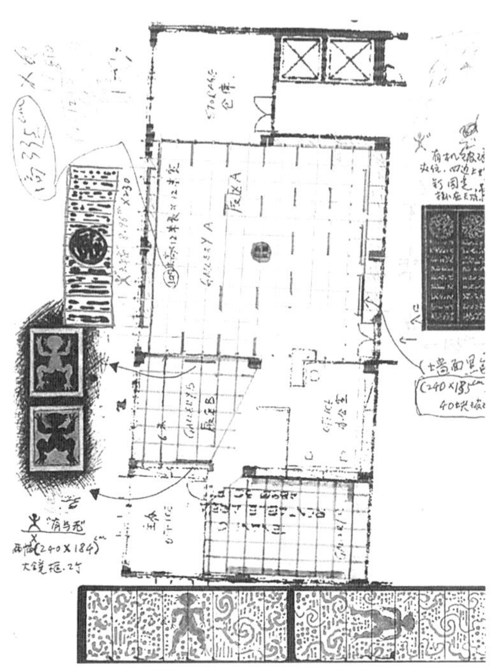

图 3–5　艺术家的作品及布展方式草图

吕胜中

作为对装置艺术的把握，艺术家把思维活动建立在看似"混乱"的表达之中，不可否认的是作者依环境出发，显示出理性化的趋势。

果的单纯体现，它还会有效地促进创作思维的进程，促使创作者的思维向更广泛、更深入、更完善的境地去发展。有经验的建筑师往往会有这种体会，即构思经常是在草图的勾画中不断发展的，依赖草图可以不断推进思维。当我们推敲方案时，头脑中的想法会用各种图示自然地流露出来，有时线条在指引着我们前进。就如同纸上的字句面对着诗人时，他会突然感到思想奔放起来一样。当然，建筑师的表达方式是多种多样的，不仅仅限于草图的表达。比较常用的表达方式有语言文字表达、草图表达、模型表达和多媒体表达等等。在实际的创作中建筑师运用这些表达方式来展示思维，也用这些表达方式来促进思维。应当指出的是，这几种表达方式各有特点，在建筑创作思维过程的各个阶段中有不同程度的运用。思维表达的侧重点也随着阶段的不同而有所差异，这在客观上要求我们将思维的表达以不同阶段加以描述。

一、准备阶段

在建筑创作思维过程的准备阶段，由于要对所建项目有个总体上的认识，因而大量的工作主要是用来收集各种资料和信息。在这个阶段，思维表达的方式多受到资料要求的限制。

（一）表达的方式

准备阶段对资料信息的收集是个复杂的工作，需要准备者耐心细致，采用恰当的方式。准备阶段思维的表达方式主要有以下几种。

1. 文字图表

文字的表达多用来收集有关法规、条例、功能和业主的要求等，在这个阶段所占的比例较大，它的结果多为数据、图表等等。需要注意的是，有经验的建筑师会从最初的文字图表的记录中边搜索边概括，尤其要注意那些对建筑创作有重要影响的部分，在这种看似机械性很强的工作中，发现机会，发现线索，为可能的构思留下伏笔。

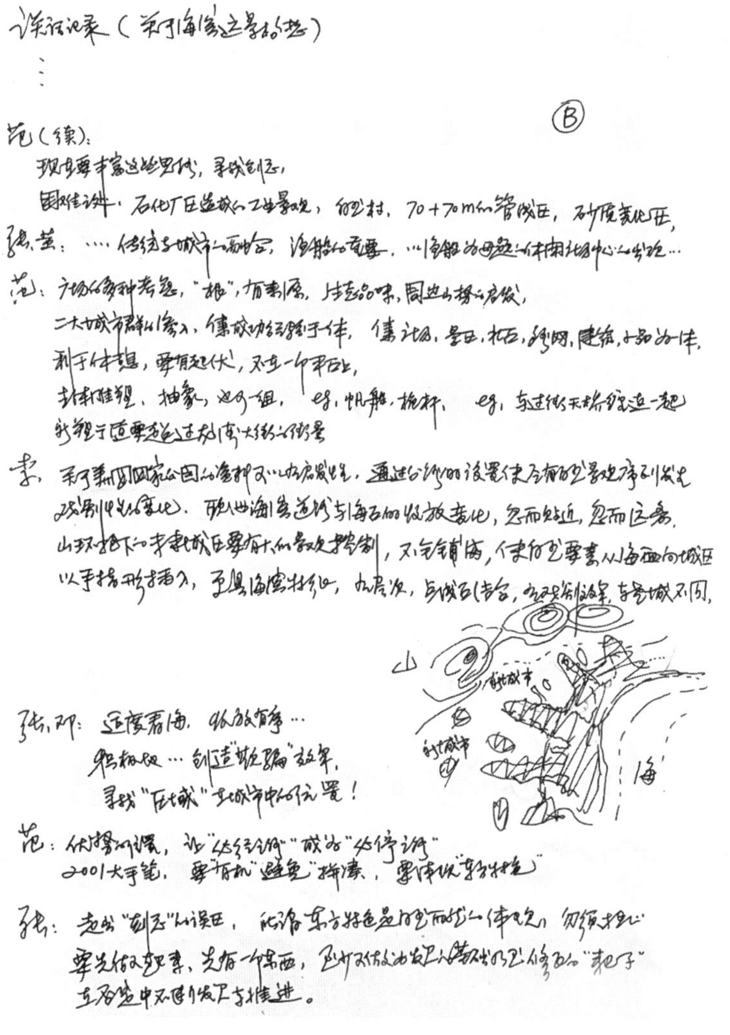

图 3–6　葫芦岛市海滨区域设计谈话记录　天作建筑

这是葫芦岛市海滨区域设计问题建筑师与政府官员的一次谈话记录，它的有效性在于对谈话中关键问题的捕捉与提炼，同时由谈话引发的瞬间火花也是珍贵的内容，要用图示记录下来。

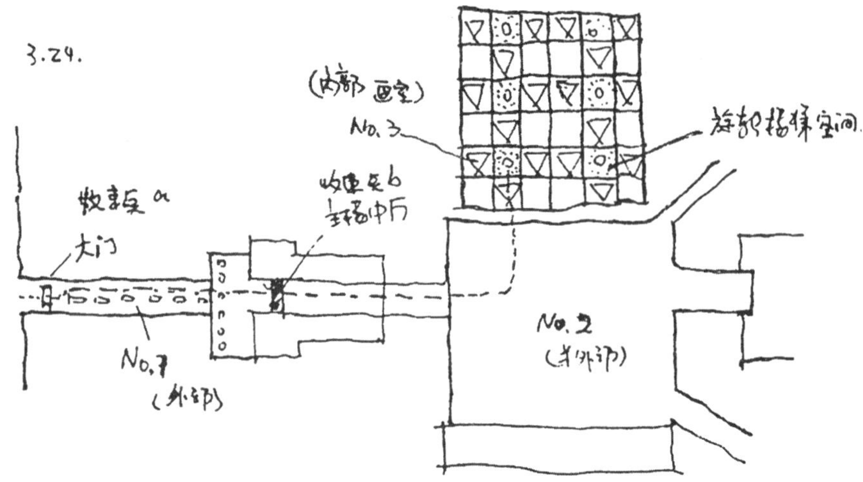

图 3–7 建筑空间关系的图示文字记录 1994 年 李存东

有时图示记录只有记录者本人才最清楚，符号化的图示语言表达了作者对建筑空间的理性分析与认识。

2. 图示

图示在这个阶段应用的机会比较常见，多以记录性为主要特征。它一方面表现为对各种现状资料，如地形图、周围环境状况、交通情况、市政管网设施的布局等所做的图示性的处理；另一方面还表现为对周围环境景观、临近建筑或同类已建成建筑的速写、图片等。在一些研究性较强的项目中，还常常要收集许多现场使用者的活动记录、行为记录、调查记录等，某些情况下如空间、尺度、细部设计中还要引入人体工程学方面的研究内容等等。

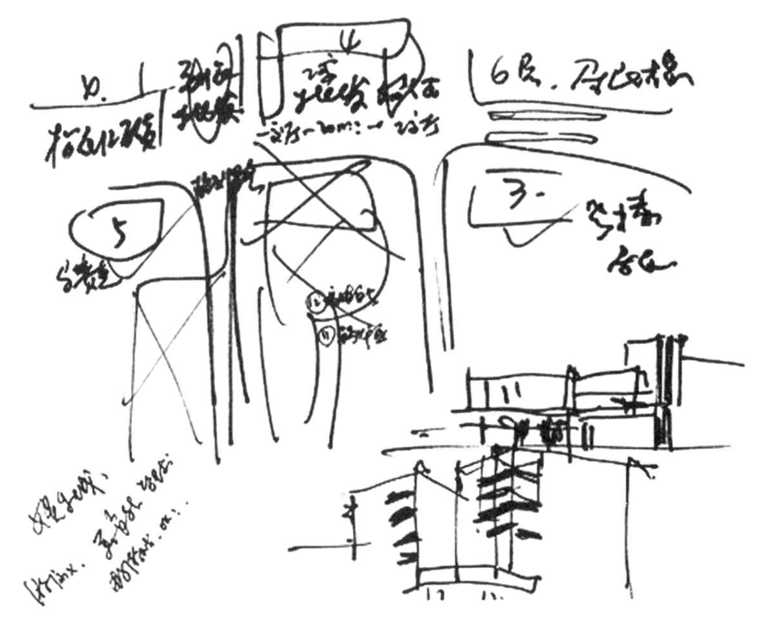

图 3–8 吉林某娱乐城用地环境记录 李国友

对用地周围环境的勘察需要用图示加以记录，以免事后重要信息在记忆中消退，边看边走时也最好快速记录下最基本的特征。

这幅速写是平时翻阅资料时的笔记，记录了建筑改建部分的关键特征。作为提高建筑师素质的重要途径，这种日常的积累是一种长久的准备。

图 3–9
某艺廊改建方案的记录性速写
李存东

图示内容似乎过于复杂，然而这是一种怀着对专业特有兴趣的细致而耐心的思考与记录。这种忠实的积累也是提高建筑师素养的必经途径。

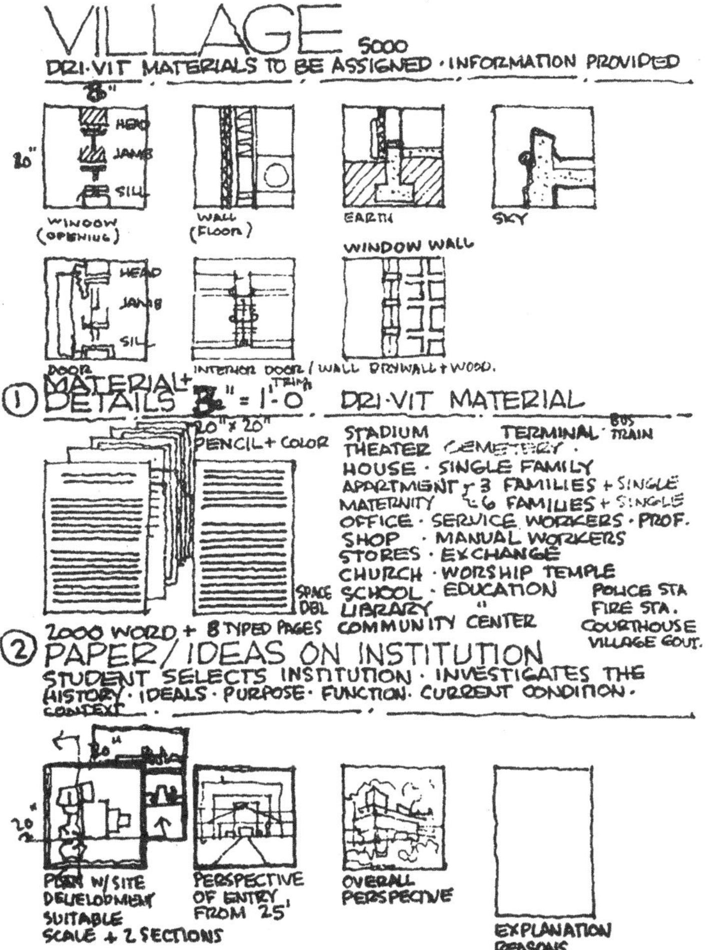

图 3–10
伊利诺伊大学课堂上的笔记
劳伦斯 · 布恩

模型表现的山地特征准确而直观，它提供了从不同角度来推敲建筑的机会。

图 3–11 用等高线法制作山地环境模型 1998 年 袁敬诚 孙冰峰

3. 模型

模型表达在这个阶段运用得相对较少，一般只是在较大型的建筑或周围环境比较复杂的情况下，通过制作场地现状沙盘来更好地分析现状。如果条件允许，这当然是一种有意义的工作。

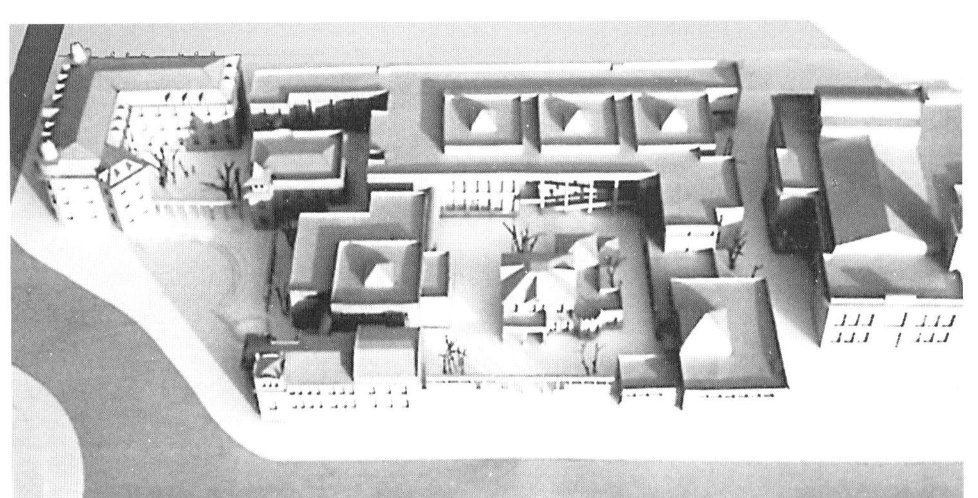

对用地周围复杂的城市环境进行模型表达，直观地再现了城市空间的基本意象，关系明确、清晰，这种简易的模型是有效的手段，为方案的确立提供了可信的参考。

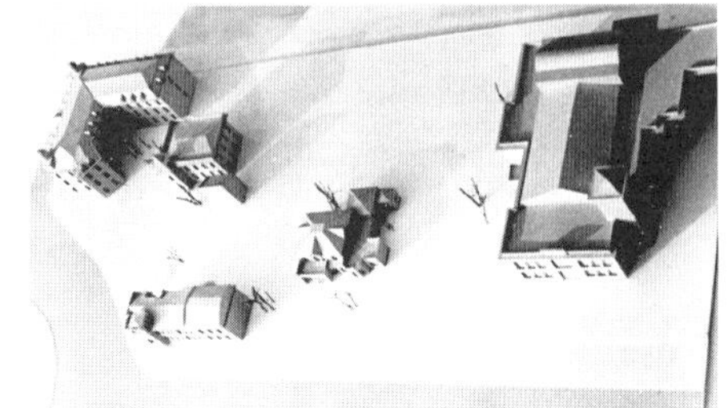

图 3–12 哈尔滨市博物馆广场环境模型及建筑博物馆方案模型 1992 年 李存东 张伶伶

由于模型技术的进步，现在的建筑创作中应用模型的情况也逐渐多了起来。很多情况下，在宏观把握建筑创作的大方向时，利用这种手段是十分有价值的，许多设计单位对某些重要城市或项目均采用这种方式，因其直接呈现真实效果而极具启发性。在工程项目设计中的准备阶段，先把很复杂的地段做成沙盘可能会使有经验的建筑师敏锐地抓住解决问题的途径，有效地节省时间，提高效率。

4. 计算机

应该指出的是，随着 CAAD（Computer Aided Architectural Design）与网络技术在建筑设计领域的广泛应用，计算机表达在准备阶段的作用也越来越明显，而且其作用会越来越大。由于计算机有强大的信息存储和检索功能，因而会给准备阶段的资料收集带来很大的方便。据国外资料统计，如果一个资料室要使提供的资料能及时地为建筑设计者所应用，假设每一份参考资料的内容平均不超过一页纸，那么总的资料储存量需要 800 英尺长的书架，并且还必须以每天 400 页的速度更换，以保持技术参考资料的及时、准确和更新。因为现代化的科学技术为建筑物提供了日益复杂的材料、技术，同时也提出了日益复杂的问题和矛盾。建筑师要掌握和有效利用这些信息，就必须借助于计算机。运用计算机表达，可以将这些广泛的资料、信息存储起来，建成建筑设计信息数据库，以便于根据需要随时调用，并对其进行检索和查寻。在准备阶段，除了需要大量的规范、条例、功能要求等信息外，还可以调出先前存入的设计实例，对其进行分析与评价。借助计算机，还可以与其他信息网络联接，使得信息资料无限扩大，从而使得准备阶段资料收集得更深入和全面，也可以减少不必要的重复性机械劳动时间，使得准备阶段的进程大大加快。例如，台湾交大应用艺术研究所建筑组透过“虚拟设计实验室”与其他大学（MIT,Cornell,UBC, WashU,Hong-Kong……）进行协同设计的研究时，就很好地发挥了网上资料共享的优势，达到了常规合作难以做到的效果。在提供具体的背景资料方面，计算机以自身优势可以再现地形地貌条件。如地形复杂的山地，单凭标有数据的等高线很难给人直观的印象，而运用计算机

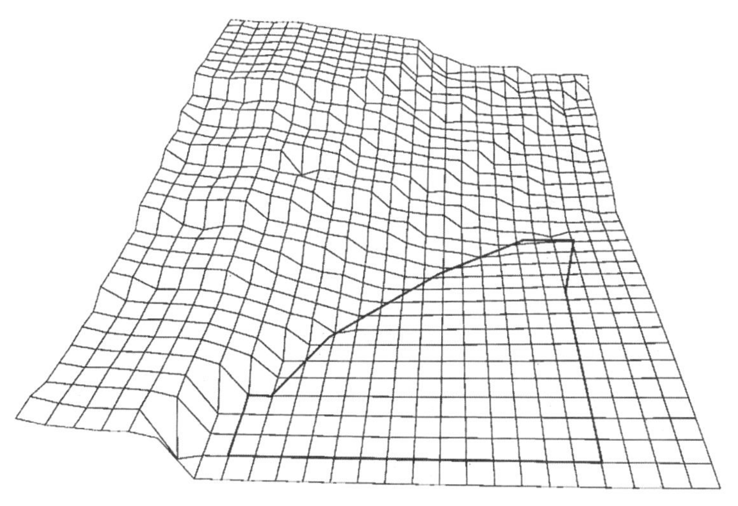

利用计算机模拟复杂地形是设计准备阶段的有效途径。

图 3–13　吉林市松花湖管理楼山地环境的计算机模拟　天作建筑

图 3–14 希腊雅典卫城速写 勒 · 柯布西耶

这是勒 · 柯布西耶在雅典卫城旅行时的速写，画面清晰地表现出对建筑体量、光影的有力概括，线条本身也有一种厚重感，与表达内容相符。

模拟地形原貌则提供给设计者准确的信息。虽然目前计算机表达在准备阶段应用得还较少，但相信它会是未来发展的趋势之一。

尽管我们已开始用网络和数据库与业主沟通信息，也提供了相当大的便利条件，但是对现场的实地勘察和记录，以及三维性很强的地段模型仍具有其自身的优势，还不能完全被计算机所取代，这一点应引起大家的注意。

（二）表达的重点

准备阶段思维表达的显著特点是它的记录性，无论运用何种表达方式，都是以对各种资料的记录为其特征的。值得注意的是，记录并不是表达的目的，而是它的结果。记录的目的是为了更好地促进思维进程，以便更好地得出对建设项目有价值的认识。这就使得准备阶段的各种表达方式都应使表达能与思维有机地结合起来。

1. 强调真实性

大多设计任务都涉及众多复杂的背景资料，从这些信息中提取核心部分将成为寻找矛盾、确立切入点的关键。这就要求收集的资料具有相当程度的准确性和足够的真实性。在准备阶段的各种思维表达方式中，建筑师的记录性绘画或叫“速写”是促进有效思维的一种常用而行之有效的表达方式。它可以使建筑师的手、眼、脑有机地融为一体，从而使得表达能更好地促进思维。

格雷夫斯曾说过：“我们大部分人生性懒惰，当我们在自然界中，或在观看建筑风景时，看到我们感兴趣的东西，我们或许会欺骗自己，认为不用绘画就能记住。然而，如果我们画下来，牢牢记住特殊的意象或一系列意象的机会显然会

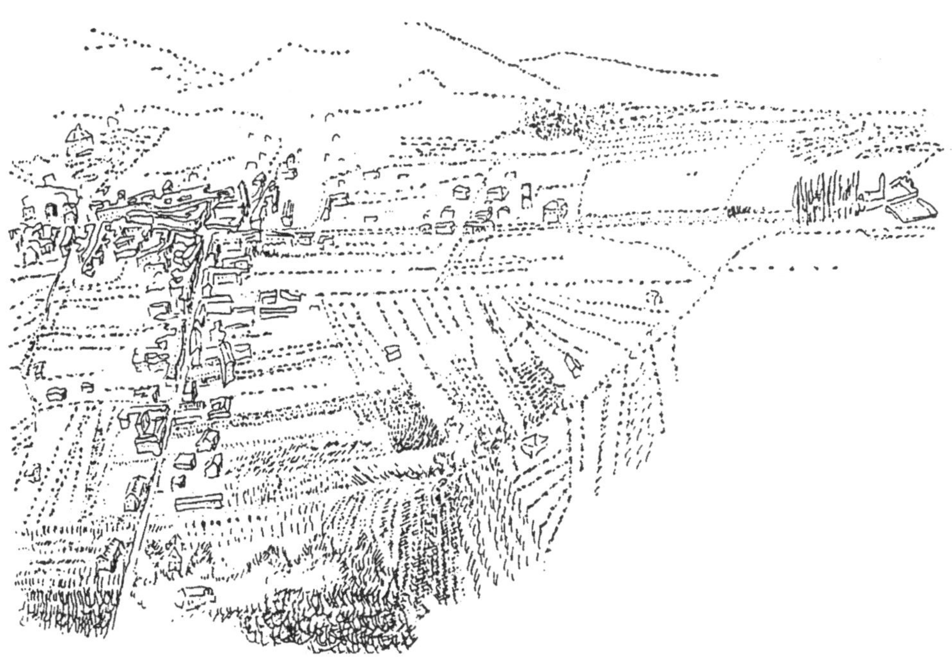

图 3–15 里高尼托别墅基地环境速写 博 塔

基地环境的速写表明了作者将目光扩展到一个更大的空间范围，为方案的产生提供了一个准确的背景资料；建筑与自然地貌分别用实、虚线型突出了重点内容，创造了一种概括性的整体效果。

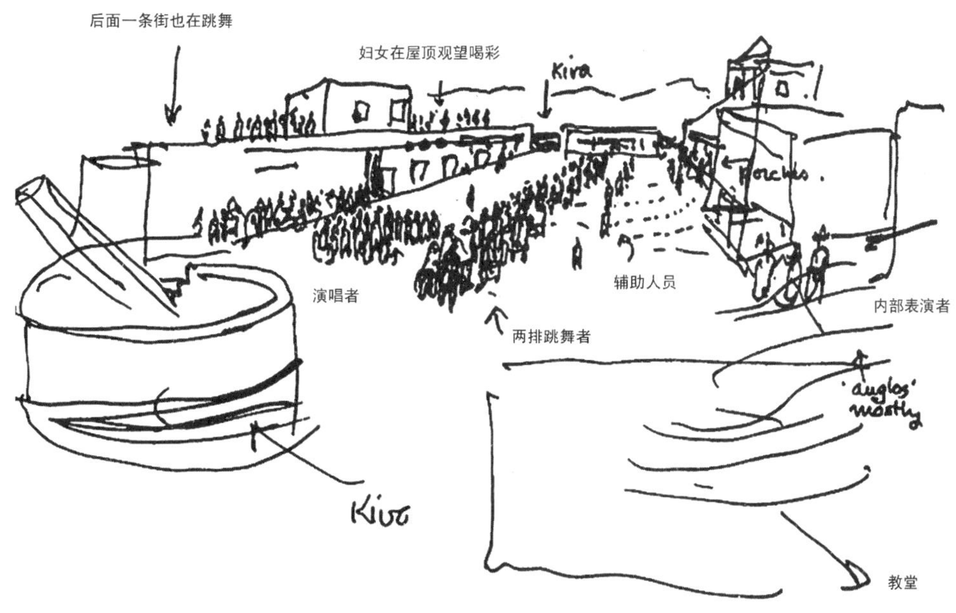

图 3–16 圣多明哥镇风情 劳伦斯 · 哈普林

这里记录了一个戏剧化的场景，人的活动成为空间环境中最动人的部分。“写生可以影响我当时的反映，然后沉积下来影响未来。”这充分地表现了观察与积累作为准备阶段的重要性。

增加。……绘画上的符号能反映到一个人的头脑中，接着便得出更精细的解释，这就是这种非常奇妙的语言的实质。由于思维和行为之间固有的相互关系，好的绘画远远超过简单的信息，它允许人们在它的定义、它的活力中充分发挥。”在准备阶段，通过对基地现状、周围建筑物或同类建筑的大量记录性绘画，可以加深我们对所建项目的感知，更深入地分析和评价所记录的东西，有效地形成对项目的总体认识，也能为后来的构想扩大灵感的来源。值得一提的是，建筑师的这种速写不仅在对某一项目的准备阶段中要充分运用，而且也可以在平时不断地积累记录自己感兴趣的东西，以便为准备阶段提供更多的信息资料。通常，一个有经验的建筑师会在平时的生活中很敏锐地记录一些生活片断、有价值的建筑场景、有趣味的社会风情和一些重要的统计数据等等，我们把这种平日的积累也可宏观地划入这个范围。如果它能把针对所作项目的记录性图示积累起来，就一定会对建筑创作大有裨益，显然这种习惯要靠较强的意识与持久的耐心来养成。从这个意义上讲，好的思维过程的准备阶段实际上在接到任务书之前就已经开始了，这无疑可以缩短准备阶段的时间，提高准备工作的效率。这一点历来为许多建筑师所重视，因而优秀的建筑速写也不断产生。

2. 突出侧重点

一般来说，记录性绘画在准备阶段的表现有两种：一种是上文所述的以记录建筑或环境速写为主，这种速写往往较真实，也较清晰，有明显记录的特点；另

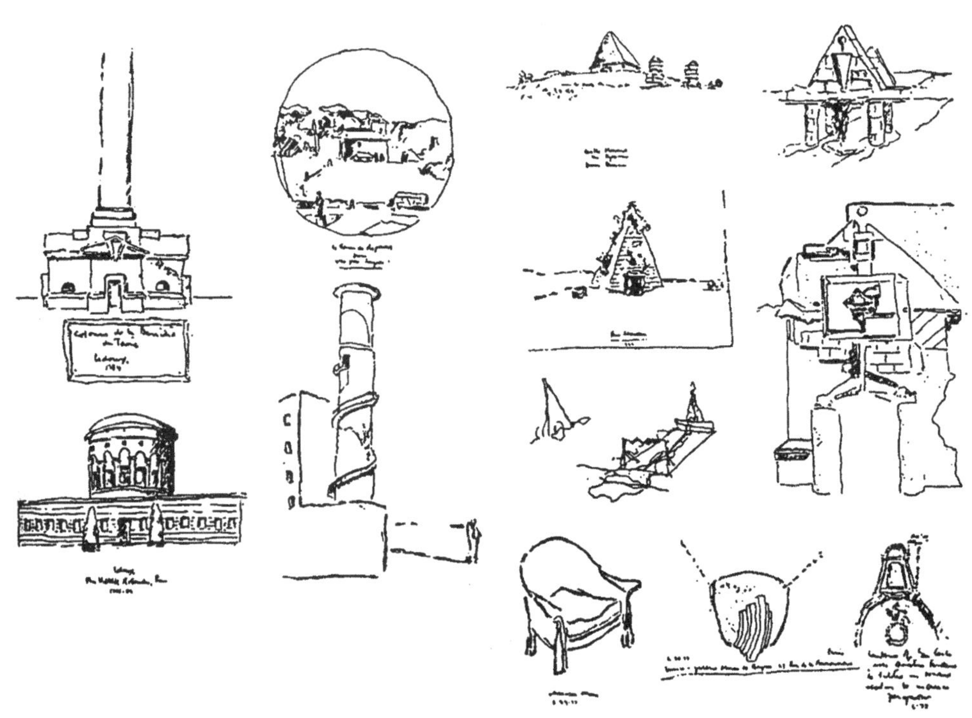

图 3–17　建筑速写　格雷夫斯

建筑师的视野大到一个城市，小到一个建筑细部，甚至一把椅子。对后者所做的更为细致的观察与记录为建筑师积累了更为全面而实际的经验。

一种以记录捕捉对所做项目的总体认识为主，这要求设计者需要有极强的观察力和高度的概括力，善于把握众多条件中的关键部分，提取有影响力的因素或攫取基地隐含的规律。这种速写往往很模糊，不够清晰，有引喻或象征的倾向。前者在准备阶段的早期经常出现，而后者多出现在准备阶段后期，在对项目有了总体认识的基础上形成的，实际上，这已比较接近于构思阶段想法产生前的表达了。

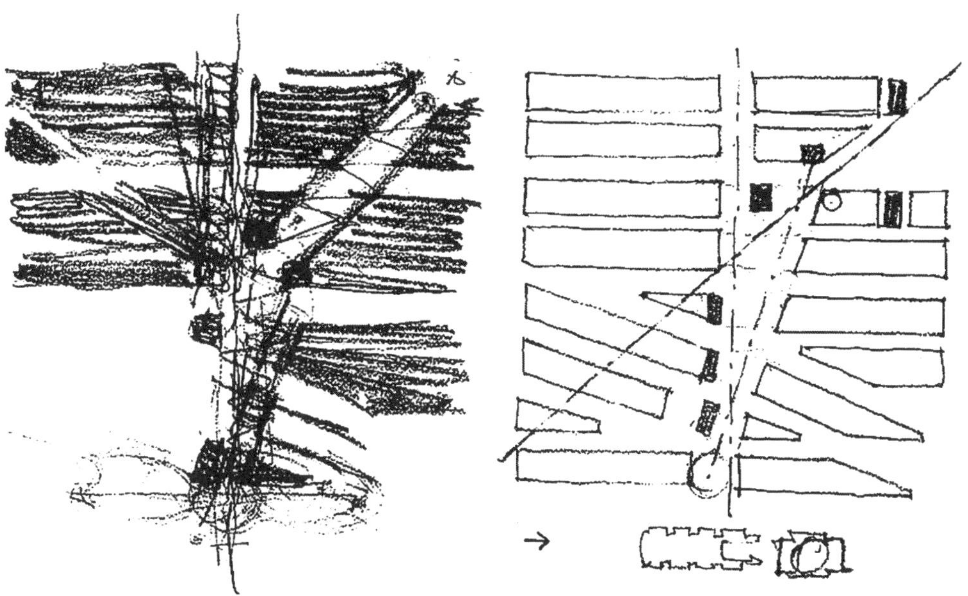

图 3–18　TACOMA CAMPUS MASTER 平面图　Moore Ruble Yudell

从图示看出，建筑师正试图捕捉对基地的整体认识，这种分析和试探性的工作成为构思前期的铺垫。

这幅记录性的现场速写线条极其简单，无论是建筑还是自然要素都只留下了轮廓，很明显建筑师把观察的侧重点放在了建筑与环境的关系和空间的层次上。

图 3–19　某山地城市记录性速写　布莱恩 · 李

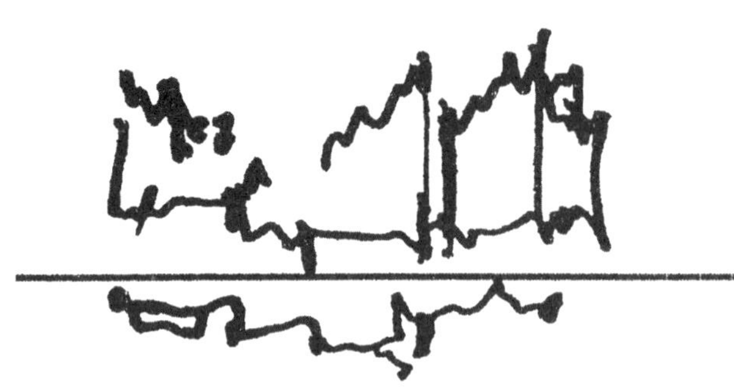

图 3–20　芬兰某教区中心总体印象　米哈 · 列维斯卡

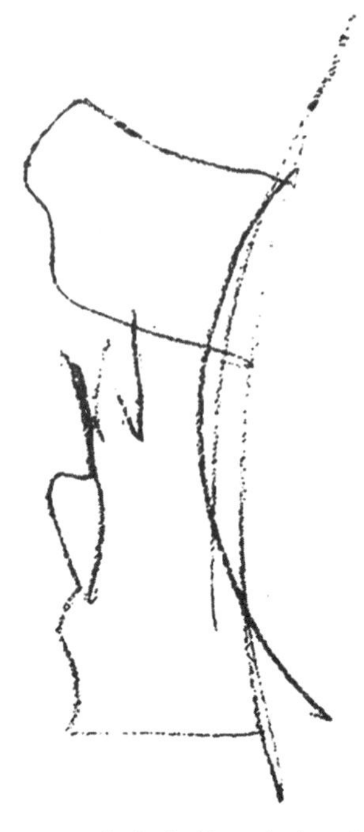

图 3–20、图 3–21 两个颇为抽象的草图很好地显现了建筑师头脑中模糊而活跃的思维形象。在准备阶段后期，建筑师的工作更多地闪现出创造性的火花，这是构思阶段开始的表现。

图 3–21　北京奥林匹克公园规划方案意向　2002 年　张伶伶

尤其是在设计者组织的与公众交流听取意见的现场会议中，公众的愿望常常会为设计者自然地勾画出一个大致的轮廓来。

（三）实例分析

从上面的论述中，我们了解到建筑创作思维过程中准备阶段思维表达的方式、侧重点等特征。我们可以这样说，准备阶段是一个不断分析不断综合的过程，在对资料广泛的收集——归纳重点——再深入收集这样一个循环上升的过程中逐渐形成对所建项目总体上的认识。积极地思维和有意识地综合，并有效地运用各种能够促进思维的表达方式，可以使得准备阶段的思维有一个良好的进程。下面将通过对几个实例的分析，更具体地把握准备阶段的思维进程及其表达特点，对上面提到的论点做更进一步的阐述。

例 1　威尼斯某医院

这是勒 · 柯布西耶晚年的一个作品，位于意大利名城威尼斯的一家医院。接到任务后，勒 · 柯布西耶对项目做了详细的考虑，收集到尽可能多的资料。在对资料的归纳、综合分析后，他认为两个方面的因素对设计有着举足轻重的影响：一是威尼斯的城市风情；二是对医院新模式的探索。于是，进一步的工作便是深入收集归纳这两方面的有关资料。

首先，勒·柯布西耶对威尼斯的城市特征进行了亲身的体验，画了大量的速写，并做了多次归纳与综合。他认为“对这儿的建筑来说，水是必须考虑的因素。……步行街和冈朵拉（gondola）相结合，使得威尼斯的生活很有效率。……步行街虽然像迷宫，但非常有效和经济，没有笔直的街道，广场也很小，并结合水面组织大量建筑。”这些准备工作所带来的收获，都为他在后来的方案中有效地组织流线和公共空间带来了灵感。

其次，勒·柯布西耶对医院的发展模式也做了大量的调查与研究。并认为“随着医疗设施的发展和高效药物的不断开发，传统的医院模式要发生改变，即要更

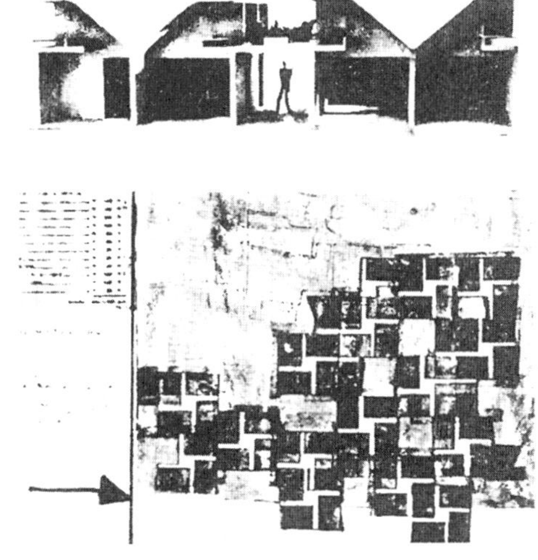

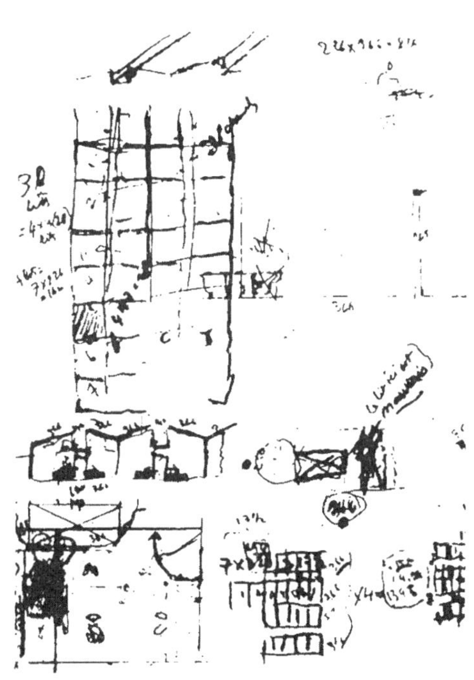

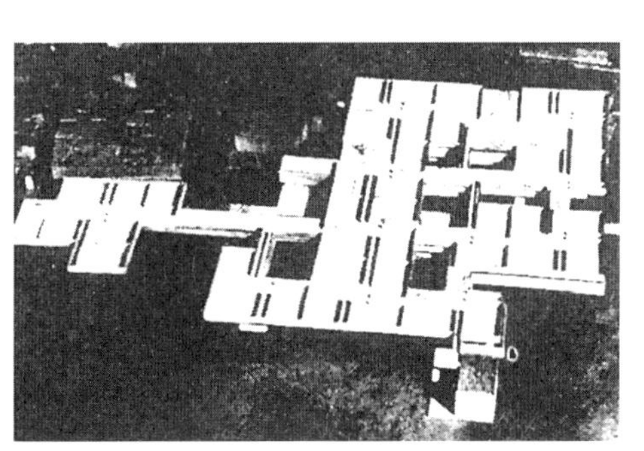

图 3-22　威尼斯某医院设计准备阶段资料

多地考虑为住院者创造良好的环境。”这种现在看来仍有意义的认识是基于对医院模式的大量收集和归纳而得来的。

通过对威尼斯医院准备阶段的描述，我们可以看到勒·柯布西耶为此而做的工作是行之有效的。他能有效地把握所收集资料的深度和广度，并且能抓住重点进行必要的分析与综合。准备阶段所形成的对所建项目的总体认识，在最终的设计成果中表现得十分突出，方案成功地实现了城市特征与康复环境的有机结合，发展了医院的常规模式。

例 2　吉林省农业干部培训中心

这是笔者主持设计的一个项目，该项目是拟建于吉林市松花湖风景区内的一个培训中心。接到任务后，第一步自然是准备阶段的工作。最初收集到的资料主要是业主提供的任务书，其中包括对建筑功能、面积等的要求，包括占地、总建筑面积的数据等，设计内容有培训、会议、娱乐、健身、餐饮、客房以及相应的配套设施。通过与业主的会谈，又取得了基地的现状资料，包括基地范围、地形图、交通情况、市政各种管网的现状等，同时也了解到当地的施工情况和所能提供的建筑材料等。接下来便是对基地做现场的考察与体验，初步了解的情况是：基地依山面湖，周围山势起伏平缓，高度适中，且轮廓变化丰富，湖岸线在此处向内渐凹，形成一个湖湾，整体环境宁静而优美。

由图示分析得来的布局

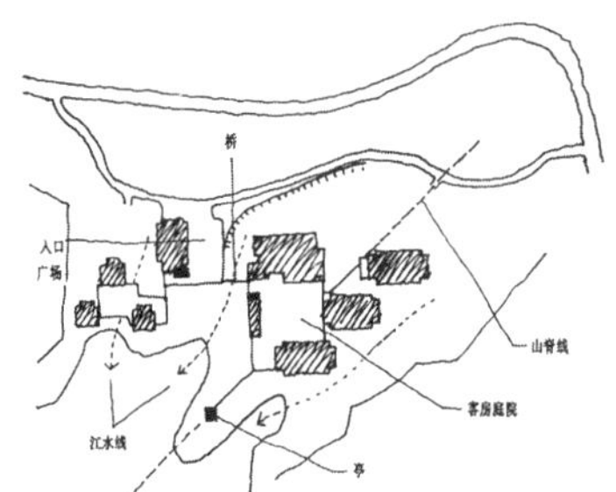

收集到这些资料后，形成了对项目初步的认识。但是对于准确抓住基地的灵魂来说仍然觉得不够深入，各种条件都很宽松，似乎只有一个大背景，一切都是自由的，因而感到有些无从下手。于是针对所收集的资料做了一次有意识的归纳与综合，结果认为该项目所处的地点是风景区，加上建筑属性的具体要求，故不应有太大的体量，布局也宜相对分散，以结合地形、依山就势比较好。基于这样的认识，确定下一步工作是对基地

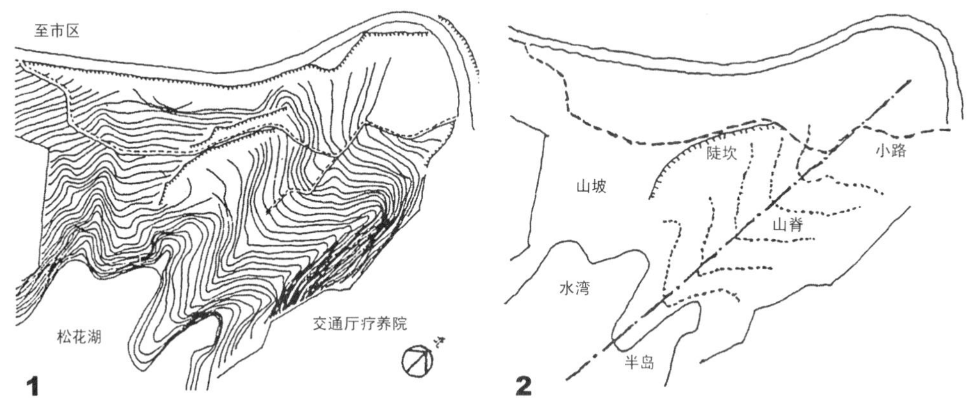

图 3–23　吉林省农业干部培训中心设计准备阶段图示分析　1996 年　张伶伶　孟浩　李存东

环境条件进行再次梳理与提炼。通过进一步的观察与分析，发现了基地自身强烈的性格特征，这种特征通过一条山脊、一个陡坎、一条小路，一座半岛及一个水湾等表现出来。随着对基地内各种组成因素的进一步收集和多次的综合整理，对基地的理解逐渐加深并形成整体印象，同时对拟建建筑的大概意象也逐渐清晰起来。

可以说，这个例子的准备阶段是较成功的。既收集到大量的资料又把握住了所需深入收集的重点，这为以后构思的进行铺平了道路，对方案的发展起到了举足轻重的作用。从后来的构思和最终完善的设计成果上看，准备阶段所做的工作是必要的，也是十分有效的。需要补充的是，当完成基地现状的图示分析后由于坡地的特征，使设计者很难把握创作构思的真实情况，以至在刚完成图示分析后，就马上按图示做了基地模型，从而使设计者一下子抓住了主要矛盾，使设计工作得以顺利开展。

例 3　建筑博馆广场改造

这是一个城市中心区改造的设计项目，位于哈尔滨市南岗区。博物馆广场曾是一个以圣 · 尼古拉教堂为中心的不规则放射性广场，是哈尔滨特色建筑的最早发源地之一，周围存在着大量的老式建筑。基地现状杂乱，建筑破坏严重，文化气息匮乏，交通不畅，缺少有组织的城市公共空间。对博物馆广场地区的改造，旨在使原有的建筑环境得以改善，并使该区域为人们回顾历史、体验建筑文化的场所。城市中心区的改造必然基于现实情况，解决现存问题，其前期准备工作显得尤为重要。

前期准备工作首先从整体环境上把握城市特点和发展脉络，以此作为设计的背景。哈尔滨在城市形成的早期，受外来文化的影响较大，中外不同民族的各种风格建筑一度在哈尔滨形成过同台会演的局面，这是哈尔滨独特的城市性格和鲜

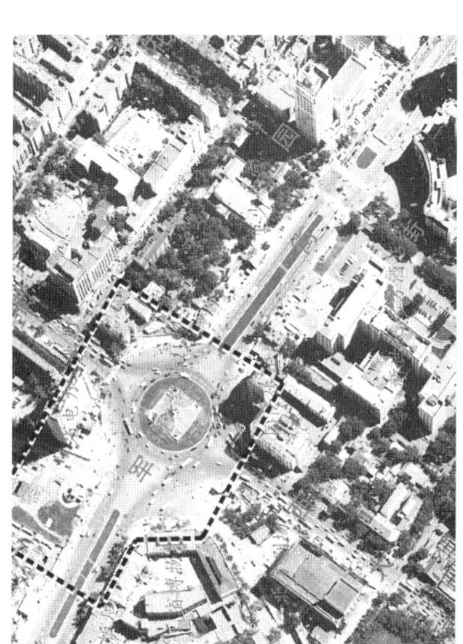

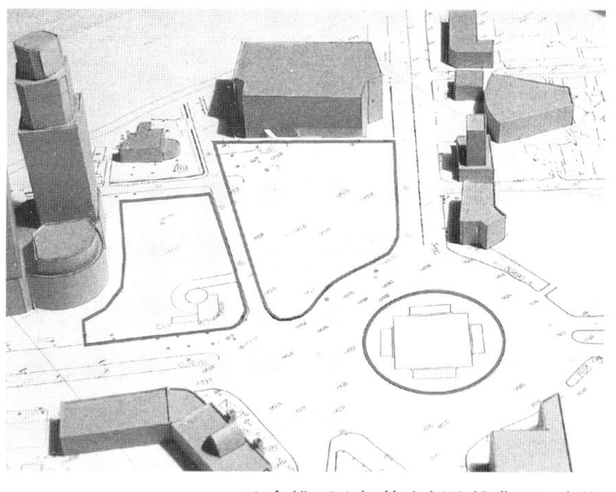

这个模型分析的实例比较典型，在准备阶段将保留建筑预先做好，而后围绕着先决条件进行设计，这顺利地促进了方案意象的形成。

图 3–24　哈尔滨博物馆广场改造基地航拍图与模型照片

哈尔滨博物馆广场历史建筑调查

	名称	建成年代	建筑风格	现有功能	结构形式	建筑规模	保护程度	对中心的影响	
								距离	程度
1	黑龙江省博物馆	1906	新艺术运动	文化	砖木	地上2层 地下1层	I 类保护建筑	110M	强
2	北方剧场	80 年代中期	现代	文化	框架	地上2层 地下1层	/	170M	较强
3	反法西斯胜利纪念碑	1945	/	纪念	砖石	/	/	105M	较强
4	哈尔滨国际饭店	1937	日本近代式	商业	砖混	地上5层 地下1	I 类保护建筑	75M	强
5	红军街38号住宅	1908	新艺术运动	商业	砖木	地上2层 地下1层	I 类保护建筑	109M	较弱
6	秋林公司中山商场	1912	文艺复兴	商业	砖木	地上3层 地下1层	I 类保护建筑	76M	强
7	松雷商厦	1993	现代	商业	框架	地上6 地下1	/	171M	较弱
8	中心广场栏杆	不详	新艺术运动	围墙	钢筋混凝土	/	/	72M	较强
9	黑龙江省电力幼儿园及食堂	1919	折中主义	办公	砖混	地上3 地下1	III 类保护建筑	111M	较强
10	颐园街1号革命领袖活动纪念馆	1909	古典主义	文化	砖混	地上3层 地下1层	I 类保护建筑	218M	较弱
11	航天大厦	2000	现代	商业	框筒	地上38 地下5	/	180M	较强
12	颐园街3号省政府老干部活动室	1914	折中主义	文化	砖木	地上2层 地下1层	I 类保护建筑	265M	较弱

图 3–25 哈尔滨博物馆广场基地内历史建筑的调查与分析 蔡新冬 黄勇

明的地方特性的重要来源。最近许多年来，随着城市的发展，哈尔滨富有历史传统和文化价值的老建筑呈逐年减少的趋势，城市渐渐失去了其独特的历史价值和地方特色，原有的本土文化气息有待恢复，建筑的文化内涵亟待提高。

其次，对基地内现存的老建筑进行了必要的考察，拍摄了大量照片，按其风格、形式和建造年代进行了归纳与分类。通过调查发现：博物馆广场虽遭破坏，但仍保留一定的历史特征。十九世纪末，流行于欧洲的古典复兴、浪漫主义、折中主义、新艺术运动等建筑流派在这里均有体现，是展示建筑文化的博物馆。因此，区域的改造必须以加强对古旧建筑的保护与维修为前提，延续其历史文化特征。

再次，对区域交通状况、空间边界、地下空间环境等方面进行了调研，采取了实地考察与问卷调查相结合的方式，形成了大量的前期图示和图表分析。虽然这些工作占用了大量的时间，却逐渐形成了对设计方案总体上的认识。

基于前期的分析，从整合城市空间形态、改善区域交通结构、激发广场活力、显现历史特征等几个方面提出改造设计构想。建议拆除破坏环境尺度的电力大厦，整合城市公共空间；发展地下人行交通，在广场周围形成一系列下沉广场，减少人行与车行交通的干扰；强化区域的向心性结构秩序，进一步提升了公共空间质量。取得了市民和专家的认可，并逐步实施。可以说，在这个方案的准备阶段，大量的调查研究，对基地内每幢建筑的详细考察，对城市原有公共空间的尊重，是方案成功的关键。

例 4　芬兰赫尔辛基现代艺术馆基地环境分析

这个案例是赫尔辛基现代艺术馆设计竞赛，图解均为设计过程的早期阶段即准备阶段绘制。我们在接到任务后首先是对已知条件进行收集整理，提取有助于方案设计进行的重要信息，在这个区域内有许多名家如阿尔托、沙里宁等人设计的作品，从现有环境的制约中去寻找坐标，成了方案构思的切入点。

芬兰会堂是阿尔托的代表作之一，建在芬兰湾南端，紧邻建筑基地，其制约性是明显的，沿通向芬兰湾的线引向基地。另一重要的建筑是沙里宁设计的议会大厦，面对基地而且正对规划中的广场，再引入议会大厦垂直基地的线——形成第一网格，至此基地被分割成三部分。

重新审视议会大厦与广场的关系，应有一个平行界面面向广场；同时认真考虑芬兰会堂的重要地位，向其敞开，构成特定的制约关系，为下阶段的空间组织留下了伏笔。

1989 年赫尔辛基规划中的公共建筑和邮电局办公楼及其改建工程是另一条制约因素——引入第二网络，同时形成中枢部分：交叉点。

通过各个制约轴线的引入，方案的大体构思已经确立。从这个过程中可以看出，前期的场地、环境分析十分重要、具有价值，这是方案形成的直接依据。

有人评论说，对于建筑师来说，图解模式在某种程度上是最重要的一类图示，虽然业主很少有机会看到它。但它是整理信息、验证想法和深入到设计问题的核心的有效手段。这是重要的自我交流过程，一种有自己的语汇、语法和句式，以非常特殊的方式进行的“自我对话”。

二、构思阶段

建筑创作思维过程的构思阶段，是整个思维

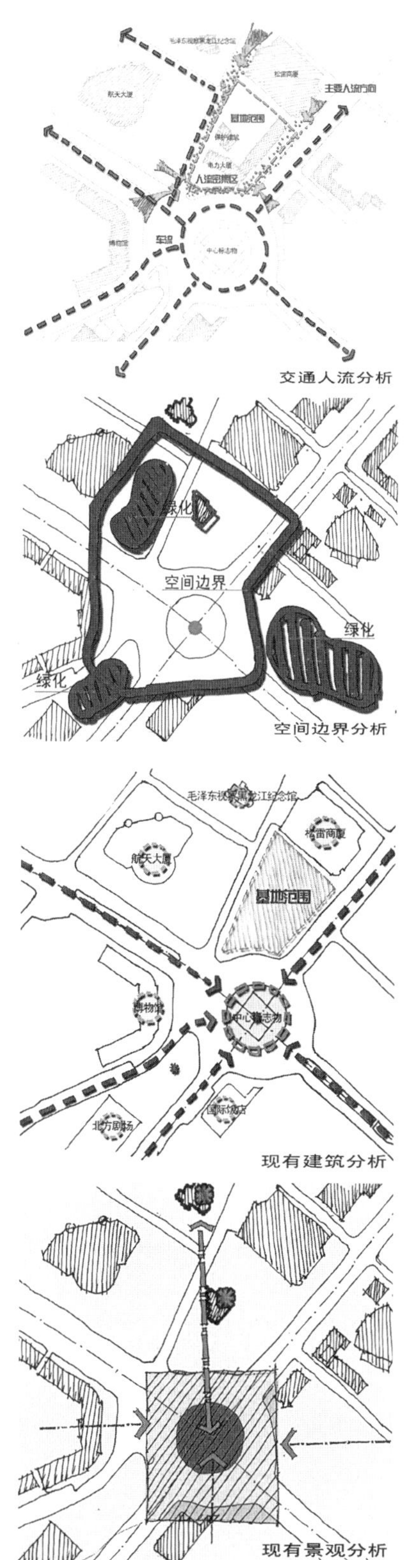

图 3–26　哈尔滨博物馆广场基地环境分析图　蔡新冬　黄勇

模型照片

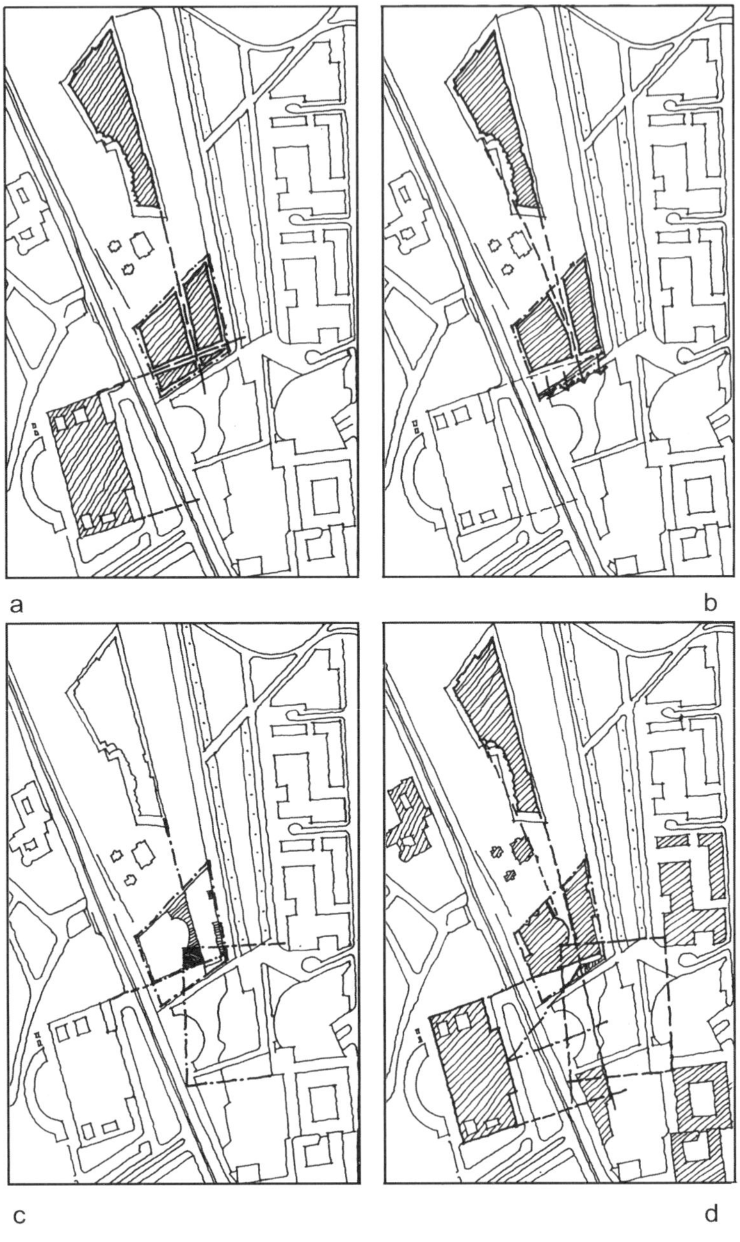

在准备阶段，从严格的环境制约条件中发现问题、寻找机会、是形成建筑意向的积极因素。

a

b

c

d

图 3–27　赫尔辛基现代艺术馆建筑意向形成图解　张伶伶　黄勇　等

过程的主要阶段。在这个阶段，方案的构思在由总体到局部再到总体的反复推敲中不断地完善和发展，由此决定了思维的图示表达也必将呈现出多次反复和尝试性的特征。这里既有对总体想法的比较、推敲，也有对次级问题的再探索。总之，构思阶段的思维表达是一个非线性的不断探索的过程。

（一）表达的方式

在这个阶段，各种表达方式都会被采用，并且都会充分地发挥着各自的作用。

它们一方面被用来表达创作者的构思，以便与他人进行交流；另一方面也用来促进创作者的思维，使之始终处于活跃和开放的状态，以便充分发挥思维的创造性，不断推进建筑意象的物化。众多的表达方式及它们在构思阶段的使用频率和使用效果可以用下图加以说明。

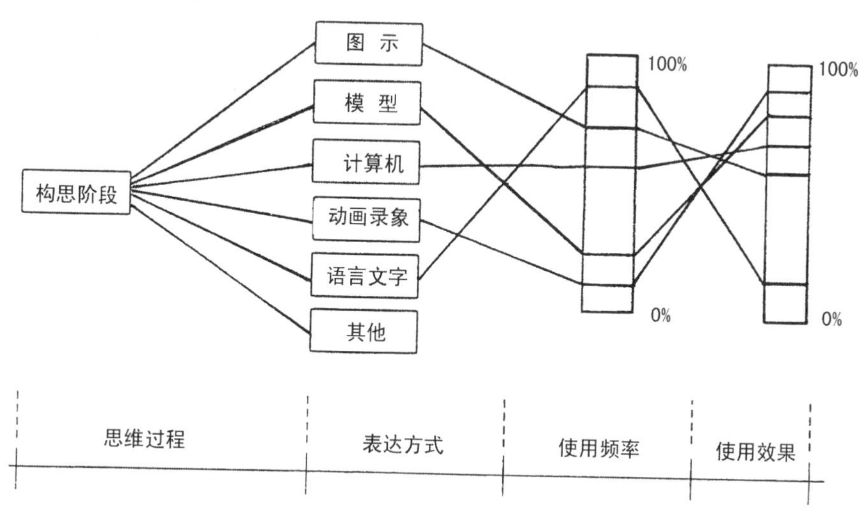

图 3–28　构思阶段几种表达方式的常用频率比较

从使用频率和使用效果的综合情况看，构思阶段主要的表达方式有图示表达、模型表达和计算机表达三种情况。其中图示表达是仅次于语言文字表达的一种最常用的表达方式，它的特点是能比较直接、方便和快速地表达创作者的思维并且还能促进思维的进程。这是因为一方面图示表达所需的工具很简单，只要有笔、有纸即可将思维图示化，并且可以想到哪儿画到哪儿，随思随画。许多优秀的建筑作品诞生在设计者旅途的记事本甚至使用过的餐巾上，这种例子并不鲜见。另一方面，由于图示表达所受的限制少，即思维和表达出的结果之间的阻碍相对很少，也使得表达出的结果和思维状态能够在最大程度上得以吻合，从而使得这种表达方式能够更直接地反映出设计者的思维状态，也更有利于捕捉灵感，推进思维。

同时，我们也可以看到，从使用效果中发现模型表达和计算机表达都优于图示表达，这就是为什么多鼓励在构思阶段用过程模型和计算机来帮助我们确立构思的原因。但是，对于前面所谈到的相对图示表达的便捷、迅速而言，后两者在主体思维和表达结果之间的阻碍相对要多些，或者可以说“转移”的过程要复杂。这是我们必须要注意的问题，许多初学者连基本的思维途径和表达图示还未掌握，就已坐在了键盘前，结果自然会很茫然，也可能根本“衔接”不上。

1. 草图

图示表达在构思阶段的主要表达形式是建筑师的草图，草图虽然看起来很粗糙，随意性强，也不太规范，但它常常是建筑师灵感火花的记录，思维瞬间

图 3–29　画在餐巾布背面的 SIEGLER 住宅构思草图　戴维 · 斯蒂格利兹

布制的餐巾留下了建筑师的笔触，也留下了建筑师思考的轨迹。

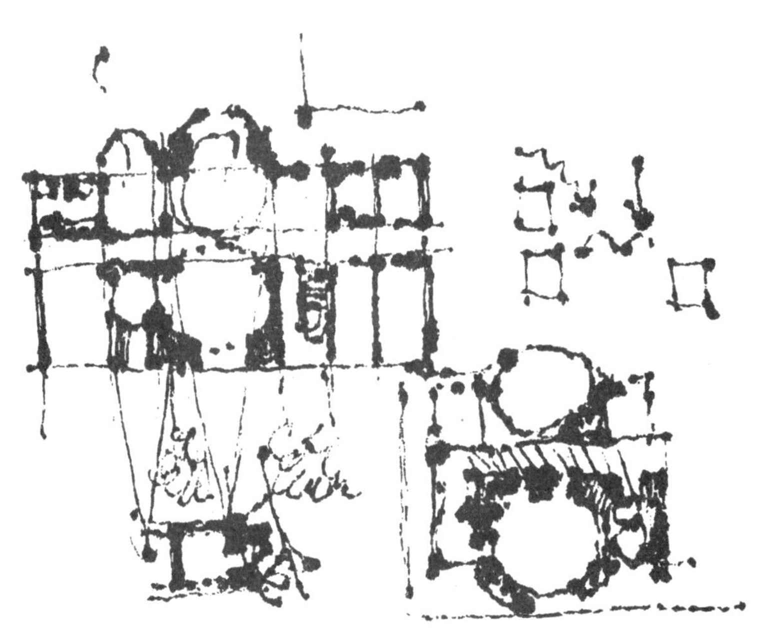

图 3–30　画在餐巾纸上的草图

建筑师的草图在餐巾纸上渐渐晕开，同时建筑师的思维也随之徜徉。

的反映。正因为它的“草”，多数建筑师才乐于用它来思维，借助它来思考。格雷夫斯在他的文章《绘画的必要性——有形的思索》中曾强调说：“在通过绘画来探索一种想法的过程中，我觉得对我们的头脑来说，非常有意义的应该是思索性的东西。作为人造物的绘画，通常是比象征图案更具暂时性，它或许是一个更不完整的，抑或更开放的符号，正是这种不完整性和非确定性，才说明了它的思索性的实质”。

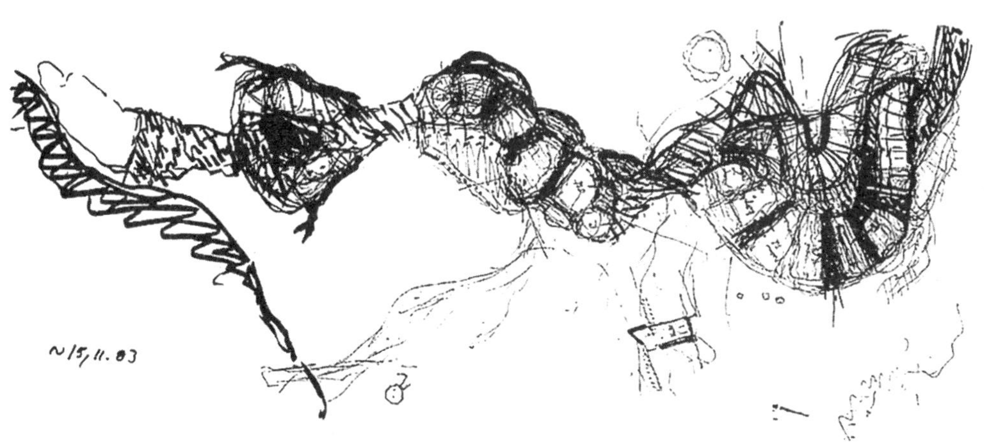

图 3–31　芬兰总统官邸总体意象草图　Raili/ Reima Pietila 事务所

流动而互相缠绕的线条勾勒出建筑自由而有机的形态，这种模糊的概念草图本身就有一种生长的活力。

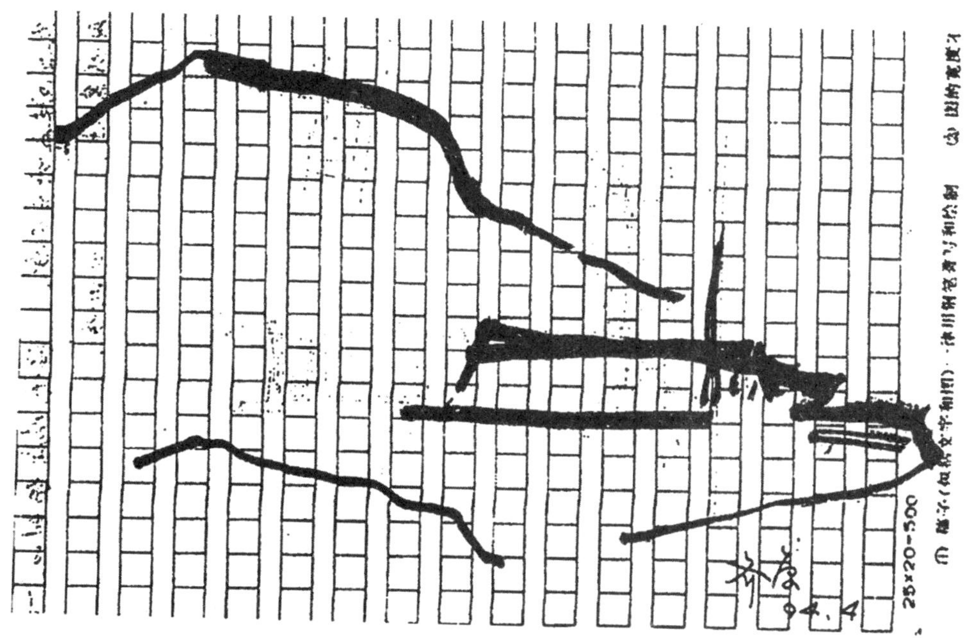

图 3–32　镇海口海防历史纪念馆构思意象草图　齐康

优秀的创意并不总是在专注地思考时出现，捕捉瞬间的灵感成为随时随地的工作，这张草图是很好的例证。

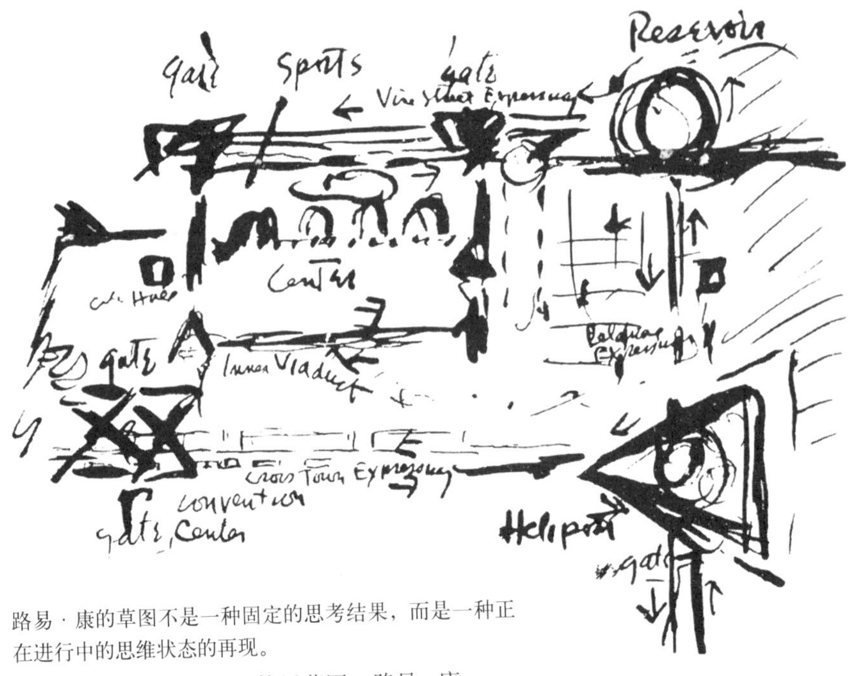

路易·康的草图不是一种固定的思考结果，而是一种正在进行中的思维状态的再现。

图 3–33　美国费城中心构思草图　路易·康

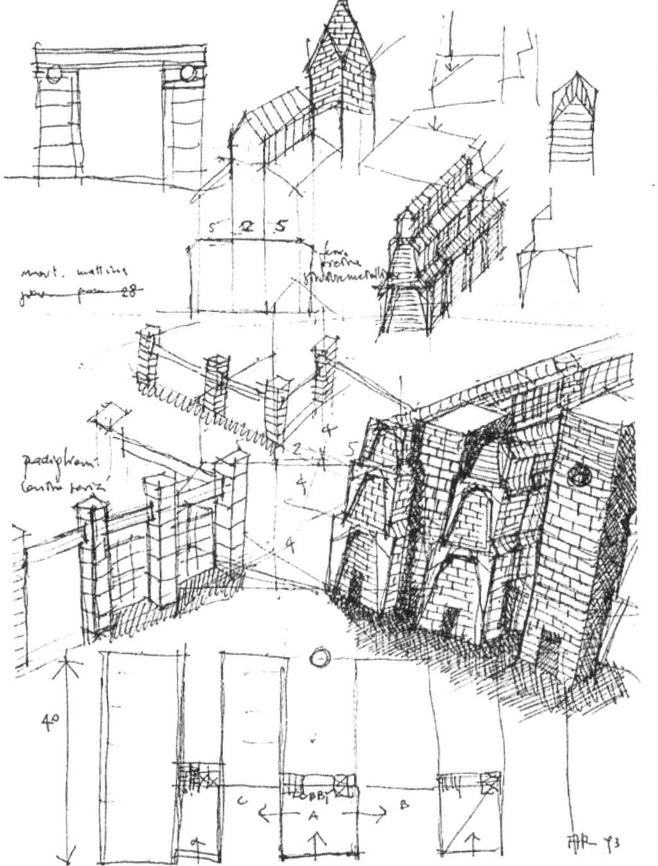

罗西的研究草图表明了构思确定后的深入推敲，此时的工作更多地处于理性状态。

图 3–34
某研究中心构思草图
阿尔多·罗西

图 3–35　吉林饭店意象草图　1990 年　张伶伶

这幅草图描绘了建筑师头脑中浮现出的建筑形象，这种具有一定开放性的草图完成了从概念到形体的过渡。

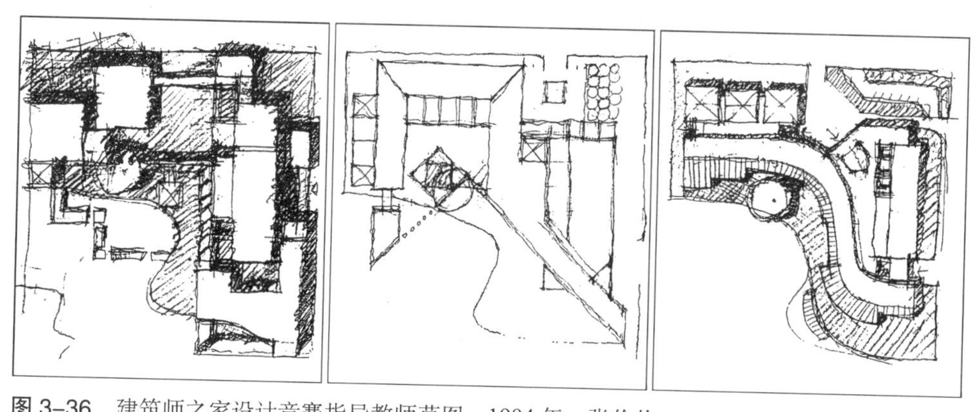

图 3–36　建筑师之家设计竞赛指导教师草图　1994 年　张伶伶

总体构思阶段借助草图进行多种可能性的比较，有力地加深了学生对基地的理解和认识。

如前所述，用草图来思考是建筑创作的一个很重要的特征。那些认为有创造智慧的大脑会即时、完美地涌现出伟大的构思的想法是不切实际的，很多优秀的构思必须以大量艰苦的探索为基础，这种探索很大程度上要依赖于草图。这些草图，有的处于构思阶段的早期——对总体建筑意象的勾画；有的处于对局部的次级问题的解决之中；有的处在综合阶段——对多个方案做比较、综合。它们或清晰或模糊，但这些草图都是构思阶段思维过程的真实反映，也是促进思维进程、加快建筑意象物态化的卓有成效的工具，我们必须对此有足够的认识。很不恰当地讲，现在造成建筑水平不高的一个重要原因，就是建筑师少于思考，自然少有构思草图，很可能也少有创作思维。我们希望在建筑教育中能强化这种意识，以此来培养会思考的建筑师。

2. 模型

模型表达在构思阶段也有非常重要的作用。与图示表达相比较，模型具有直观性、真实性和较强的可体验性，它更接近于建筑创作空间塑造的特性，从而弥补了图示表达用二维空间来表达建筑的三维空间所带来的诸多问题。借助模型表达，可以更直观地反映出建筑的空间特征，更有利于促进空间形象思维的进程。国内外许多建筑师和事务所都很注重运用模型这一手段来推敲方案。以前，由于模型制作工艺比较复杂，因而在构思阶段往往很少采用。但随着建筑复杂性的提高，以及模型制作难度的降低，工作模型或叫研究模型（Study Model）在构思阶段的应用越来越普遍，它在三维空间研究中的作用犹如草图在二维空间中的作用一样，越来越受到建筑师的重视。利用模型进行多方案的比较，直观地展示了设计者的多种思路，为方案的推敲、选择提供了可信的参考依据。

采用“研究模型”进行建筑创作并辅之以草图的手法，在构思阶段的应用已十分普遍。在我们看来，我们更提倡在构思阶段中的那些简易的过程模型，因为

图 3–37
勒·柯布西耶在推敲某集合住宅模型

街区边界给出了限定范围，模型直观地表达了在此前提下群体组合方式的灵活性，有力地推动了设计者思考的进程。

图 3-38　Makuhari 公寓工作模型　斯蒂文 · 霍尔

这个例子展示了建筑师在进行更为感性的思维表达时，模型所特有的优势，自由多变的形态在这里得到了充分的展现。

图 3-39　2000 年教堂工作模型　彼得 · 艾森曼

它不仅能弥补草图的不足，也是思维过程中不可缺少的体验过程。那些方便、简易、快速的模型对构思阶段很有帮助。

3. 计算机

计算机表达是近年来在建筑创作领域迅速得到广泛应用的一种表达方式。它

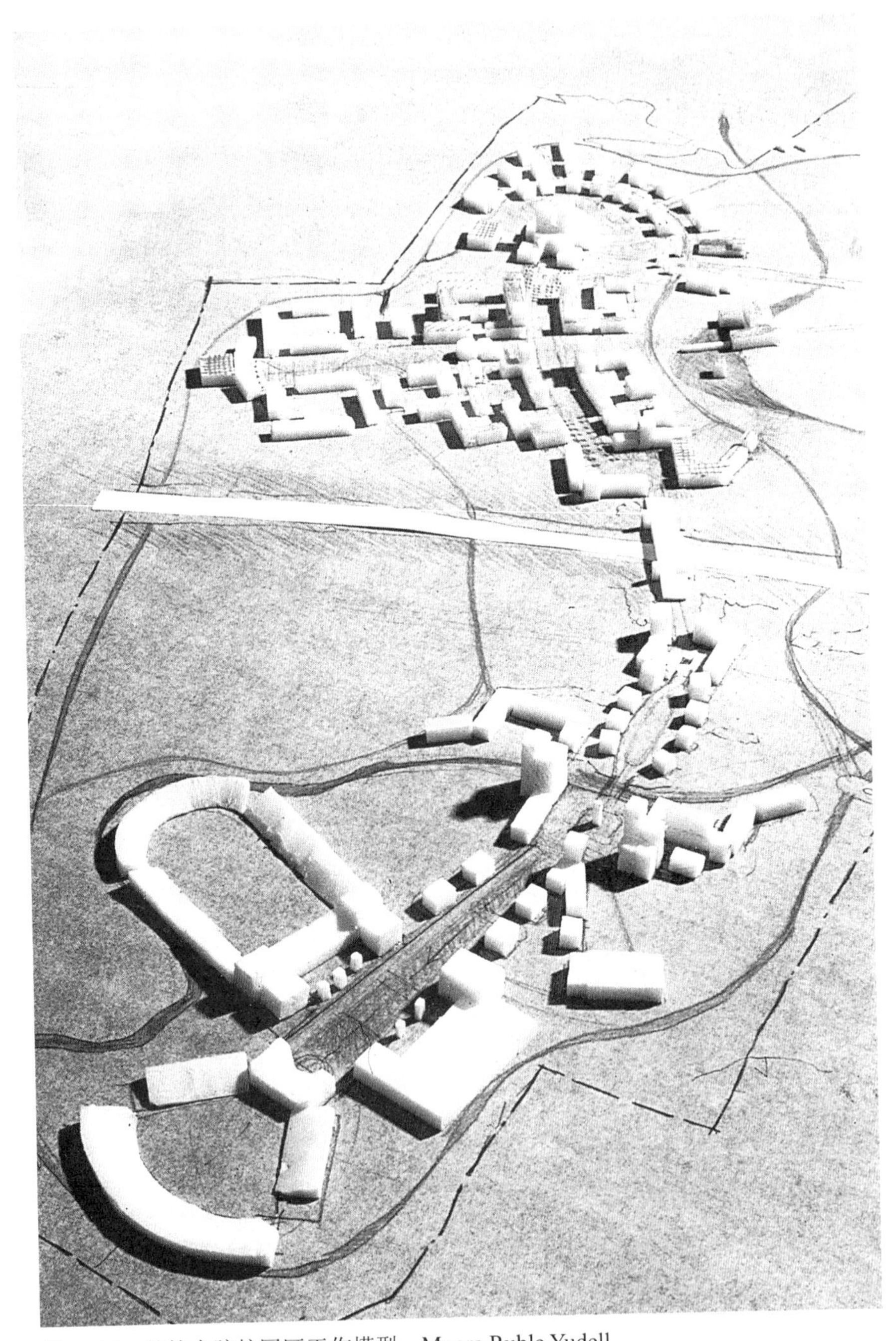

图 3–40 某技术院校园区工作模型 Moore Ruble Yudell

在产生最初的群体空间意象草图后，建筑师迅速进入三维空间的工作模型思考状态，直接在构思草图上摆放建筑体块，这种简易的模型推进了方案的发展。

的强大功能使得它在综合图示表达与模型表达的双重优点上显示出巨大潜力，它使二维空间与三维空间得以有机的融合。尤其在构思阶段多方案的比较推敲中，利用计算机可以将建筑做多种处理与表现。如建立计算机模型，可以从不同观察点、不同角度对其进行任意察看，还可以模拟真实环境和动态画面，使得建筑的形体关系、空间形态等一目了然。与图示表达和模型表达相比较，计算机表达还可以节省绘制草图和制作模型中大量机械性的重复劳动时间，从而使得构思阶段的效率大大提高，有效地推进思维的进程。当然，正如前面提到过的问题，人的思维过程在用计算机表达的“转移”过程中是很复杂的，计算机表达的前期投入也非常巨大，只有在完成前期的准备时，它的效用才会发挥出来，这需要读者根据实际情况，有选择地把握。

不可否认，计算机表达是多种表达方式中最有发展前途的一种，它的优越性有待于进一步的开发和应用。由于计算机的应用，许多人的构思阶段工作内容和方式也发生了相应的改变。盖里的设计程序先是依据灵感勾勒草图，然后根据草图做成原始的工作模型，并在此基础上建立计算机模型进行比较推敲，以此探讨方案在实施过程中的可建造性，我们认为这是个理想化的过程，值得借鉴。盖里通过计算机对洛杉矶迪士尼音乐厅的立面材料进行设计；艾森曼则在构思阶段利用计算机处理历史、文化和场所的信息，并以此作为建筑形式生成的起始点，这在杜塞尔多夫的一个“艺术者之家”的设计中有所表现；我们也尝试了在世纪广场的构思阶段用“真实”的情况虚拟建成效果，很好地达到设计意图。这些都给我们今后的构思过程提示了某种方向。

总之，图示表达、模型表达和计算机表达是构思阶段的三种主要的表达方式。它们各有特点，对构思阶段的思维进程有着不可缺少的作用。但它们各自也有缺欠，如图示表达三维感差，模型表达费时费力，计算机表达太机械，往往有悖于情感的发挥等。这就使得构思阶段的思维表达要将三者有机地综合运用，充分发挥各自的优点，弥补彼此的不足，以便更好地促进创作思维向前进行。一般来说，在构思阶段的早期，多用草图来捕捉灵感、发现问题、形成一定的建筑意象；而

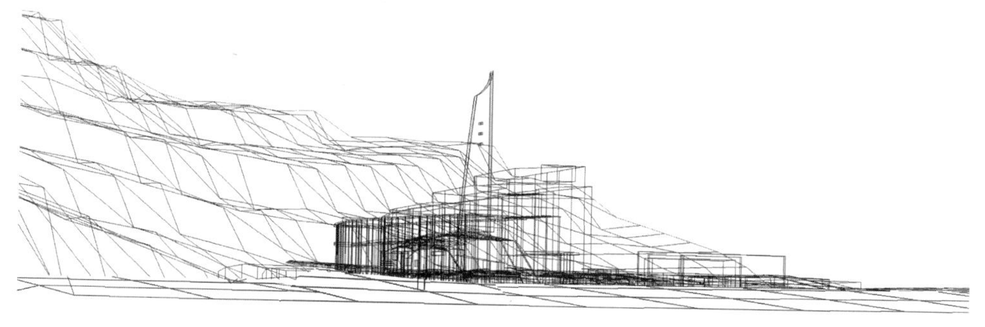

图 3–41　吉林松花湖大门多角度计算机分析图　2000 年　赵伟峰　李辰琦

在表现特殊环境和特殊形体方面计算机发挥了强大的模拟优势，尤其是构思阶段的多角度分析和深入推敲。

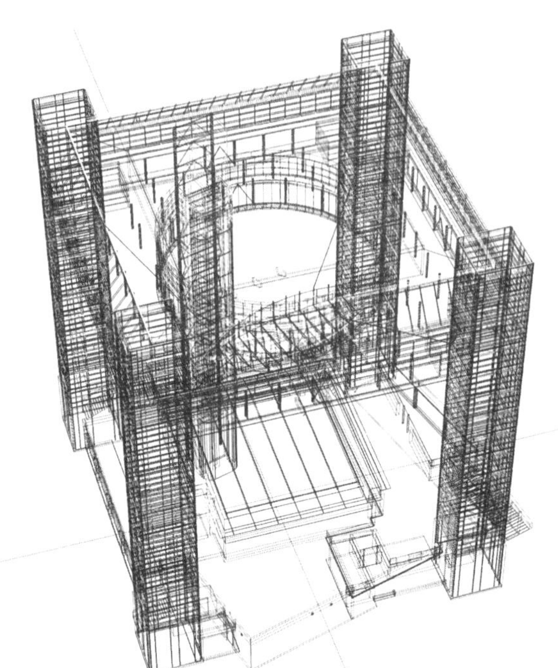

图 3-42 世纪之舟计算机分析图 1998 年 黄勇

计算机模拟在工程项目中具有重要的作用，它可以帮助设计者有效地分析、研究项目的多种可能性。

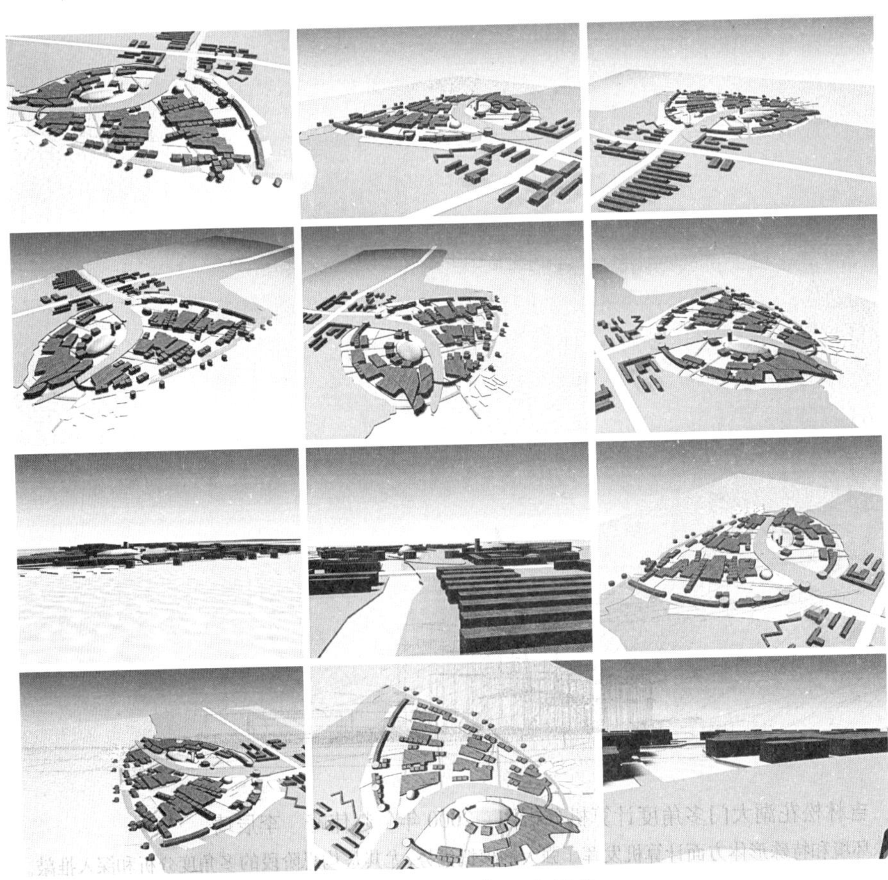

图 3-43 葫芦岛水城形态计算机分析 2001 年 李辰琦

对其进行量化的比较、推敲和分析，则往往要用研究模型和计算机处理来加以完善和综合，从而使得建筑意象更直观、更接近真实、更便于评价。可以说，三者根据不同进程的综合运用，是比较理想化的模式，我们希望作为初学者应该在理论上清楚地知道这一点。

（二）表达的重点

一般来说，构思阶段的表达要抓住两个基本点：一是要展示问题的集结点；二是要保持思维的开放性。失去这两方面会陷入不得要领的局面，找不到问题的关键点，或者是思维的封闭、懒惰而导致思考的缓慢，难以产生“灵感的火花”。

1. 展示问题的集结点

构思阶段的思维表达贯穿于不断发现问题、解决问题的全过程，并通过它来促进建筑意象由总体到局部再到总体的多次反复。由于构思阶段“窥意象而运斤”的性质，使得这一阶段的思维呈现出思索性的特征，这种思索往往以一个集中的问题为核心展开，所以构思阶段的草图在展示问题方面显现出极强的层次性，主要矛盾也会非常显眼。当一个主要矛盾解决时，自然会过渡到下个层次矛盾的解决上，这种有层次的思索常常是有规律可循的，宏观上说就是个主次矛盾的排列过程。

2. 保持思维的开放性

由于构思阶段的思维处于相当程度的跳跃状态中，往往还不全面，需要不

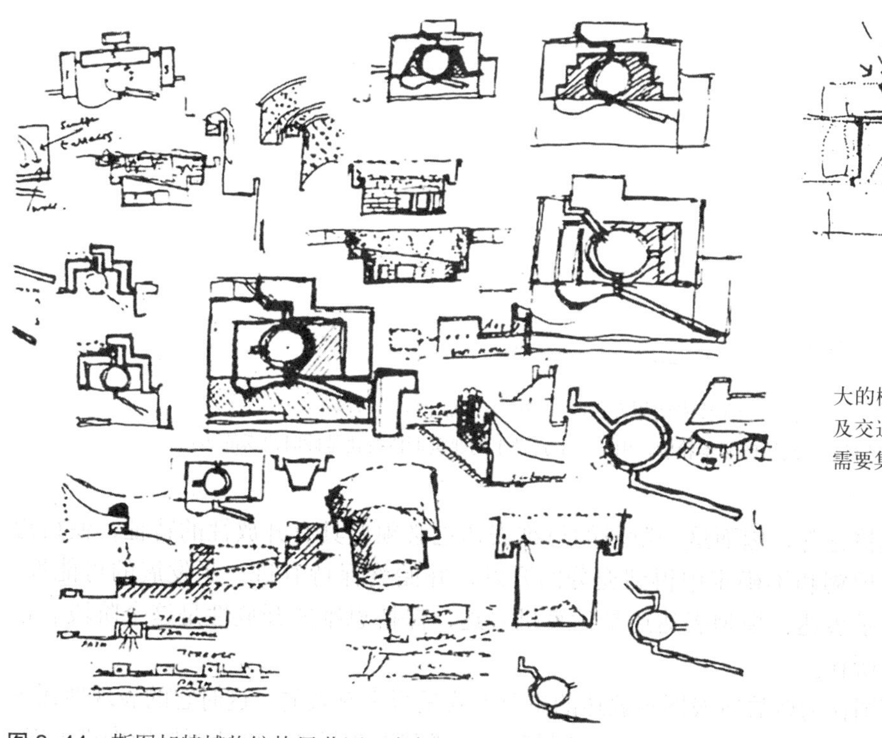

大的概念确定后，核心空间及交通系统的构成形式成为需要集中力量解决的问题。

图 3-44　斯图加特博物馆构思草图　詹姆士 · 斯特林

图 3-45 吉林市东林大厦形体推敲 1994 年 孟浩

在平面基本确定后，形体的变化仍有相当程度的灵活性和可变性，草图表达了几种可能的途径。

图 3-46 石景山体育馆形体构思草图 1986 年 张伶伶

背景用线条衬托出建筑的基本轮廓，由结构形式带来的建筑形体变化是此时思考的焦点。

断地调整完善，因而这一阶段的思维表达也必须要具有开放性的特征，使得思维能在模糊和不确定中得到充分的开发，并始终保持有进一步发展的可能性。无论图示表达、模型表达还是计算机表达，保持思维的开放性是这个阶段表达的重点所在。

草图作为构思阶段图示表达的主要方式是行之有效的。这时它的表现性还不强，草图的绘制也较随意，以表达瞬间的思维状态为目的，以便更好地推进方案。

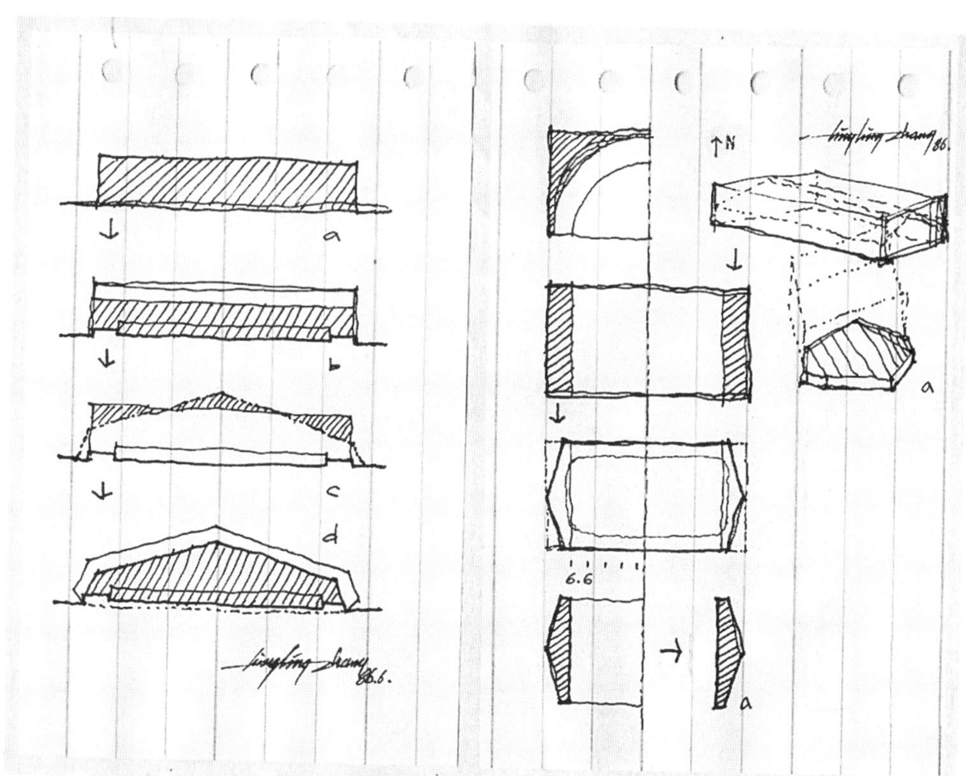

图 3–47　吉林运动中心训练馆形体及结构构思　1986 年　张伶伶

活页纸上的构思反映了建筑师对于大空间形态所进行的研究，这需要理性和感性相结合，以使方案趋于完美。

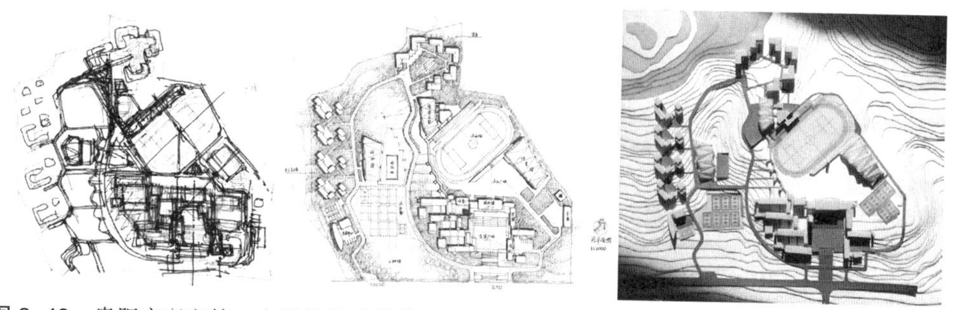

图 3–48　贵阳市兴义第一中学构思过程草图及模型　2002 年　黄勇

建筑师初期思考的核心是建筑群体整体的空间结构以及建筑与山地地形的关系，而建筑的具体形态属于下一层次的问题。

草图中往往有很多不确定的线条，整个草图有很强的开放性。需要指出的是，草图中用笔重复多的地方一般是思考最多的地方，这也是保持思维开放性的一种主动的方法。用笔重复多，则使得该处问题模糊性有所增加，而模糊性、不确定性的出现正是进一步需要着力解决的地方。这也是草图提示思考难点、并促使难点“物态化”的主要原因和有效的手段。当然，运用模型研究方案时也会有同样的效果，而且更具直观性。

开放性草图大多表达的是一种意象，这幅室内草图提供给我们的既有空间形态，又有具体装饰形式，但都处于一种模糊状态。

图 3-49 芬兰某教区中心室内开放性草图　朱哈 · 列维斯卡

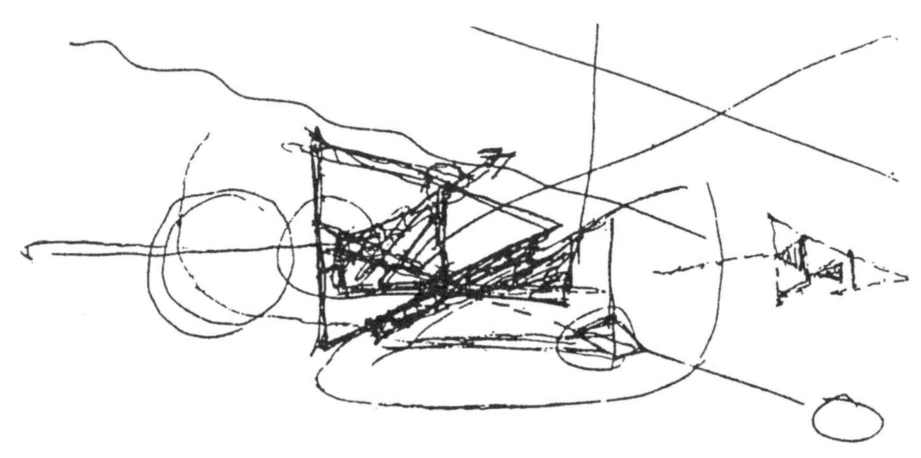

图 3-50 华盛顿国家美术馆东馆开放性草图　贝聿铭

舒展的线条呈现出一种开放的特征，用笔重复的地方也是思考的难点，这张草图的发展产生了优秀的建筑作品。

模型表达在这个阶段也主要表现出开放性的一面。通过制作大量的工作模型来直观地显示各种设想，从而为推敲空间关系、周围环境的关系以及体量、色彩、材料等提供依据。模型表达可以根据需要解决的问题而做。如为了解决体量及形体问题，则可以用体块做大致的切割，而不必做得过细。如需要探讨某一局部的问题，也可以做局部的大比例模型来研究，而不必费力地去做整体的模型。

计算机表达在这个阶段的开放性主要表现在它为方案的比较、推敲提供快速有效的方法。它可以通过建立粗略的线框图来显示构思，模拟人的实际感受并对建筑做多角度的分析。由于它的科学性和真实性，从而可以避免构思阶段一些不切实际的想法，确保构思大方向的可行性。另外，利用计算机易于修改的功能可以做多种变化，使构思表达得更全面，问题解决得更彻底。

总之，构思阶段图示表达、模型表达、计算机表达都要保持充分的开放性，以适应构思阶段建筑意象不断分析与综合的特征。构思阶段的工作是复杂的、矛盾的和困惑的，开放的表达使得思维能最大限度地发挥其自由，从混沌走向有序，从模糊走向清晰，这是我们在理论上的解释。

（三）实例分析

在上篇中，我们曾对构思阶段的工作内容、思维特点作了一般的描述，并

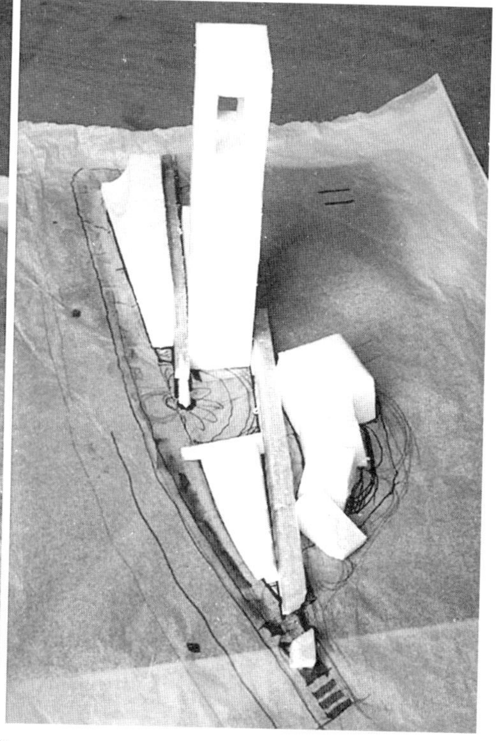

图 3-51　某高层建筑体块模型　2003 年　李钫

这种工作模型可以直观地反映构思的意向，使建筑师把握好方向，图中的体块没有过细的切割，“底板”也仅仅是一张草图纸。

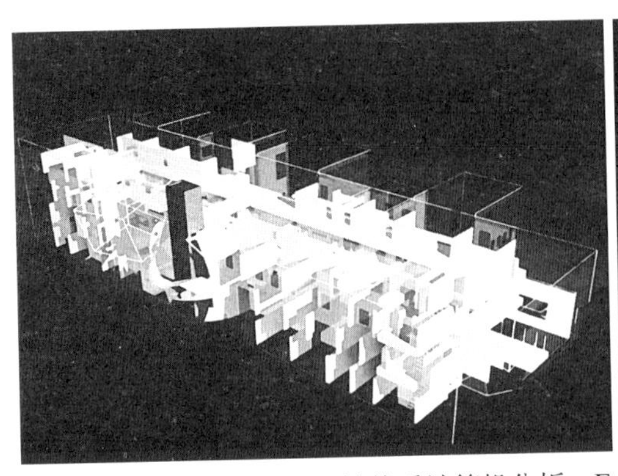
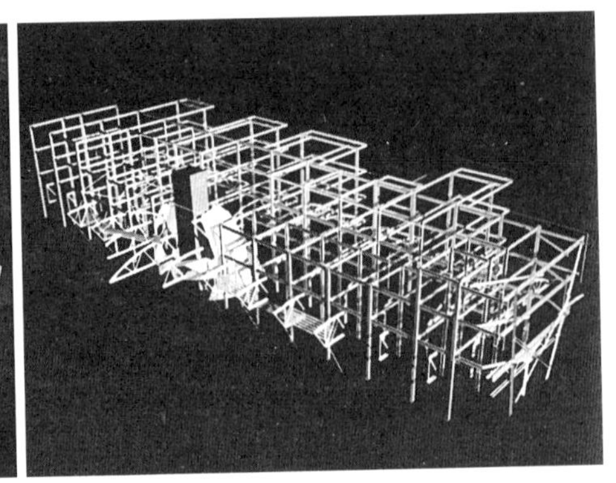

图 3–52 某公建支撑及围护体系计算机分析 Eric Owen Moss

大量重复构成元素在空间构建形式中准确地表现出来，这使方案在开放状态的调整中有了理性的依据，为下一步工作提供了可靠的信息。

把构思的性质归结为不断发现问题、不断解决问题的过程，通过对发现问题和解决问题的两次分解，总结了构思阶段由目标的确定到建筑意象的产生、进而经过由总体到局部再到总体这样多次反复的分析与综合的过程，思维逐渐向前发展、建筑意象也不断完善的过程特征。这里将对构思阶段思维表达的方式和侧重点做进一步的探讨，从中可以较全面地把握构思阶段的思维过程和过程中的思维规律。

对构思阶段思维过程的描述中大量的实例是针对其中某一个问题而言的，这些实例往往缺乏过程的完整性，为了更好地理解构思阶段的整个思维进程，还需把上述的观点放到某个设计构思阶段的全过程中加以理解和把握。下面我们将对几个实例做较为深入的分析与阐述，从中进一步描述构思阶段思维进程的一般特征和规律。

例 1 美国某商业综合体

这是美国某城市郊区的一个包括 150 万平方英尺（约 13.93 万 m^2）办公空间的商业综合体。占地 165 英亩（约 66.82hm^2）。北面是一条主要的大道，南面有一条小河，基地内还有一片树林，是一个较典型的美国郊区的地块。设计者在对基地进行分析后，起初的目标是要塑造一个有强烈企业形象的建筑群，使之有较强的识别性，另外还想对基地内的树林作一些利用。基于这个目标，早期的建筑意象是将城市中对街道公共领域开发的观点引到设计中来。在基地内创造一个广场，一方面利用了树林的景观；一方面使主要大路的公共空间得以扩展。进而，设计者的注意力转向办公空间的形式处理和商业面积的安排，以便显示标志性的特征，同时也考虑到高视点上的景观。这个阶段可以说是一个发现问题的过程，各个部分的计划和场地的形式都处在一个大概的尺度上，即有一个大的想法而没有具体的深入。

随着构思的深入，设计者开始将问题进行分解，着手解决由初步的建筑意象带来的次级问题。在这个阶段，建筑形式及各部分组织都处在不断变动之中，渐

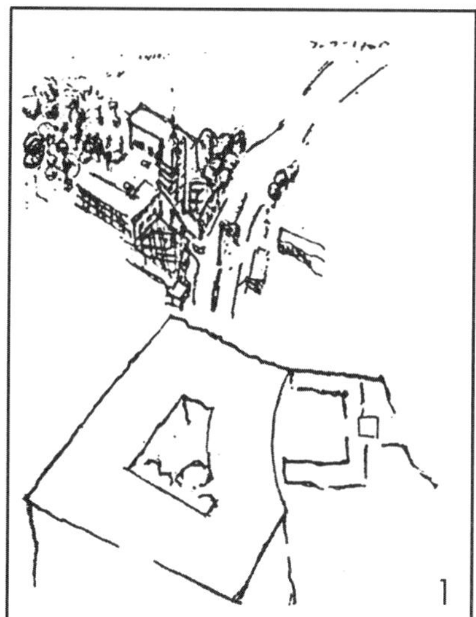

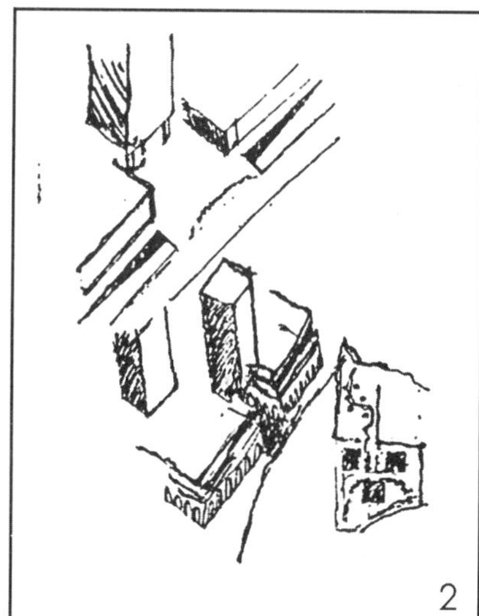

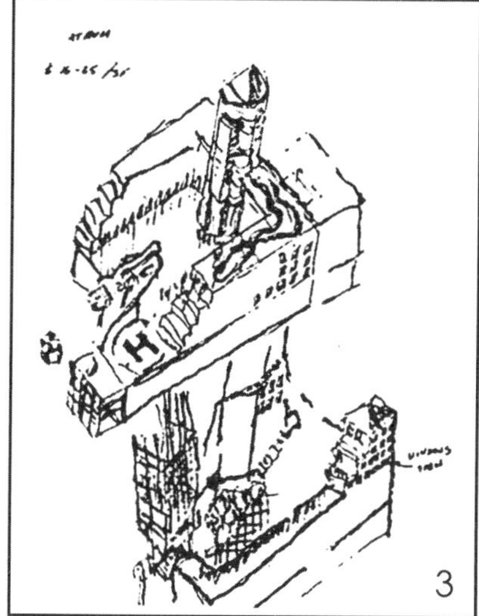

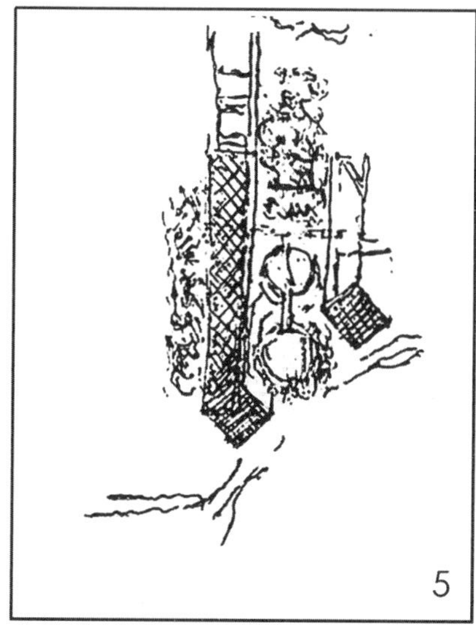

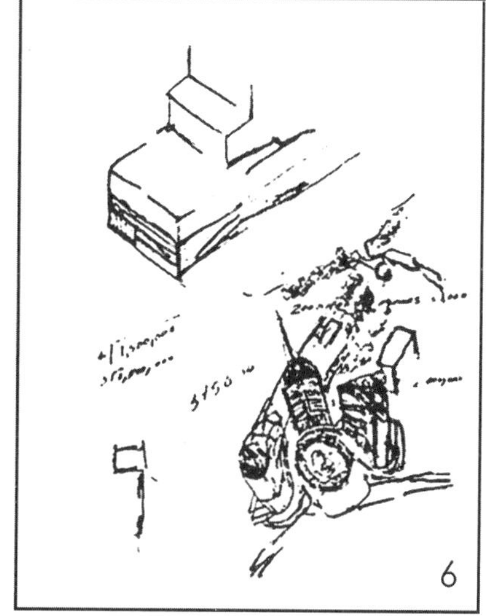

图 3–53
构思阶段草图(一)

图 3-54
构思阶段草图（二）

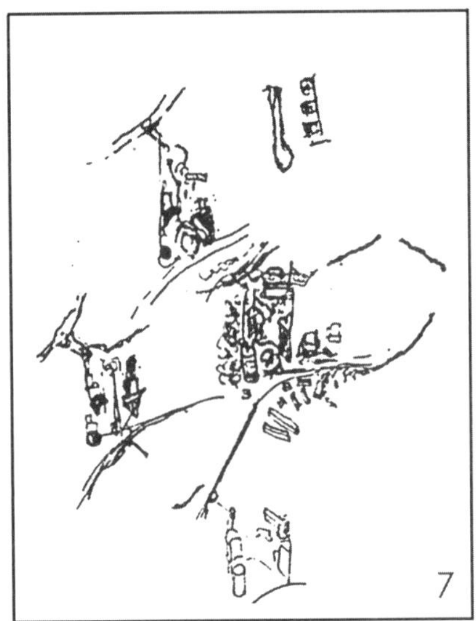

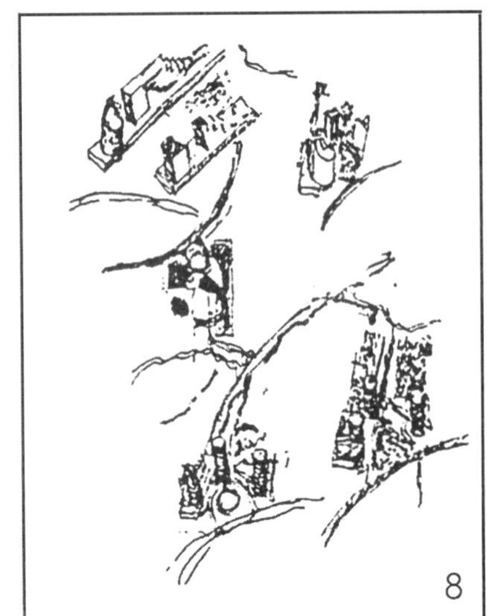

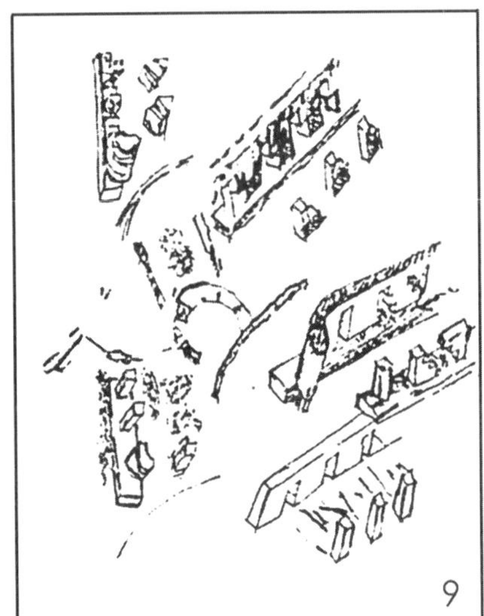

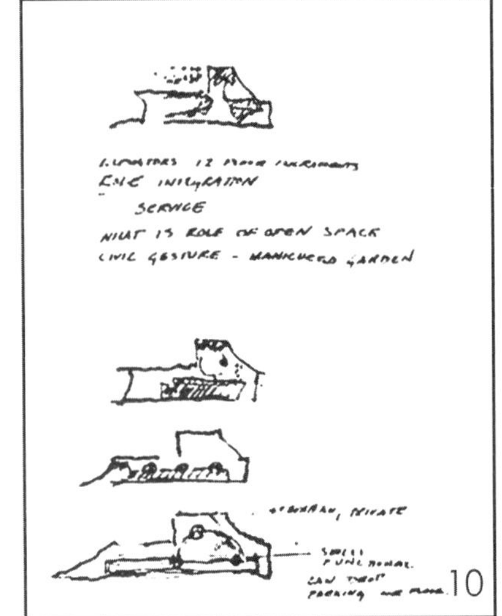

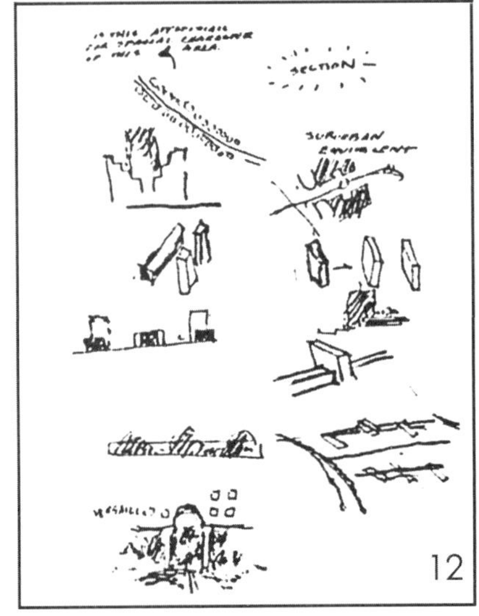

图 3–55
构思阶段草图(三)

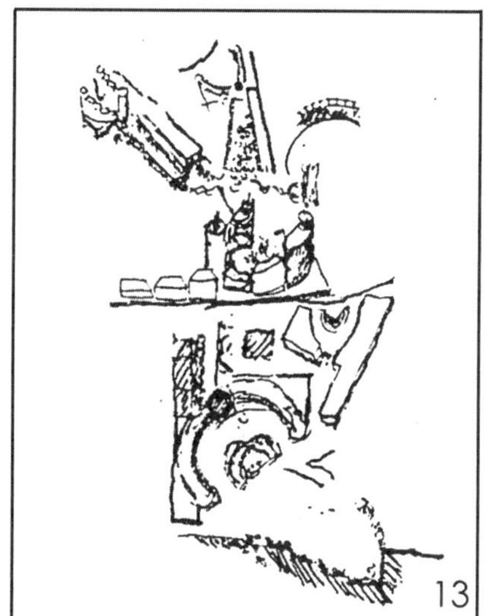

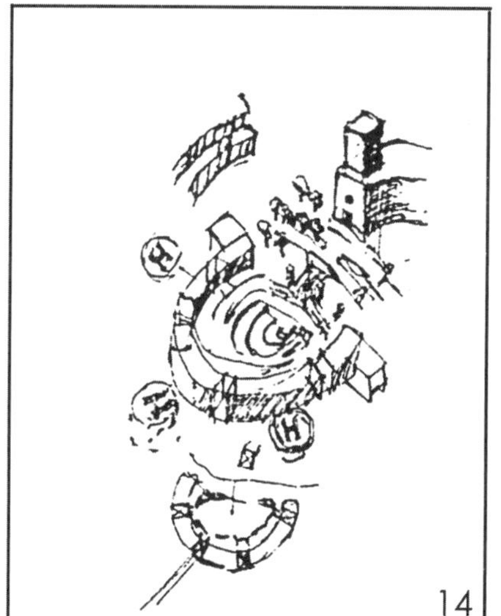

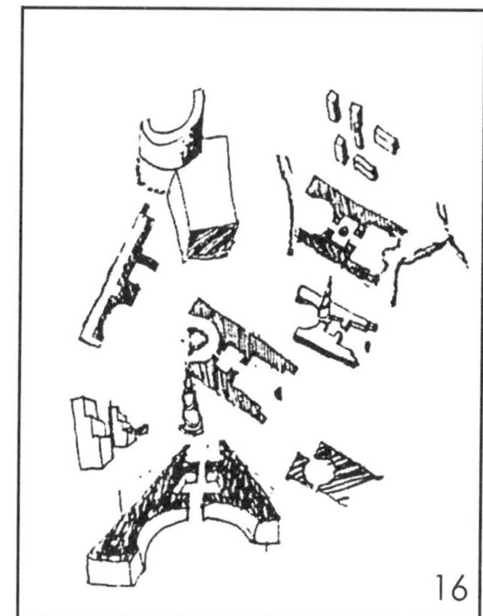

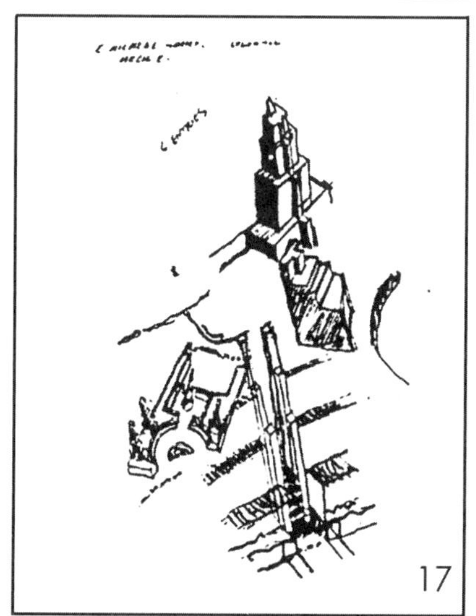

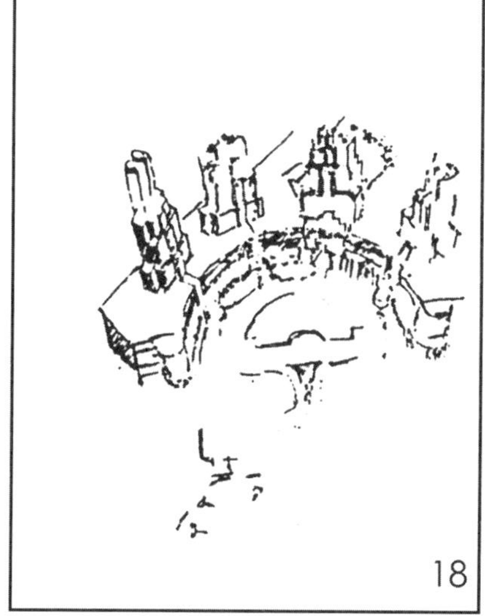

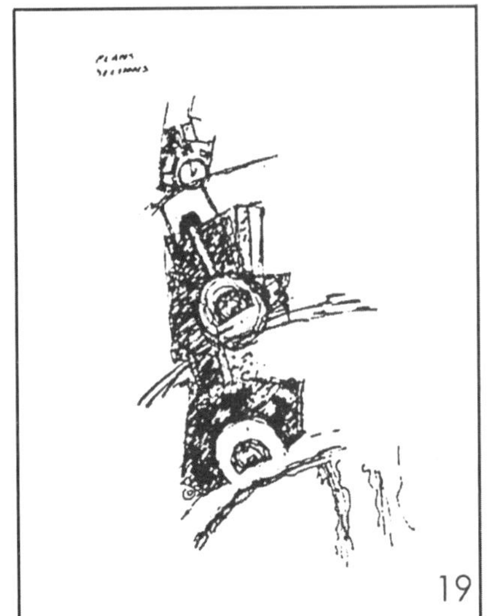
19

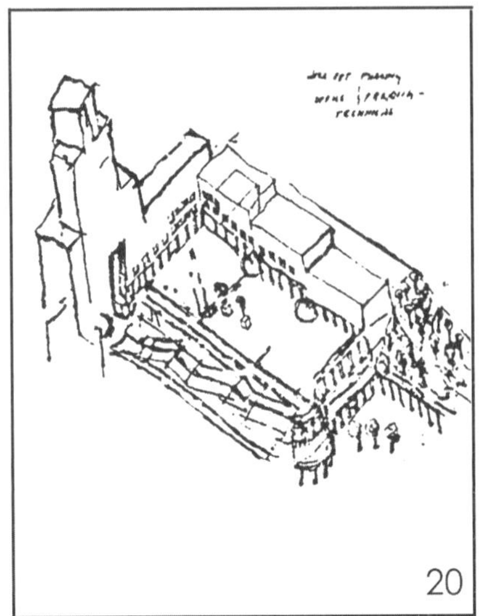
20

21

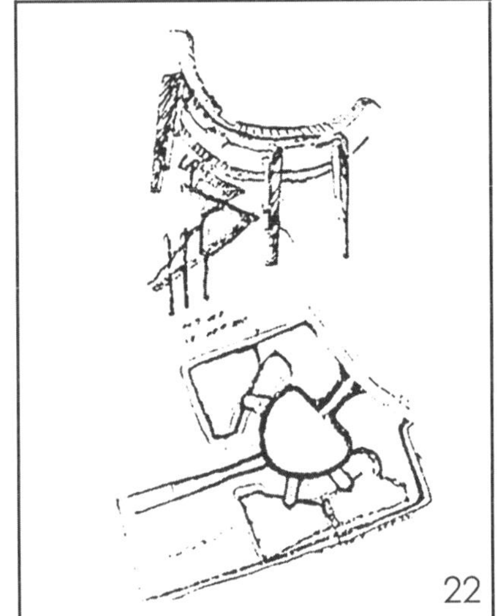
22

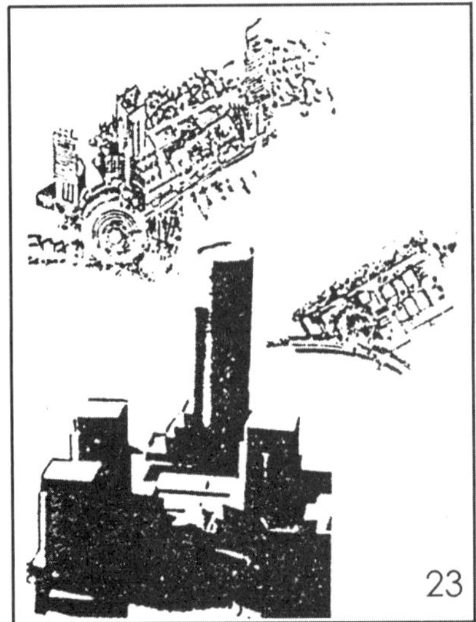
23

图 3–56
构思阶段草图（四）

渐地形成了两个公共空间。似乎另一种安排方式出现了，但有时又返回到早期的想法中去。可以说这个阶段设计者处在各种矛盾的限制之中，局部一些次级问题得到了答案，但整体还缺少一个明确的方向。

进而设计者对各种想法做了一次系统的综合和评价，目的是为了更有效地实现最初的构思。这样，一些想法被确定下来。首先，两个室外空间形式被限定，靠街道的入口广场为圆形，内部结合树林形成方形院落，两个院落空间均有标志性建筑。其次，限定街道广场的建筑群形式被确定，弧形的建筑群既限定了广场又围合了停车场；既确定了入口的位置，同时又成为高层建筑的基座。随着方案的深入，基座及入口被精心处理，使得入口更显标志性。

在构思阶段的后期，两部分庭院的形式、比例、尺度被仔细推敲。最终方案围绕前面临街广场设三个高层，分为三个部分，还有一幢高层被放在后面庭院的轴线位置上。最终经由细部设计完成正式图纸及模型。

图 3–57　基地环境图　1998 年　天作建筑

例 2　哈尔滨市少年宫设计方案

哈尔滨新少年宫的用地是在旧址上的扩大，其位置在整个城市中几乎是最重要的地点，既是交通枢纽，又是文化中心，所以我们对环境设计格外小心。除了任务书和图纸外，我们还经常到现场、勘察、体验环境。

哈尔滨是个外来文化集结的城市，西方各个历史时期的建筑几乎都有所体现，尤其是基地所在的红博广场更是保护建筑密集。显然，如何使新建筑融入周围环境并优化周边的城市空间是关键问题。基地内原有的临时性建筑拆除后，两栋保护建筑和多株大榆树被保留下来。设计要解决的问题是如何保护和利用老建筑，使城市历史文脉得以延续，同时给树木提供足够的生存空间。

构思的展开是从城市环境分析入手的，这是一个分析问题的过程。我们明晰了问题的三个层面，进而确定了基本的设计对策：宏观上确立整体的城市设计思路；中观上完善历史与现实之间的对话；微观上反映儿童建筑的活泼特征。宏观

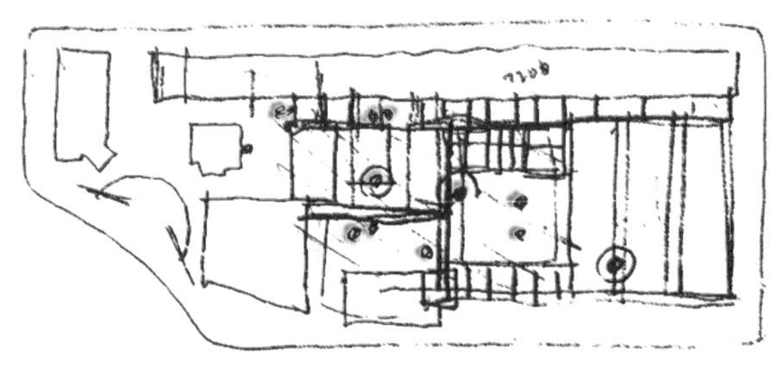

最初的构思草图

图中涂红部分是示意对保留树木的考虑

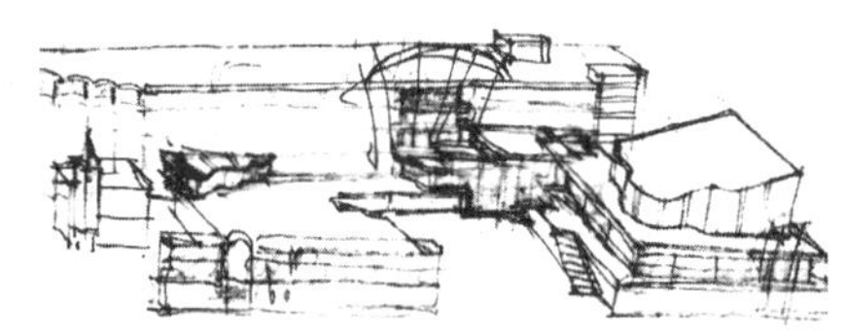

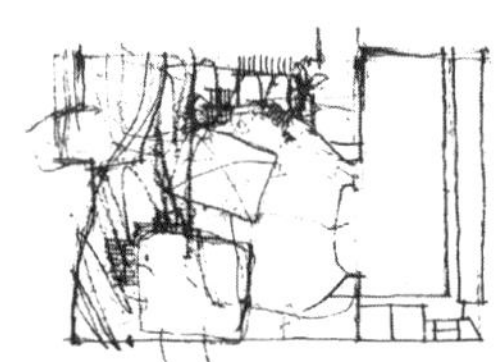

建筑群形体意向与剧场部分空间构想

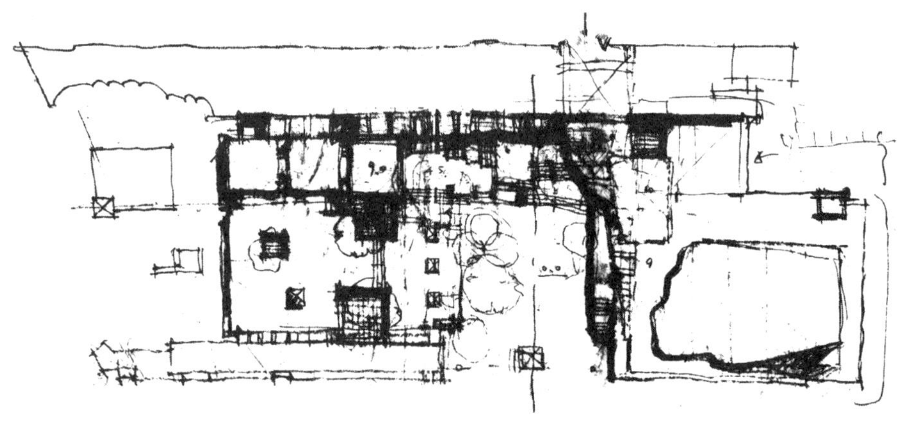

图 3-58　构思阶段建筑群平面空间构想　1998 年　天作建筑

旧建筑拆除前现状

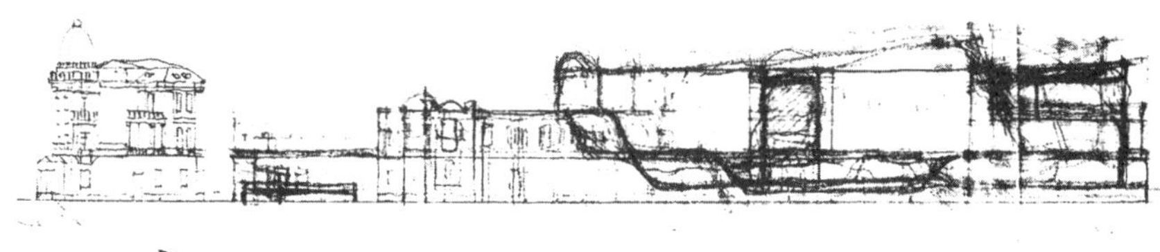

设计从“回忆”开始

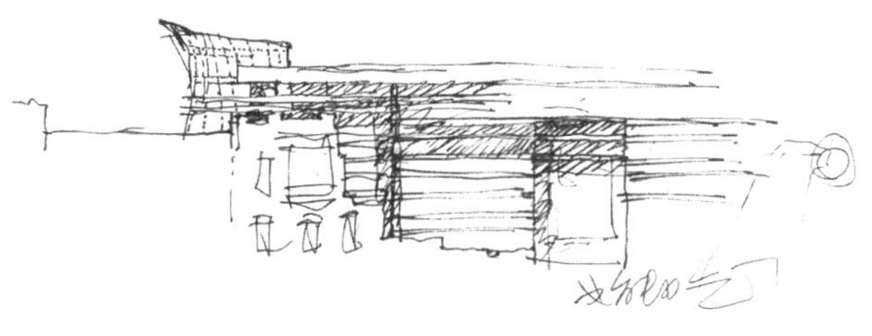

新与旧交替方式推敲

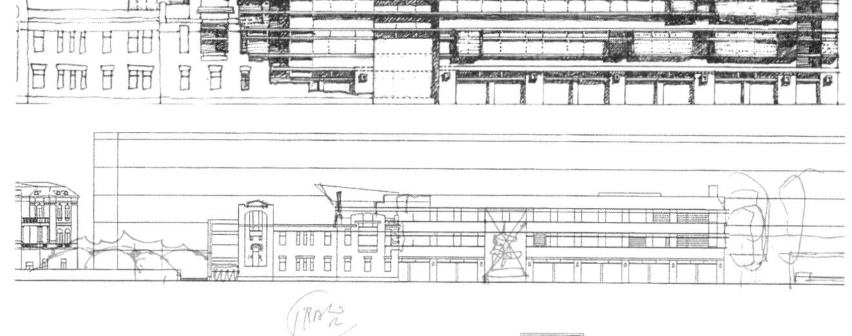

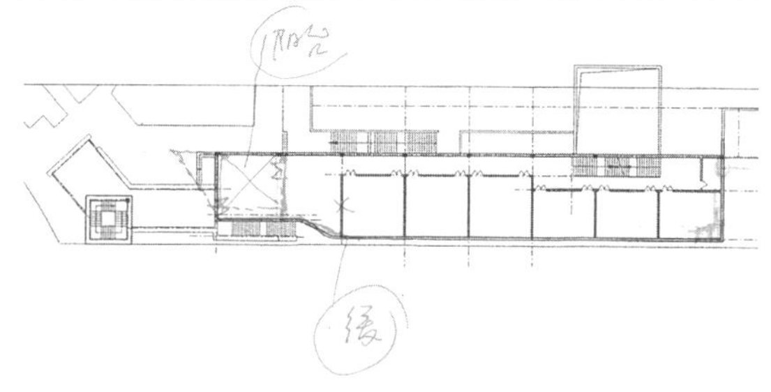

新从“旧”中缓缓流出

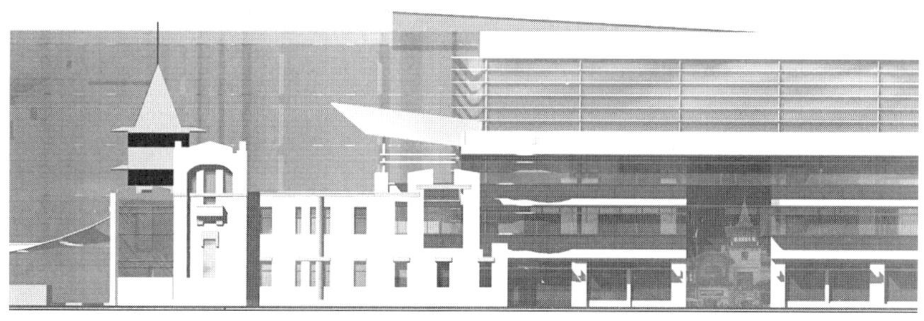

对原有建筑的尊重，
在方案中得到了“内化”

图 3–59　建筑形态的生成过程　1998 年　天作建筑

图 3-60　方案效果图　1998 年　天作建筑

层次上主要是整合红博广场东向界面，并保证建筑群向红博广场方向逐渐降低；临近中山路一侧也尽量用低层体量来界定，同时内部形成大面积屋顶平台和宜人的广场；而面向国民街的一侧则用完整的板楼来衬托参差错落的建筑界面。中观层次上，我们一方面建立与保护建筑的对话，如使用古建筑立面片段使新老建筑“链接”到一起，将中山路对面的保护建筑映射到大玻璃幕墙中，用反弧面玻璃幕墙衬托基地内的保护建筑等等；另一方面，将保留的树木周围都开辟成广场或尺度不等的天井，给这不可多得的绿色植被提供生存空间。微观层次上，针对儿童建筑特点，我们尽量营造丰富的形体序列和空间变化，如台阶、矮墙、平台、玻璃敞廊、院落和广场等；内部空间则随形体的变化形成自由曲线的流动空间和开敞贯通的大空间；在细部处理上，给建筑注入许多活跃因素，如墙面上散点式采光孔、纯色的实墙，出挑深远的玻璃挑檐，斜墙面上的小阳台、自由轻盈的帆膜……（图 3-57 至图 3-60）

例 3　深圳盐田生态旅游区入口广场方案构思

该设计方案是位于自然环境中的一个例子，旅游区位于深圳市东部郊区，山势连绵，植被多样。我们的方案构思重点应充分考虑基地的水体、地形、植被等自然环境要素。广场的形态、要素、构成方式结合自然山水，与自然浑然一体。

构思之初，我们面对自然山体和植被，首先确定应在保持生态性上下功夫，不应在这种自然环境中形成城市化的广场，但这个“广场”又应该具有一般意义上广场的功能。一般而言，在这种非理性的自然环境中寻找理性的制约因素，是比较困难的。经过对基地反复的实地勘察，以及对基地环境的工作模型分析，我们认为，现有的各种自然要素构成了方案产生的理性条件，是方案产生的基石，也只有在此基础上充分利用各种自然元素，才能够使方案真正意义上的融入自然。

方案在构思过程中突出了以下几个特点。

图 3–61　现状照片

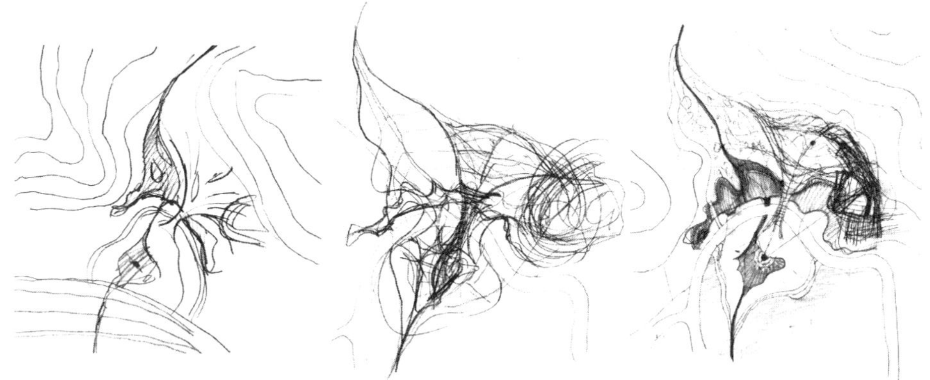

图 3–62　构思阶段的草图反映了方案逐渐清晰的过程　2003 年　天作建筑

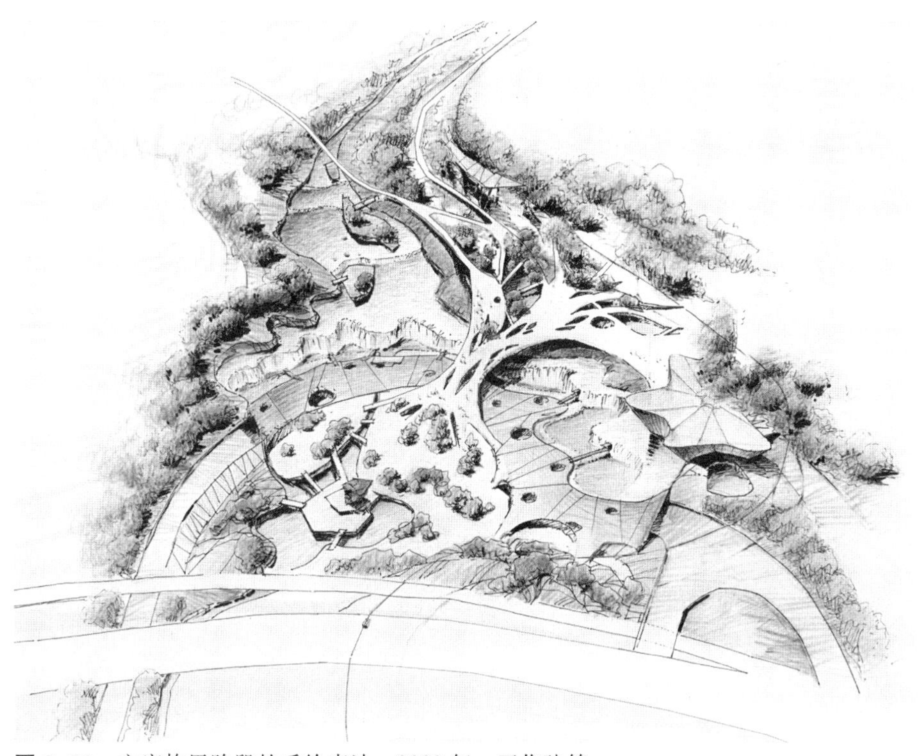

图 3–63　方案构思阶段的手绘表达　2003 年　天作建筑

1. 自然性：在浑然天成的自然景色面前，任何人工的刻意雕琢只能是班门弄斧，因此我们的构思本着因势利导、依山就势的原则，尽量利用现有的自然要素，使人工的设计自然化；

2. 标示性：通过大尺度的自然要素的有机组合与重新排列，对原有自然景观的特点进行了强化，如将原有的河流经过筑坝处理，形成了百米长的瀑布景观，使其成为整个生态旅游公园的标示，增加公园广场的可识别性；

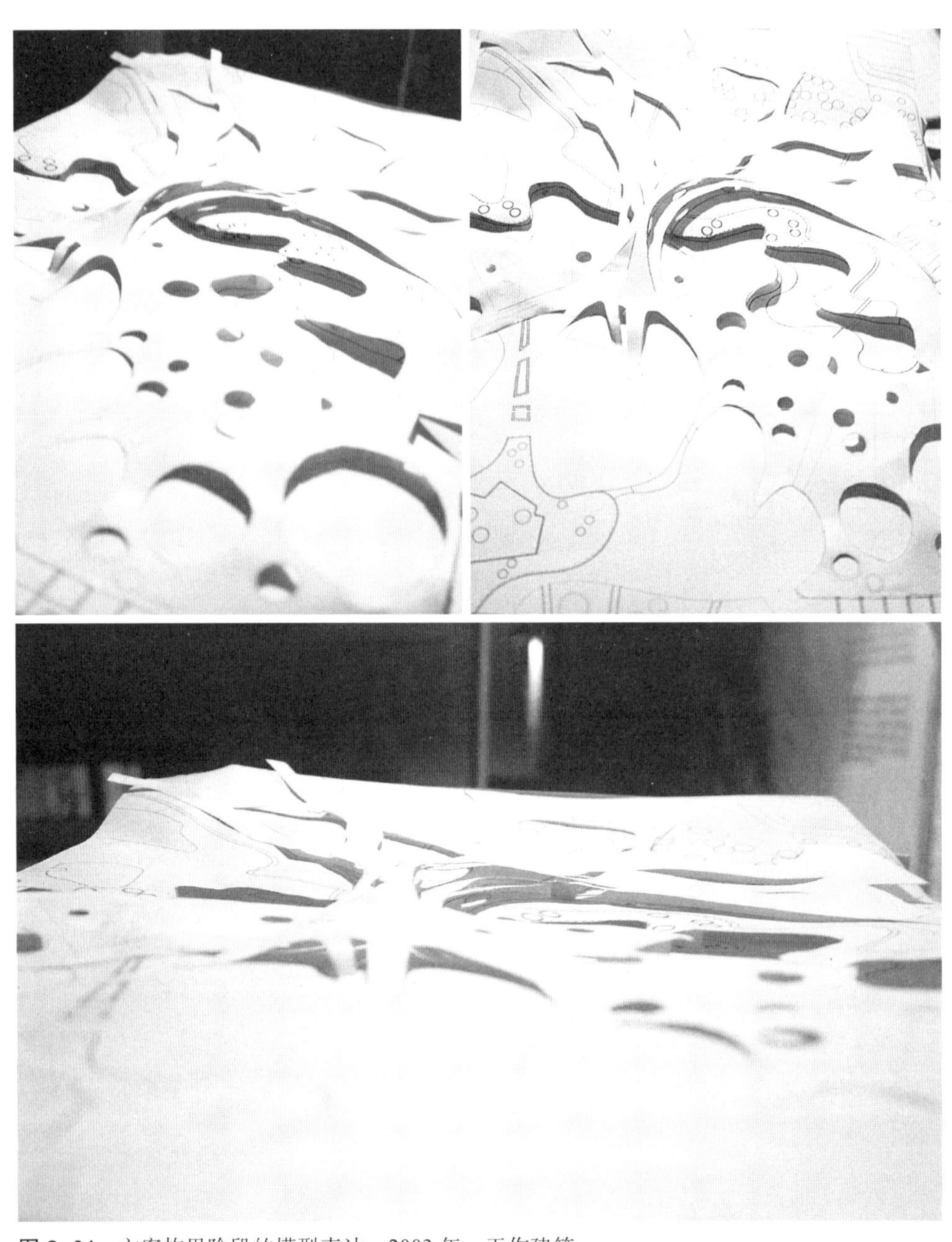

图 3-64 方案构思阶段的模型表达 2003 年 天作建筑
在构思过程中，简易的草模为构思的发展提供了巨大的推动作用。

图 3–65　构思阶段的工作模型表达　2003 年　天作建筑

3. 娱乐性：体现娱乐公园的主题，景观的组织具有很强的互动性与参与性。既可穿水帘感受风雨、又可入浴场感受碧海白沙……，体现了结合生态、亲近自然的休闲娱乐品位。

这个方案的构思同样隐含着发现问题、解决问题的过程。构思的前期在表面上毫无制约的自然环境中，挖掘各种自然要素的潜力，这个阶段可以说是一个发现问题的过程，这期间模型的表达对充分理解基地环境起到了重要的作用；随着构思的深入，如何利用流水、山势、植被等次级问题被提出，这期间通过模型与草图的研究使这些局部的次级问题逐渐得到了答案，形成了具体的形式意向，可以概括为入口九景：一、森林广场——荫下的休闲广场；二、绿野通喧——近水生态走廊漫；三、漫步听涛——水幕商业步行街；四、百米银瀑——百米长的大瀑布；五、天途飞架——树形生态桥；六、别有洞天——桥下休闲野营区；七、海天一色——室内外海水浴场；八、浪遏飞舟——水上漂流区；九、云中漫步——雾化喷泉景观区。方案进一步深入，生态桥和百米瀑布作为两个重点得到了强化，突出了广场的标志性。

例 4　哈尔滨市燃气公司办公楼

这是哈尔滨市燃气公司办公楼的设计项目，周围是尚未形成完整城市环境的开发区用地。除了一般的功能性要求以外，业主希望建筑具有一定程度的标识性，以形成未来区域的一个主导形象。建筑主管部门则更强调建筑应考虑城市整体的滨水环境所应具有的气质，考虑风景区特色，形态尽可能丰富，同时要注重“第五立面”的创造。

接受任务之后，首先是对场地的特征作分析。最大的问题显而易见是缺少建筑生成的外界限定因素，按照常规的“分析问题——解决问题”这一程序来说，没有明确的问题和主要矛盾便成了最大的问题。虽然我们自己确定了一个秩序，但却较难把握。这样，构思的早期工作便集中在力图创造一种秩序用以控制整个基地，同时兼顾业主和建设主管部门的要求。作为比较，增加选择机会，我们做了大量的可能性探讨，甚至将分析的过程中有特点的方案做了相当程度的深入和完善。事实上，从阶段成果看，建筑形象具备了北方建筑的气质，也基本达到了环境设计要求，可以说是一个比较完善的阶段性成果。然而，由于多种因素，方案没有实施。

推翻前面成果的重新创作使我们陷入两难境地，似乎寻找方案的依据成为首要问题。整个过程中用“逆向思维”来进行可行性分析，这种反复显然正是前文所述的不同层级子问题在解决过程中所通常存在的反复现象。在第二轮构思开始时，我们把视野向周边扩大后，发现，虽然四面的环境尚未形成，但太阳广场正

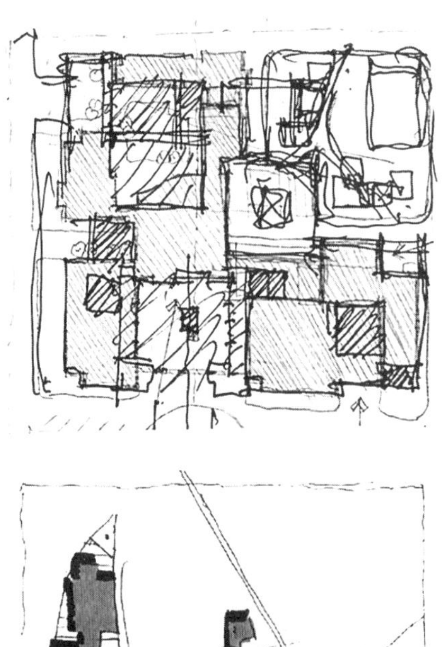

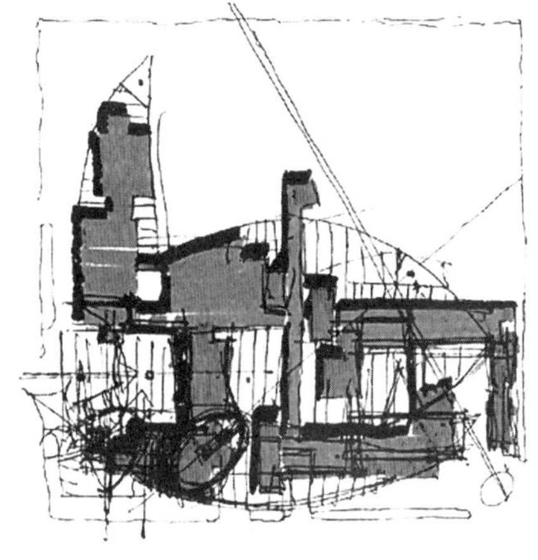

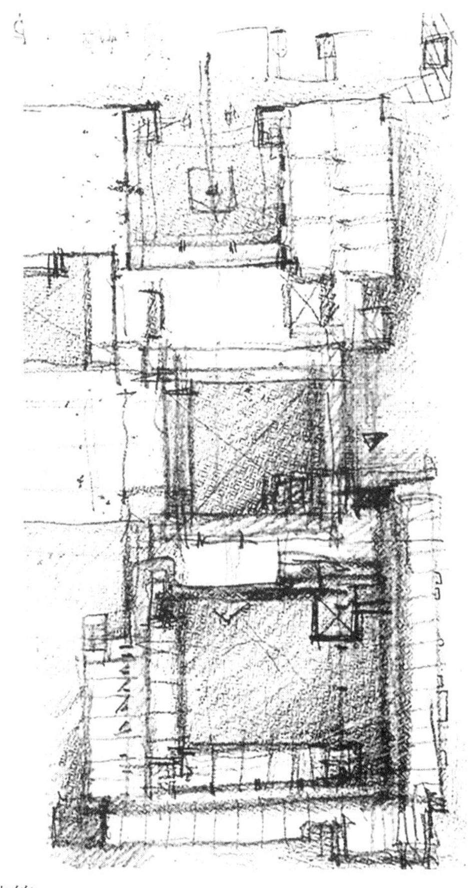

图 3-66　方案早期构思草图　1996 年　天作建筑

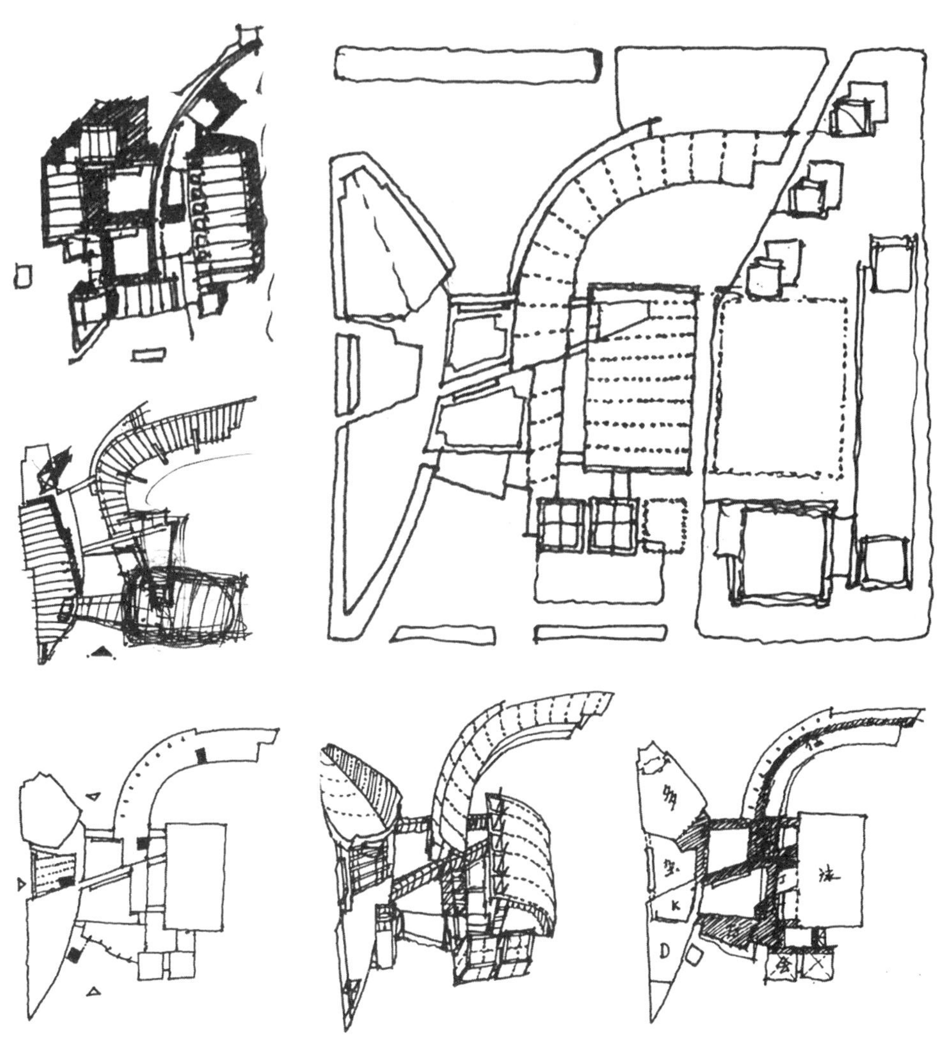

图 3-67　形体概念草图　1996 年　天作建筑

好与用地斜向对应，成为一个在未来惟一确定的因素，充分考虑与待建的太阳广场主体形象的关系可能给我们带来新的机会。这样，由于引入了一个有利的条件，以后的构思便有了一个清晰的脉络，方案的立意和深入更增加了理性的成分。在这个过程中，除了在建筑形态和交通体系方面的推敲外，我们还借助计算机建立工作模型，从不同角度对方案进行研究。从总体布局中可以看出来，我们试图使燃气公司和太阳广场建立起一种紧密的联系，形成这个空旷环境中最引人注目的秩序，为未来城市空间秩序的形成奠定基础。同时，它们沿水平向展开的形态与太阳桥斜拉桩形成水平与竖向的有力呼应，曲线形体、轻盈的挑檐也都尽可能与周边的自然滨水环境相契合，形成一个较为理想的方案。遗憾的是由于特殊原因，第二轮方案只进行了构思阶段的工作，没有机会深入和完善，但它的整个生成过程却具备了相当程度的代表性。

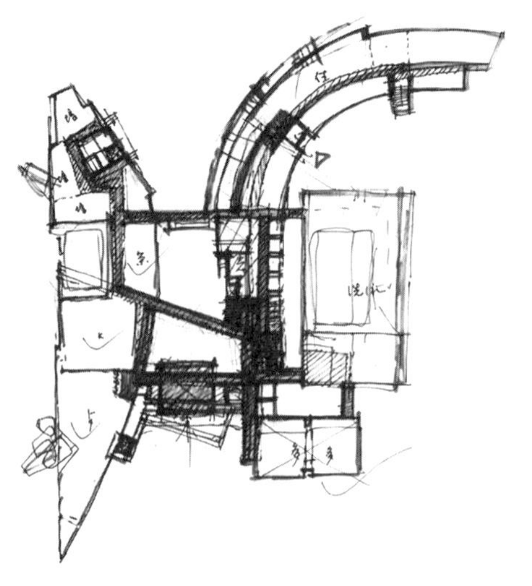

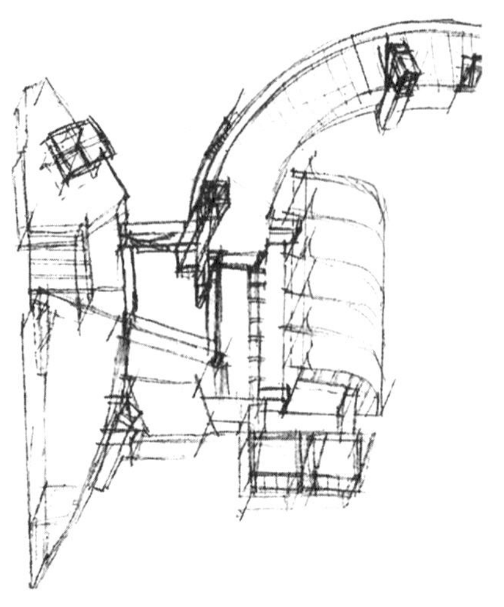

图 3-68
平面及形体分析草图
1996 年　天作建筑

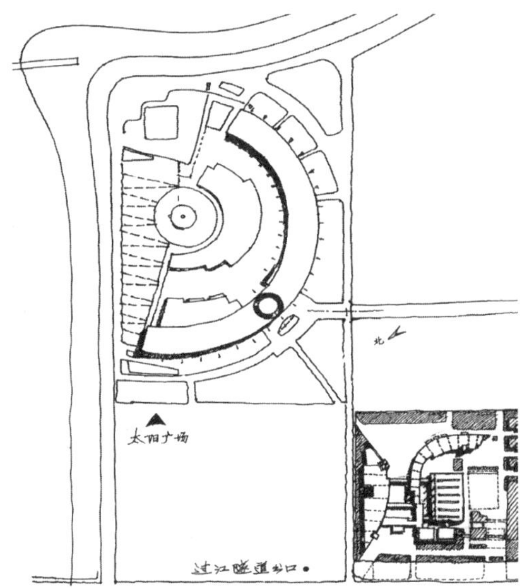

图 3-69
总平面分析草图
1996 年　天作建筑

例 5　某体育馆设计作业　2005 年，五年级，李楠

这是一个本科生的毕业设计，题目是位于某高校的体育馆。该学生在老师指导下，在接受任务之后，首先是对场地的特征以及其与城市的关系作了理性分析，并对体育馆的各项功能要求进行了必要的资料收集整理工作。

通过前期分析，他在准备阶段得出了一些正确的结论，但随着方案构思阶段的开始，这些结论并没有被充分的利用，反而由于某种形式化倾向，产生了下图中这个与环境格格不入的形式化方案。

经过老师的提示，建议其对环境再进行分析，应当重视前期工作的“结论”。他采用了模型表达的辅助方法，再一次的回到城市环境中，从城市肌理中寻找建筑的设计出发点，最后形成了下面这个既考虑了城市环境，又与校园相协调的设计方案，使方案的构思找到了正确的方向。

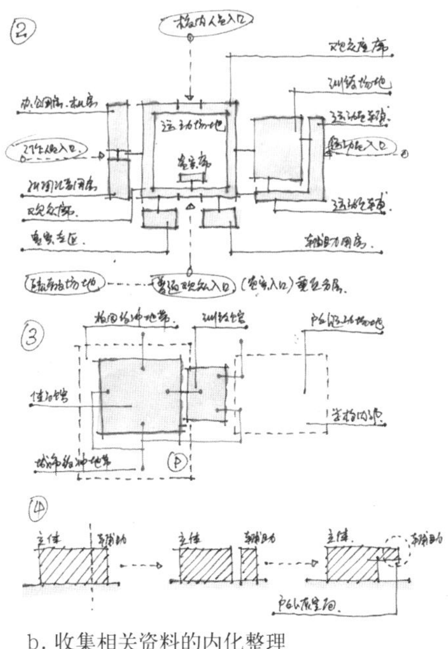

b. 收集相关资料的内化整理

a. 对基地环境的理性分析

图 3–70　准备阶段的草图表达　2005 年　李楠

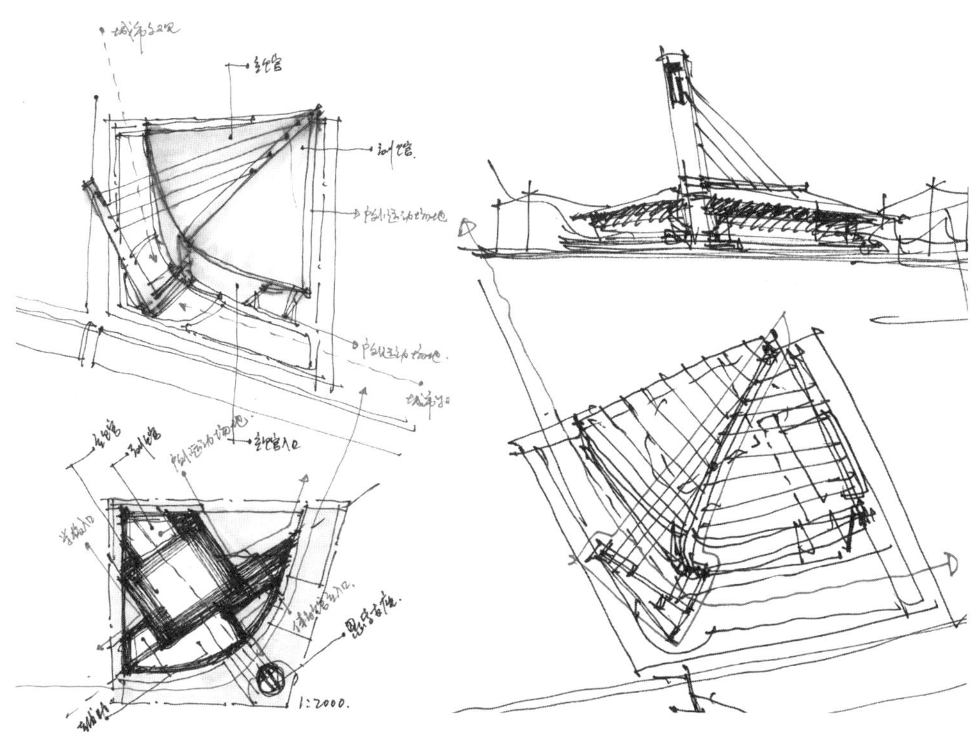

图 3–71　第一轮方案草图　2005 年　李楠

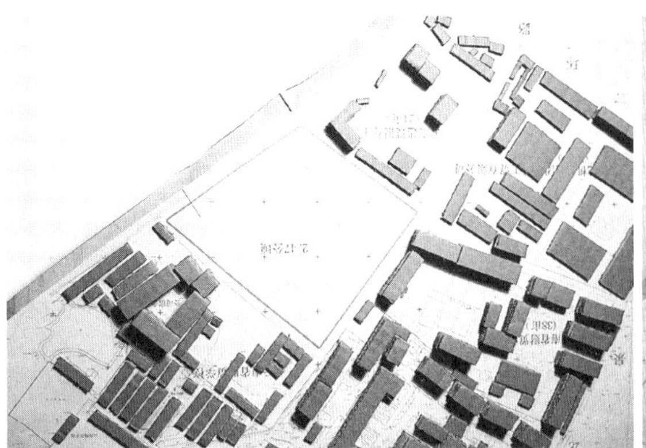

图 3–72　基地环境模型反映了旧有肌理

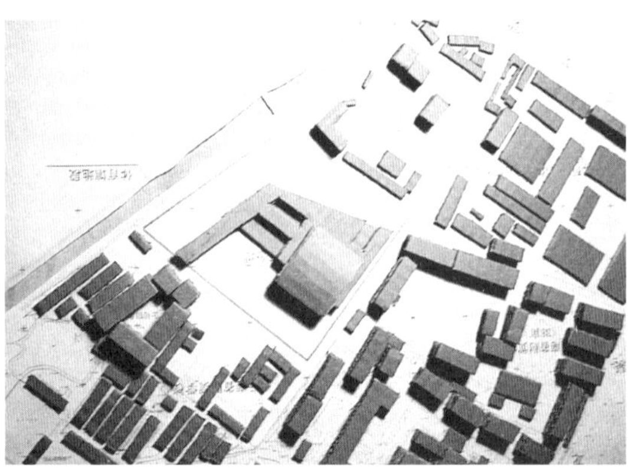

图 3–73　方案在制约中生成

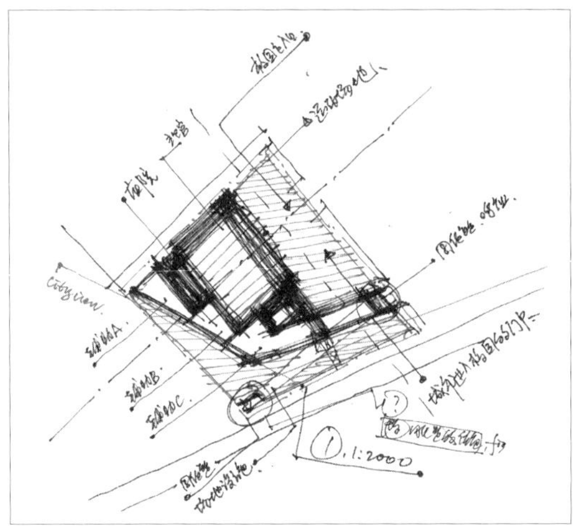

a. 从城市和校园关系产生的意向

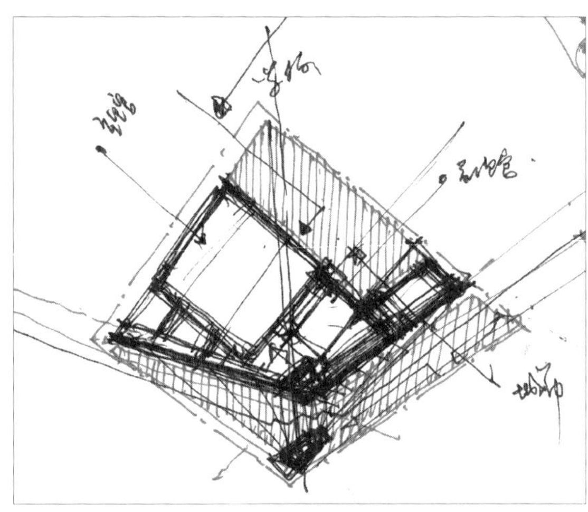

b. 反映建筑类型特点兼顾校园尺度的推敲

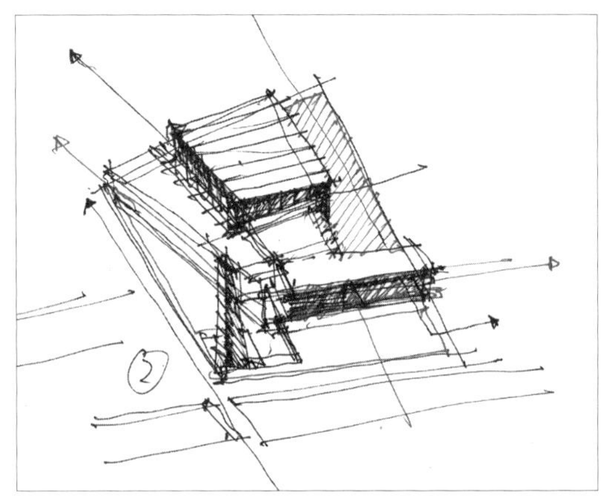

c. 形态意向

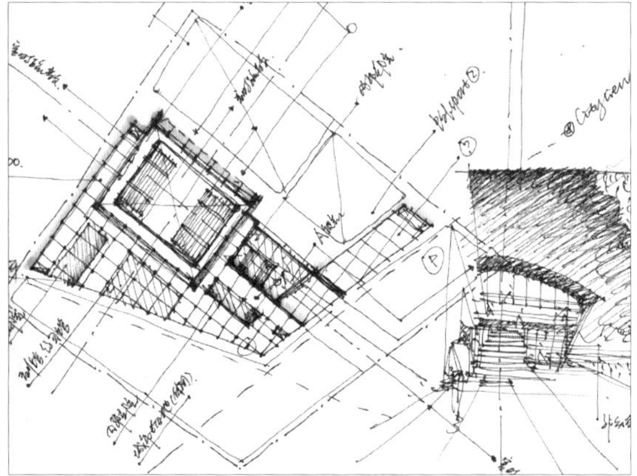

d. 逐步深入后的功能与空间组织

图 3–74　第二轮方案草图　2005 年　李楠

从以上例子的分析中，我们可以看出，上述几个实例最初的想法是不同的，即问题的发现有所区别，而且最初的想法在后来的发展进程中也出现了不同的趋向。第一个例子，最初的想法不断地被发展和完善，强调的是次级问题的解决；第二个例子，在制约条件严格的情况下，不断综合与分析，进而得出的一种结果；第三个例子，最初的想法产生于对地形中各种自然要素的综合，强调了问题的综合解决；第四个例子，最初的想法经过数次的更改、变动、甚至被否定，强调的是建筑意象产生不是凭空的想象，是在理性分析后的曲折过程；第五个例子，最初的前期工作和理性分析非常值得肯定，但接下来的工作却丢弃了最初的"正确"方向，又回归"原点"，这是一般过程的通病。

在建筑创作的构思阶段，针对每一个问题，往往会有很多想法，随着新问题的出现，想法也会不断涌现。通过上述我们可以看出，不管是最初的想法，还是在解决次级问题时涌现的想法，尽管它们的发展结果会有所区别，有的被否定、有的被修改、有的被折中、有的被完善，但它们的发展程序都有着相同的过程。这意味着，从思维内容上看，它们都经历了一个由总体到局部再到总体的不断循环上升的过程；从思维方式上看，它们都经过不断的分析与综合的过程。建筑创作中的各种想法就是在这样的思维过程中不断地向前推进，而建筑意象也在这种思维过程中逐渐成形，最终被"物态化"。

三、完善阶段

思维过程的完善阶段是整个工作的进一步深化和发展。如果没有这个阶段的深化，一切都无法展现，好的构思也无法实现，真正出色的建筑师十分重视在这个"后期"工作上的发挥与创造。

在上篇对完善阶段两个层次的描述中，涉及成果的表达，我们把它看作是完善阶段的第二个层次，并着重概括了它的一般过程。这里所指的思维表达是指贯穿在完善阶段全过程之中的内容，既包括技术完善阶段又包括成果完善阶段。与准备阶段和构思阶段相比较而言，完善阶段的思维表达表现出较强的完整性、科学性和艺术性。总体特征上是一种结果性的表现，是对构思阶段思维表达的提高和发展，是对其进行技术性处理和艺术性加工后的产物。

（一）表达的方式

在这个阶段，多种表达方式均可派上用场，一般主要有三种表达方式：图示表达、模型表达和计算机表达。它们都能发挥其各自的特点，起到相应的作用。

1. 图示

图示表达的主要方式是通过平面图、立面图、剖面图及轴测图、透视图等的较精细的绘制，使人们对方案有一个全面的认识。实际上，这种二维的表达多是反映建筑的某一个片断的内容，平、立、剖面是相对独立的，他们之间的联系要靠人们的想象来整合成一个建筑整体。这种以二维表达三维的分解方式，需要发挥设计者的想象力。相对模型表达来说，其直观性和完整性要逊色一些，但因其

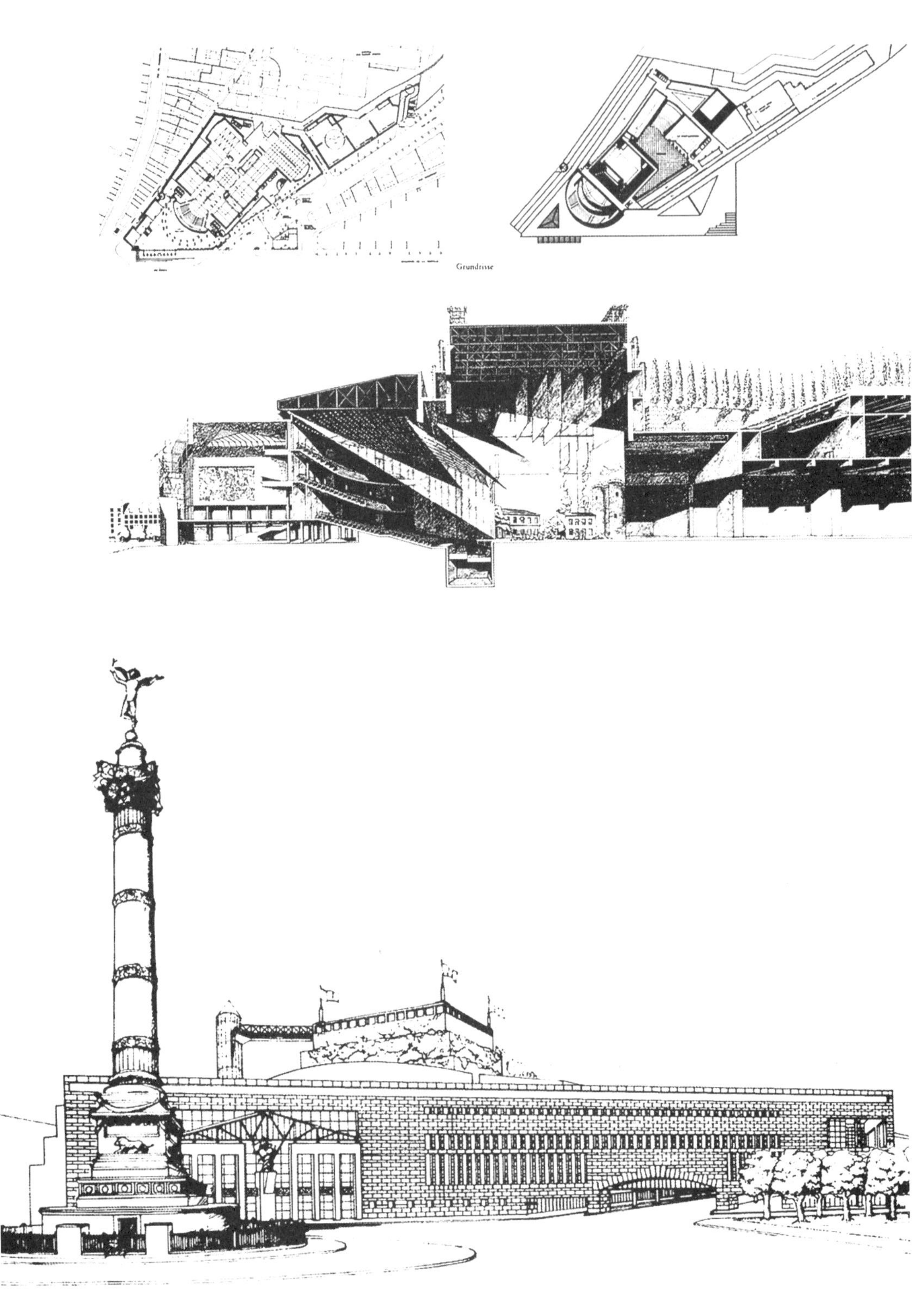

图 3–75　巴士底歌剧院外观、平面、剖面图　史蒂芬·霍兹鲍耶

总平面图、平面图、透视图和内部剖透视图分别从不同角度帮助人们加深对建筑的理解，具有较强的表现力。

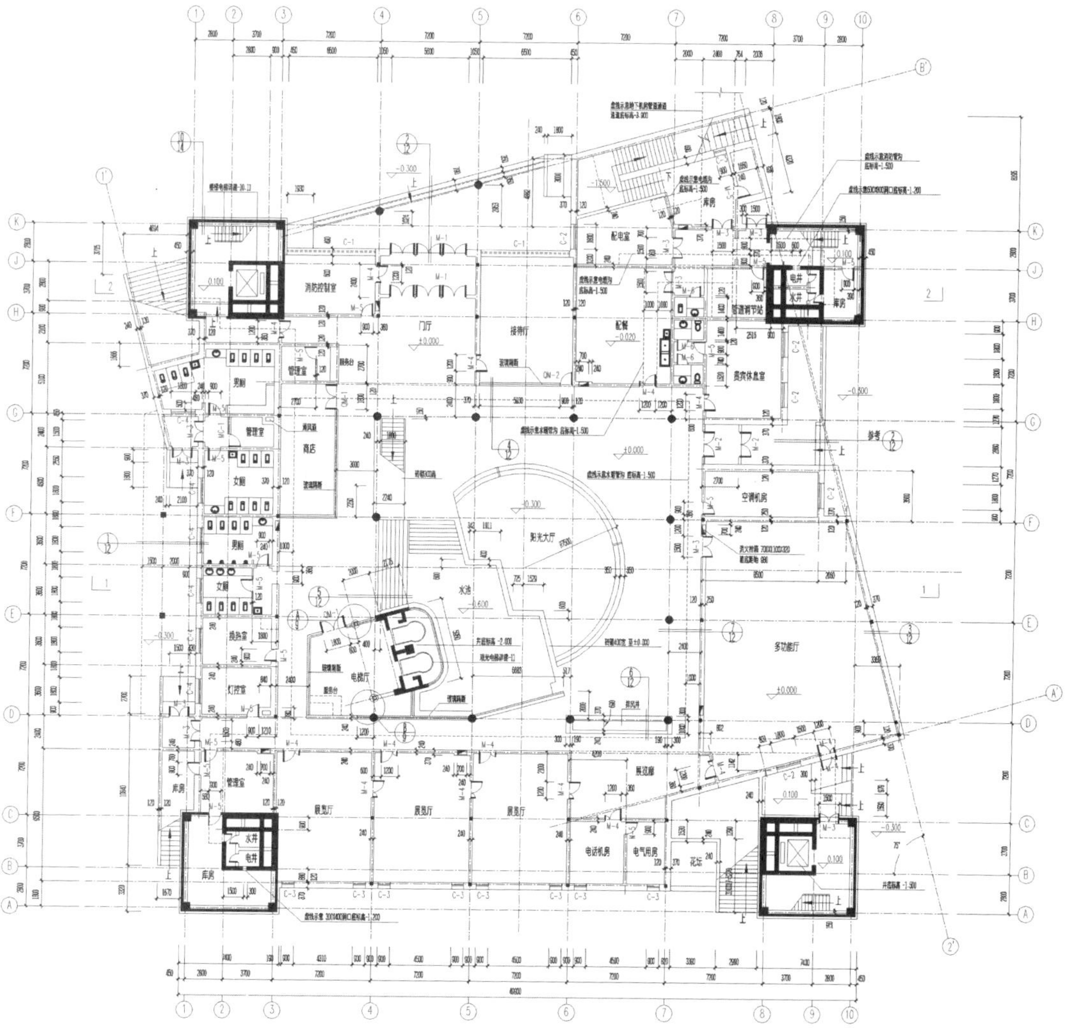

图 3-76　世纪之舟首层平面施工图　黄勇

施工详图是设计方案付诸实施的依据，在此意义上它成了最具有实际内容的信息载体，设计精确的施工图是方案最终成功的关键。

尺寸的标注、空间体量的适度、透视氛围的渲染方面，又使人们对其准确性、真实性有较强的把握，因而增加了它的实用性，具有工程性的特征。

由于绘图技术的改进，一些很复杂的问题均可以清楚地表达出来，因此图示表达也随着技术的进步发生了很大的变化。一是尽可能弥补图示表达上的局限，增强三维的感受；二是充分体现构思意境，在氛围的渲染上达到与构想一致的效果。

2. 模型

模型表达在这个阶段多是以较精确的、完整的形式出现。由于它的三维性强，能够准确地表达建筑空间塑造上的特点，因而具有很强的直观性和可体验性。尤其在表达大型的建筑群体或技术先进、功能复杂、空间造型富于变化的建筑时，

建筑师采用了分解的办法，将公共的街道立面、私密的内院立面、轴线、视觉中心和交通要素组合在一起，分析了相互间的关系，帮助人们从二维图面上感受三维空间内容。

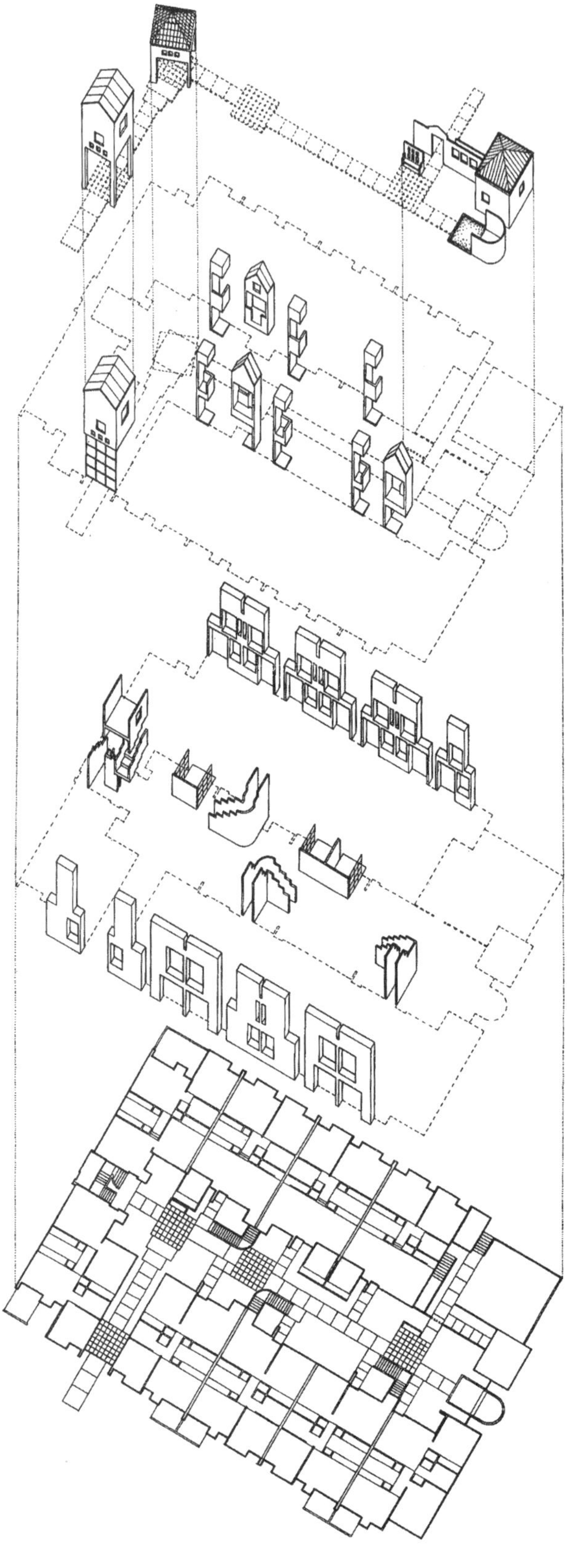

图 3–77
Yorkshire 平台分解轴测
John V. Mutlow, FAIA

模型表达的直观性是远非图示表达所能与之相比的。另外，模型表达对于非专业人士来说，是对方案进行评价和决策的最有效的表达方式。贝聿铭对卢浮宫进行改建时，曾引起来自各方面的极大的争议，而最终正是以在拿破仑广场上将实际大小的金字塔模型建起来，才真正向市民、业主、决策者展示出方案的魅力，从而平息了争议，赢得了支持和赞誉。

目前，在完善阶段采用模型的机会越来越大，即使计算机技术如此发达，也取代不了模型表达的可体验性，模型不仅被业主认可，也会增加建筑师的信心，因而出现了许多专门制作模型的公司。以我们的观点，我们更关注过程中的研究模型，以此为基础，建筑师同样会充满信心。

图 3–78 法兰克福现代艺术博物馆模型 SITE

这个旧建筑改造方案，拆除后外露的“建筑内脏”是最难表达的部分，模型对此做了真实而充分的表达，模仿透明玻璃的加建部分与旧建筑厚重墙面的对比形成了戏剧化的效果。

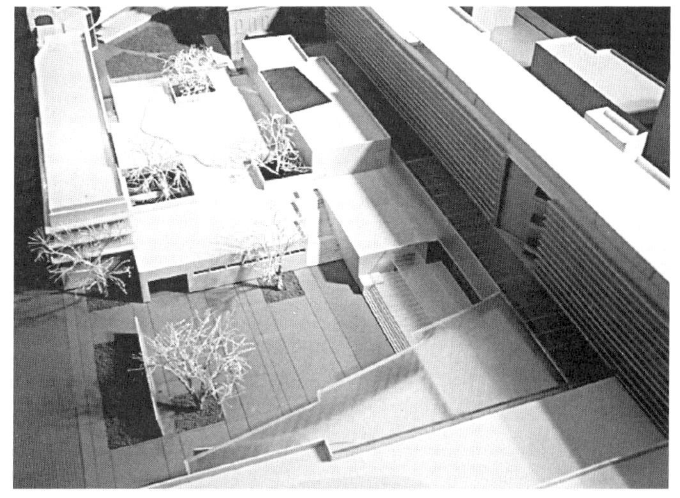

图 3–79 某文化中心广场模型 天作建筑

单色的体块模型有利于突出形体关系和空间感，表达的重点显然落在对树木的保护方式和院落的空间层次上。

3. 计算机

计算机表达在一定程度上综合了图示表达与模型表达的优点，而且它的准确性和真实性又是图示表达和模型表达所无法达到的。因而，近年来已经成为应用越来越广泛的一种表达方式。在完善阶段，计算机表达除了能完成二维的平、立、剖面图等，还能将建筑生成模型，选择不同视点，从不同角度绘制多张透视图。计算机有强大的模拟功能，可以模拟真实的光源、材料、颜色甚至真实环境及配景等，从而使得绘制的效果非常逼真，环境气氛和意境的表达也十分真切。另外，计算机还可以提供动画技术，模拟人在建筑中行走的动态画面，从而能准确地感受作品的实际空间视觉效果，增强表现的力度。

事实上，虽然计算机表达的优势不容置疑，但如果建筑师的前期工作大部分已经完成，那么剩下的就是个技巧问题了。同模型制作一样计算机制作也有了专门的绘图公司，不知如何评价这种状态，需要强调的是，建筑师切不可不经研究、分析地将这一切工作分包给这样的公司，俗称“二次设计”，至少目前建筑界应引起对此问题的关注。

总之，在完善阶段，三种表达方式各有优势，就实用性来说，图示表达的作用是不容忽视的；就直观性来说，模型表达的优势最显著；而就准确性和真实性来说，计算机表达有着很大的潜力和发展前途。因此，有效地将这三种表达方式加以综合，取长补短，借以更全面地表达最终的设计成果，是完善阶段思维表达的最佳方式，也是我们推荐的理想化模式。

图 3-80　某公共建筑计算机模拟　Nbbj 事务所

计算机模拟充分而生动，丰富的细部和舒展的形体均得到有力的表现。

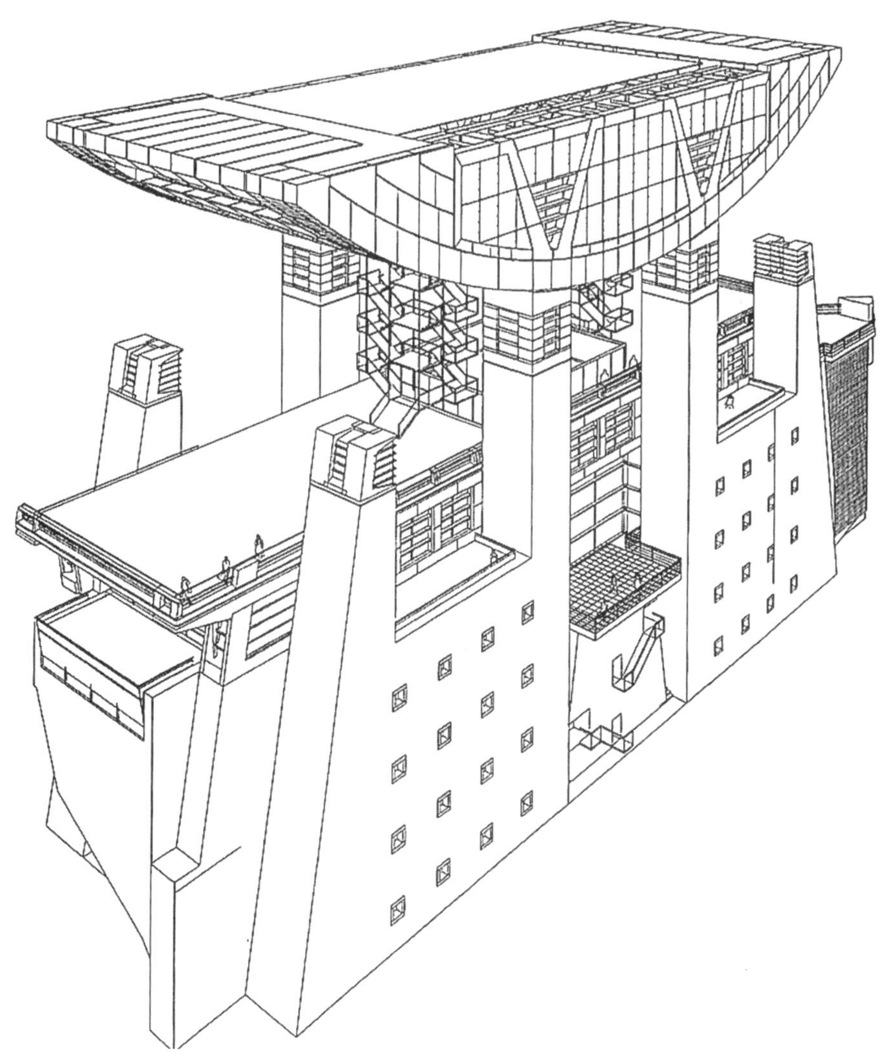

图 3-81　香港凌霄阁计算机透视图　法莱尔

准确刻画建筑的细部是计算机的特长。在这个实例中，建筑细部的表达清晰而准确，让欣赏者一目了然。

（二）表达的重点

完善阶段的思维表达，从总体上看是一种结果性的表达。这种结果性的表达要反映出建筑方案的全部特征。也就是说，既要反映出建筑作为科学技术的一面，也要反映出它作为艺术的一面。这两个方面，实际上也是建筑创作思维理性与感性的要求。因而完善阶段表达的侧重点，则应放在它的现实性和表现性两个方面。

1. 反映现实性

从现实性上看，完善阶段的表达要符合建筑的科学性和工程技术性的要求，要受到理性的制约。这种现实性的表达必须以真实性为基础。在许多情况下，完善阶段的表达还常常要把方案的具体的做法、形象的细部交代给业主和施工单位，这种情况下更要求表达的准确性和真实性。

图 3–82　某高层建筑办公楼外饰面细部表现

为了充分表达设计者的意图，常常需要将建筑的细部做详尽的描绘，这种模仿真实效果的图示提前向人们传递了建成后的形象信息。

严格地说，完善阶段的表达应该没有虚假的地方。在现实的创作中，我们常常会看到这样的现象，一张透视图画出来后，感到不理想就换一个角度再画，或者将表达到的立面仔细做，表达不到的立面则不去管它，这些做法的背后都隐含着一些问题，即从整体上看，这时的方案还有不完善之处，还需要对其做进一步的加工。那种为了取悦业主或主管部门，“在不好看的地方种一排树”

图 3–83　迪士尼音乐厅模型　弗兰克 · 盖里

复杂的建筑形体采用模型表达具有明显的优势，它可以准确地展示建筑师的构思，这是完善阶段非常必要的手段。

图 3–84　西班牙古根海姆博物馆模型　弗兰克 · 盖里

的工作态度是要不得的，人为的“漂亮”并不能正确地表达建筑形象，恰恰是方案不完备的一种表现。现实性的要求使得完善阶段的表达富有真实性和完整性，能够在理性的制约下充分促进建筑的最终形成。在这一点上，模型制作常常优于其他表现方法，因而模型制作的发展是有其深层次背景的。弗兰克 · 盖里（F.Gehry）的建筑形式推敲就是从对三维空间的研究中得来的，而传统的图示思维在表达他的构思时已显得力不从心。盖里的建筑从体块、空间的衔接和平衡到材料、质感、色彩的对比都非常新颖和出人意料，这使得模型的表达对他的建筑来说显得更为重要。

2. 强化表现性

从表现性上看，完善阶段的表达还要满足建筑艺术性的要求。也就是说，建筑的完善并不是完全受理性控制的，尤其在构思阶段主体的作用不能低估，还要充分发挥建筑师情感的因素。这就使得创作者的表现性一方面要体现在可以根据不同的构思，选取适当的表现方法来表达特定的设计成果，从而避免套用一种程式化的模式而导致千画一面的悲剧；另一方面，完善阶段的表达还可以充分表现建筑师的个人情感。在建筑创作的每个阶段，建筑师的个人审美情趣和情感体验都会有所体现。在完善阶段也不例外，这时的情感倾向主要表现为对建筑意境的追求，追求的结果又必然在成果的表达上有所体现，建筑表达出的艺术性会展示建筑师对情感的追求。从这个意义上说，建筑表达的表现性越强，其艺术价值就越高。

说到此处，我们认为这仍是建筑创作主体论讨论的内容，因主体的思想观念、理论素质、艺术修养和创作个性必然决定其最终成果的表达，其实从接受任务到完成，最重要的过程是构思阶段，这时外在的任何事物是很难介入的，主体的作用发挥到极致，到了完善阶段仅仅是个表达的问题。诚然，从这个侧面我们知道，主体才是建筑创作构思的源泉。我们对建筑创作思维的研究也是基于这个理论，它也是我们要努力攻克的课题，这个问题的解决，会很好地促进主体的完善，这是我们的初衷。

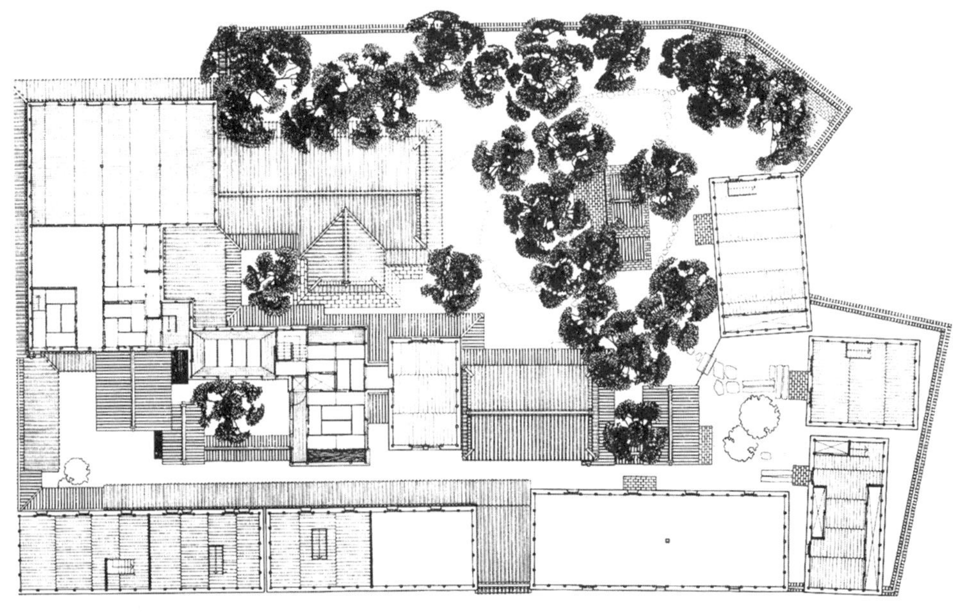

图 3-85　日本某传统庭院平面表现

工整均匀的瓦纹屋顶与自由形态的浓密树冠产生了一种和谐效果，白描式的画面透着一种宁静和幽雅的气息。

高空鸟瞰画面使道路轴线得以延伸至画面外，同时对称构图的运用使得建筑体量强烈，突出了雄伟的气势。

图 3–86
巴黎德方斯巨门的高空鸟瞰　贝聿铭事务所

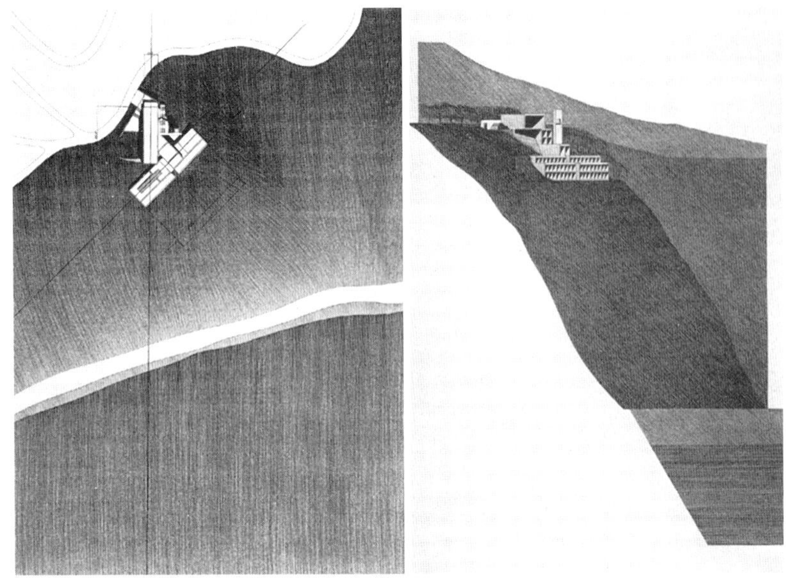

某些情况下，建筑师为了渲染特定的气氛常常将普通的平、立面图加以特殊处理，这种结果常常使图示效果更加纯净、明晰。

图 3–87
ToTo SEMINAR HOUSE
安藤忠雄

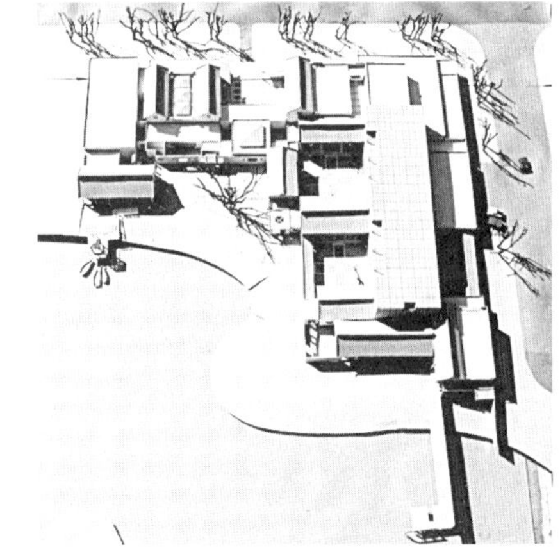

成果模型在方案的表现力上有绝对的优势。这个模型借助树木、水面、倒影突出了群体宜人的尺度和宁静的气氛，十分动人。

图 3–88　建筑师之家模型　吴怀国

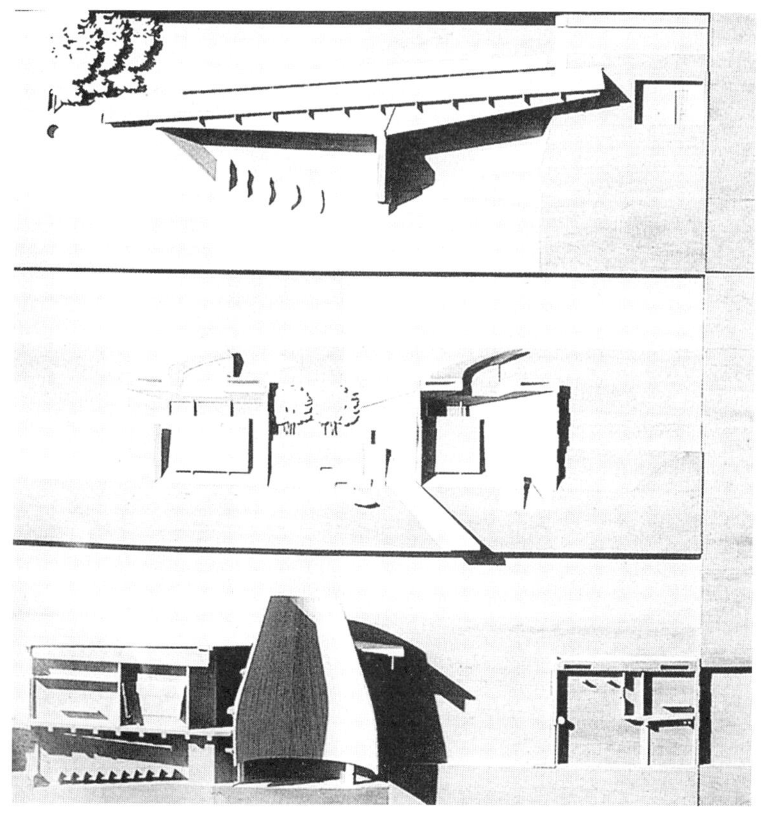

这个获奖方案的表达方式很有特色，运用模型制作技术将原本的二维图示转换成了具有浮雕效果的立体图示，是一种有创意的尝试。

图 3–89　洛杉矶艺术公园国际竞赛模型表现　比莱 · 齐恩

这个完善阶段的高层建筑表现方式带有一定程度的开放性。建筑师将重点放在大气氛的渲染上，树木、云彩甚至建筑都具有写意的特征，准确和工整在这里已显得不重要。

图 3–90　某高层综合体表现　1993 年　张伶伶

基于上述的分析，我们可以看出，在建筑创作思维过程的完善阶段，理性是基础，情感是更高层次的追求，理性与情感的结合才能使方案最终得以达到建筑师的理想，从而真正体现建筑作为科学和艺术的统一。完善阶段的思维表达也必须针对建筑创作的特点，着重点是现实性和表现性两个方面。其中现实性是表达的基础，而表现性是表达的升华，将现实性与表现性有机地统一，才是完善阶段思维表达的最高境界。

（三）实例分析

从上面的讨论中，我们已涉及了完善阶段思维表达的两个要点，希望从下面的实例分析中强化这种认识，从而对我们的论点能有更深刻的理解。

例 1　金贝尔艺术博物馆

这是路易·康的一个著名的作品。在博物馆方案发展过程之初，路易·康就采用了组合元的方式，即以一个标准的结构元来组合博物馆的各个空间。经过大

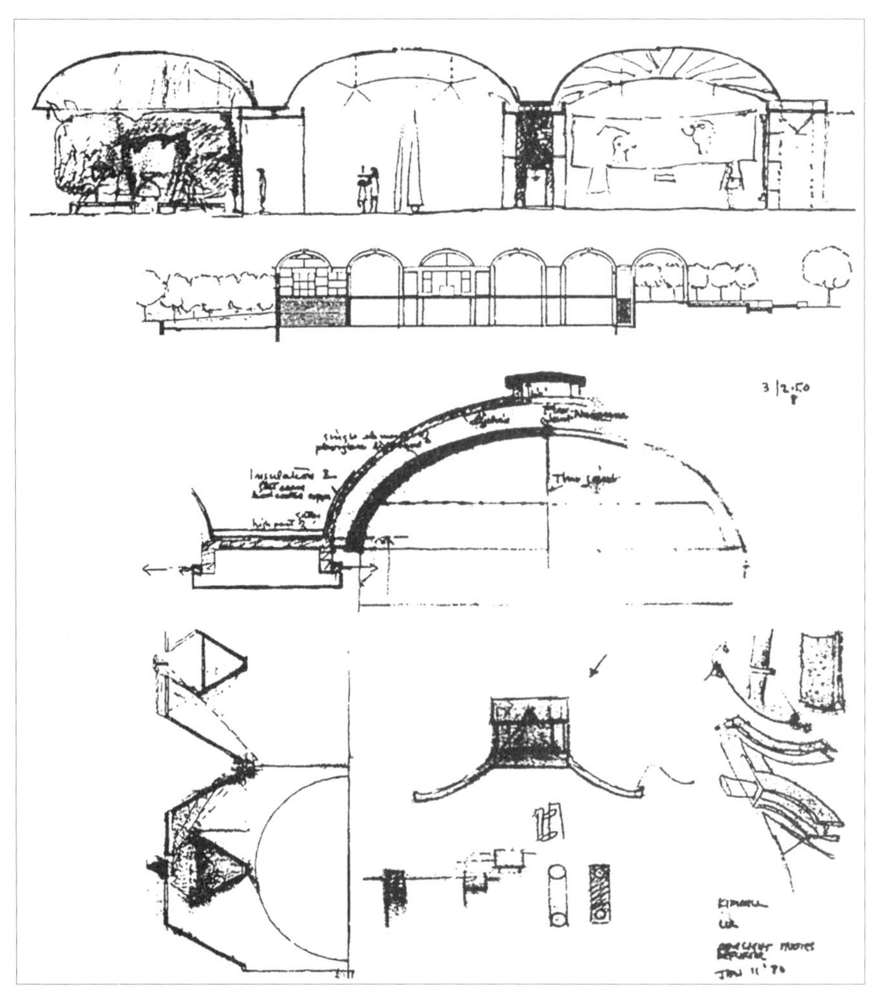

图 3–91　设计完善阶段草图　路易·康

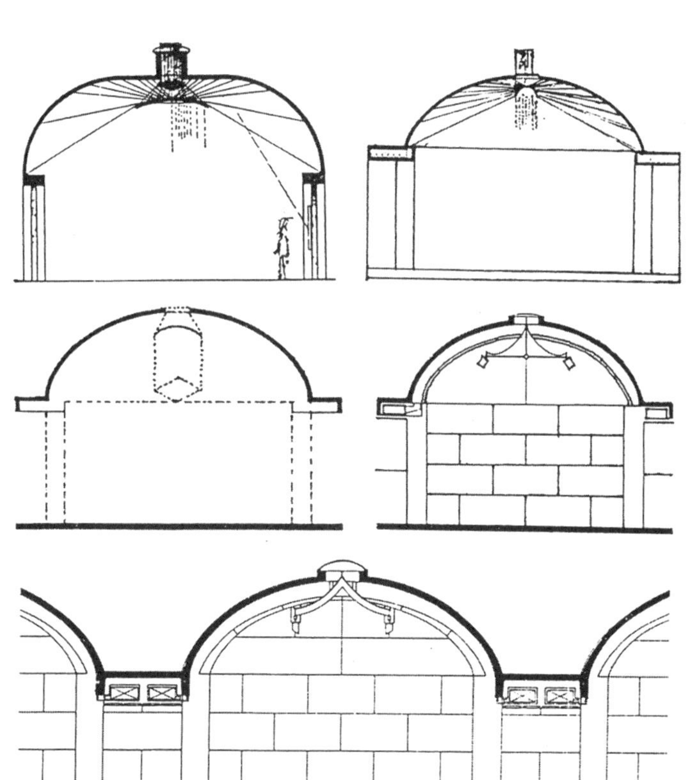

图 3–92
设计完善阶段成果图
路易 · 康

量构思阶段的推敲后，方案进入完善阶段。完善阶段的主要工作是对结构元进行最后的技术处理，包括它的形式、结构以及与设备和采光的关系等。

路易 · 康利用“构成要素”的设计想法，即采用灵活隔断、为机械设施留有位置以及把结构和采光综合起来的手法对结构元进行了大量的完善工作。最终将结构元定为由 7.01m 尺宽、摆线形的、跨距可达 30.48m 以上的后张预应力钢筋混凝土壳构成的一个高大的拱顶空间，壳顶有 0.762m 宽的槽，在壳与壳的连接处形成 3.048m 宽的平顶空间，其天棚里掩藏着空调管道。

由于艺术博物馆的主要功能是美术品的展览，因此采光是技术处理的主要问题。路易 · 康认为 :“窗户导致眩光，因此不考虑设窗。然而，从上面洒落的日光又是最明亮的，也是惟一可接受的光照。于是窗就成为一条缝，改善光照的装置就设在摆线形的拱顶下。”这个改善光照的装置，路易 · 康和他的建筑光学顾问工程师整整做了历时两年的分析、试验。最终将其确定为从摆线形薄壳顶上挂下来的一条呈微弧形的反射光罩。它由穿有无数小孔的铝板制成，上面一侧抛光，便于将天空的漫射光均匀地反射于拱顶上，小孔则可以透过部分阳光，保证参观者由此感知天色的变化。这使得反射光罩具有一种心理上的朦胧感，使人们保持一种“无尽舒畅的心绪”。达到了路易·康所希望的“观众在博物馆欣赏美术作品时，既不受眩光现象的干扰，同时又不致与外界完全隔绝”的构想。

例 2　吉林省农业干部培训中心

在前面准备阶段的实例分析中，我们对这个方案有了一定的认识。经过充分的准备和大量构思阶段对各种问题的综合处理后，方案进入完善阶段。完善阶段着重对两个方面的问题进行了深入的探讨：一是由基地高差所带来的诸多问题；二是对建筑群体形式风格的推敲与协调，以及最终表达成果的完成。

由于基地位于临湖的山脚下，地势起伏较大，因而相应带来很多后期的技术性问题。如庭院高度的安排，土方的计算，单体建筑上下层顺应山势所带来的不同处理，车行坡度的要求所带来的对道路的设计，以及台阶、踏步、楼梯、挡土

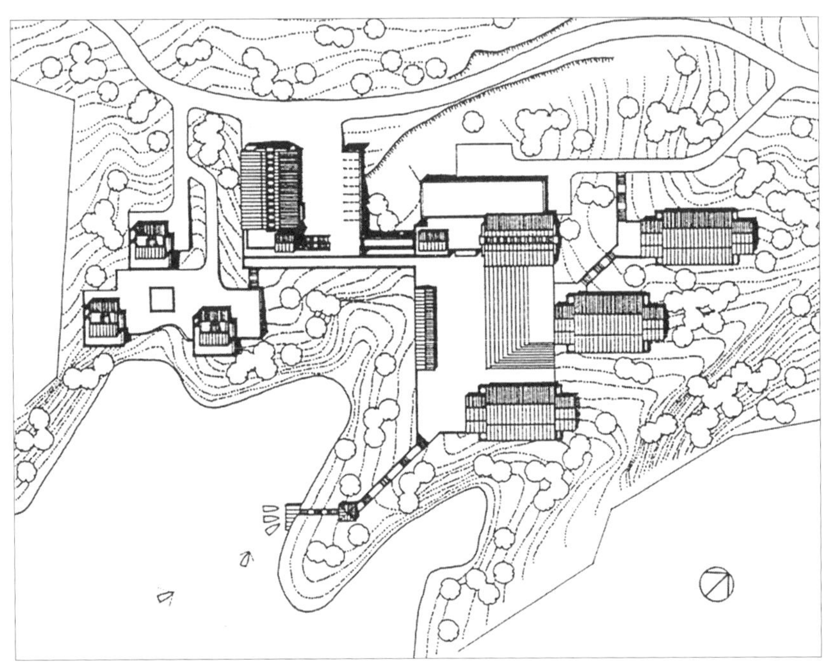

图 3-93　总平面图　1996 年　张伶伶　孟浩　李存东

图 3-94　客房部分立面图　1996 年　张伶伶　孟浩　李存东

图 3–95　管理部分立面图　1996 年　张伶伶　孟浩　李存东

图 3–96　独立式客房部分立面图　1996 年　张伶伶　孟浩　李存东

墙等的具体尺寸的确定等。经过大量的比较、推敲，最终将中间的庭院分成不同标高的两个部分，由大台阶相连。这一方面解决了较大的高差问题，另一方面也便于观看湖光山色。别墅区处在另一个标高上，这部分是由车行的要求所决定的。会议、娱乐及别墅部分都通过对建筑的处理使其连接着不同标高的庭院，从而使得建筑与地形结合得比较有机。对整体建筑风格的确定也做了大量的完善工作，其中立面形式的处理和整体形象的调整用了大量的时间。在形式的处理上，通过对厚重墙面的凹凸变化并结合窗户的不同组合使得方案既保持了北方的特色，形式上又富有韵味。在整体形式的调整上，确立了控制性的标志塔以及茶廊、观景亭等景观要素并协调了它们之间的关系。

成果的表达与完善阶段的技术处理密切结合，既富真实性又有表现性，较好地表达了设计构思和北国山林中特殊的建筑意境。可以说这个方案的完善阶段是比较成功的。

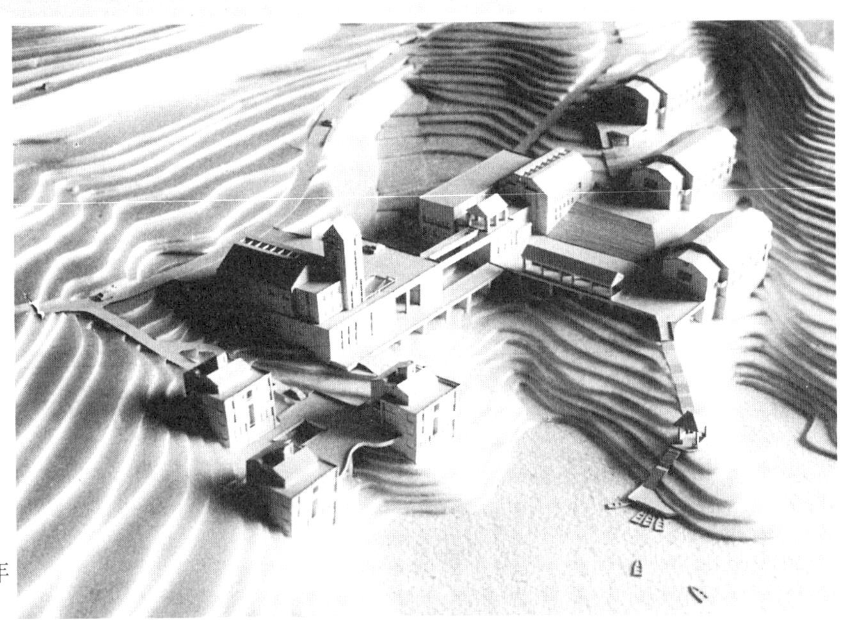

图 3-97 模型 1996 年
张伶伶 孟浩 李存东

例 3 建筑博物馆

这是“中国第二次建筑作品设计大赛——建筑博物馆”的另一个获奖方案，作于 1995 年。方案选址于北京东四十条的一个存有大量四合院建筑的旧街区。设计中着重解决了两个方面的问题，一是如何在保持原有建筑风貌的基础上进行旧城改造；二是如何将四合院的传统建筑文化精髓加以诠释和运用。

经过准备和构思阶段的大量工作之后，方案在完善阶段也着重对上述两个问题做了最后的梳理。最终该方案保留了一部分四合院又增建了一部分“现代四合院”。总体上以一系列主从有序的院落来协调新旧建筑的关系，体现了中国传统建筑的精神实质。在尺度、比例等方面做了深入的处理，并利用“轴线”、“景框”、“影壁”、“山门”、“胡同”等典型的传统建筑手段来组织空间序列，从而使得最初的

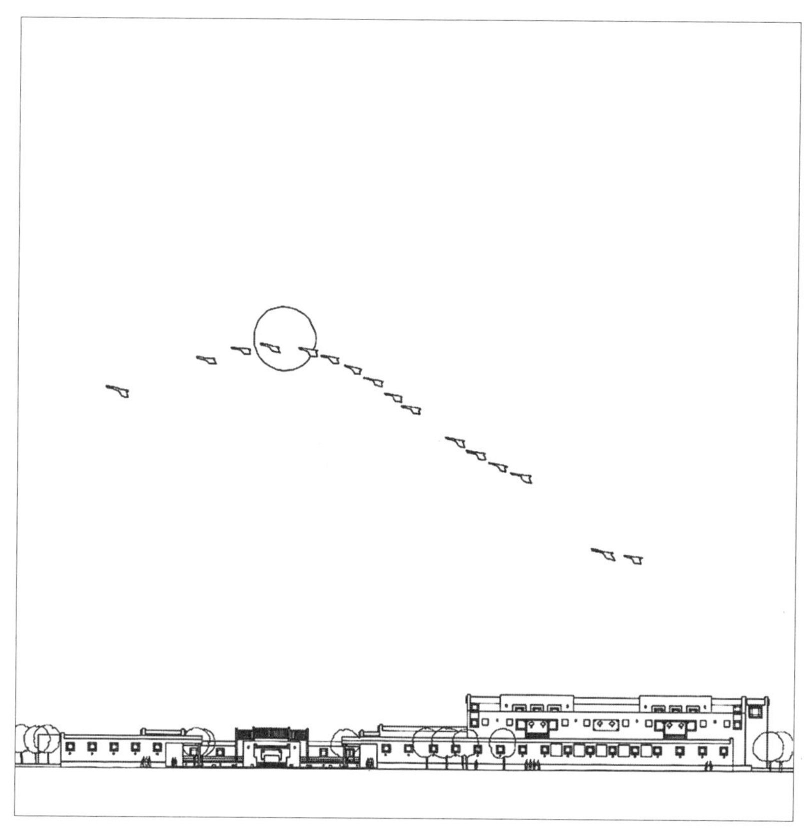

图 3–98
群体空间立面图
孟浩　赵伟峰

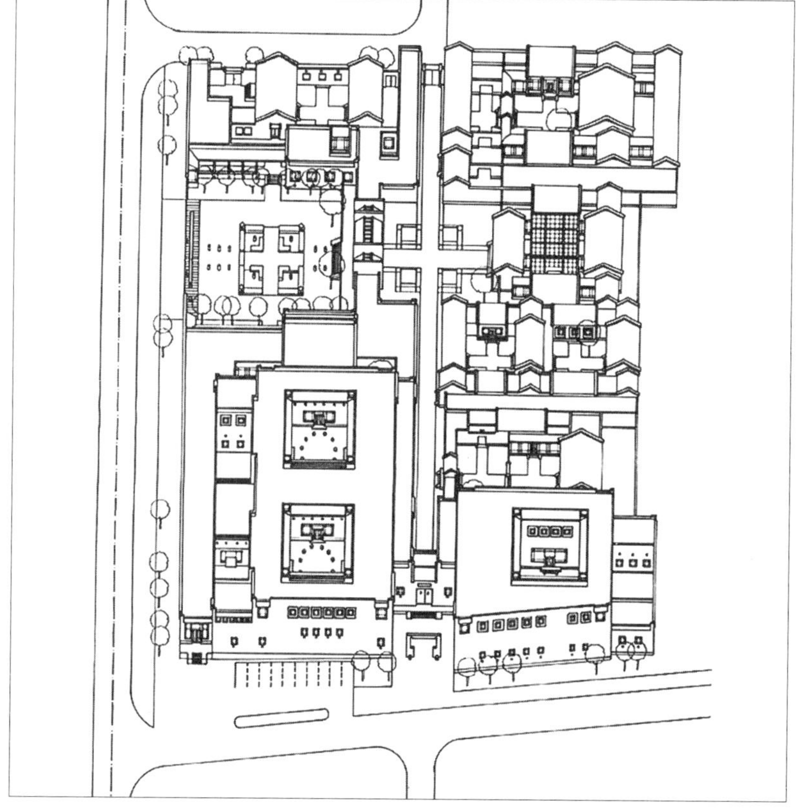

图 3–99
群体空间轴测图
孟浩　赵伟峰

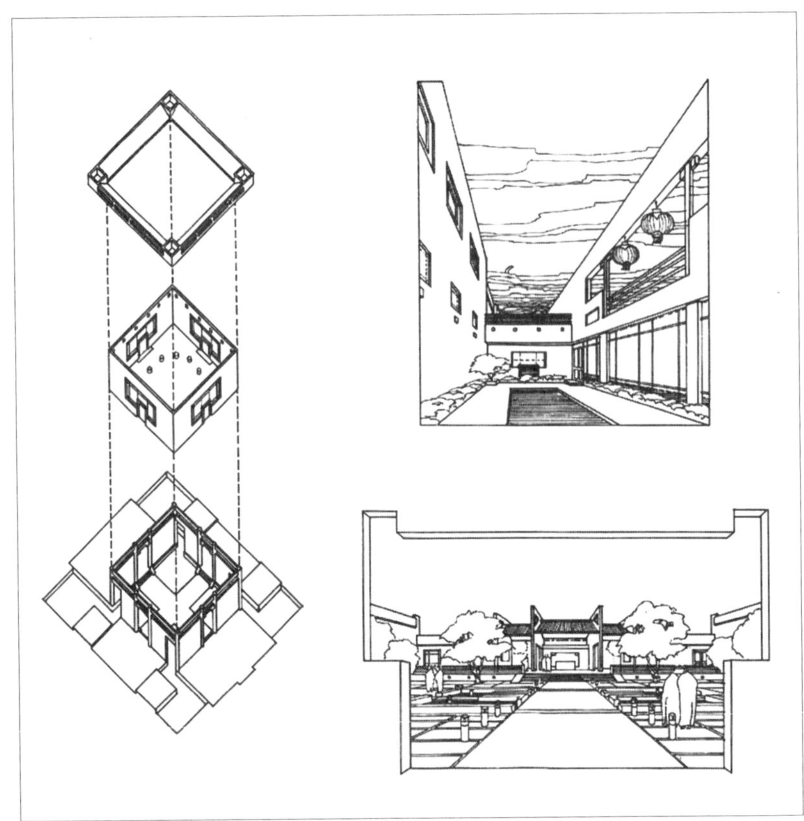

图 3-100
透视图及空间结构图
孟浩　赵伟峰

构思得以有效的“物化”。

需要特别指出的是，这个方案在成果表达方面也是十分成功的。一方面，它有足够的真实性，表达严谨而且充分；另一方面，在表达方法上也有创意，顺应了构思的主题。如运用传统中国画中“即白当黑”的表现形式使得立面的表达很有意境；利用正轴测的表现手法来突出院落空间的序列特征；采用“局部”与“分解”的方法来表现着重处理的“现代四合院”，以及“胡同”、“山门”、“景框”等构思要点。可以说，这个方案在完善阶段的工作是行之有效的，从技术问题的处理和最终成果的表达上看，良好的完善阶段是方案取得成功的关键所在。

例 4　某建筑师纪念馆

这是一个本科三年级的设计题目，作于 1989 年。拟在给定的一处临海的坡地上建造一所建筑师纪念馆。设计者在充分研究地形条件后，没有用惯用的方式，如采用高低错落的小体量或坡屋顶等形式来处理，而是将建筑做成一个插入坡崖的具有现代感的纯粹几何体，朝海面穿出，极具震撼力。设计者在这里充分强调了建筑与环境的对话。在表达这一建筑创意时，设计者一改机械地平、立、剖、透视的罗列式表达法，而是将内容有机地组织起来，以大比例的平面、透视为中心，形成对构思主题的多维度展示，大胆新颖，表达准确，图示意味与设计构思一致，这是学生作品中表达较好的例子。

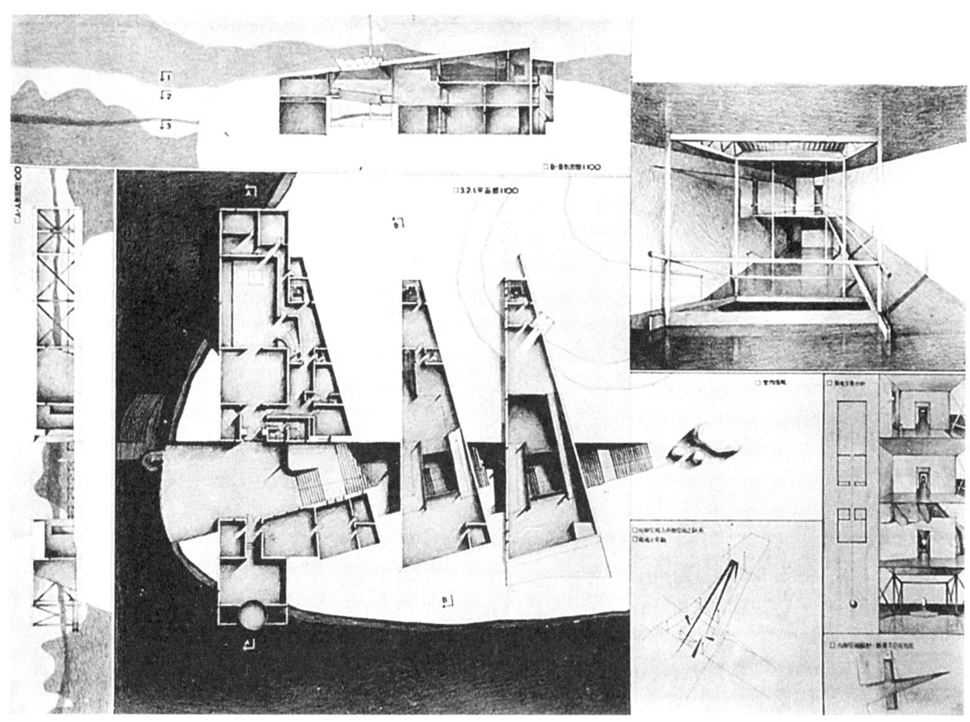

图 3-101　表现图（一）　1989 年　黄勇（三年级本科）

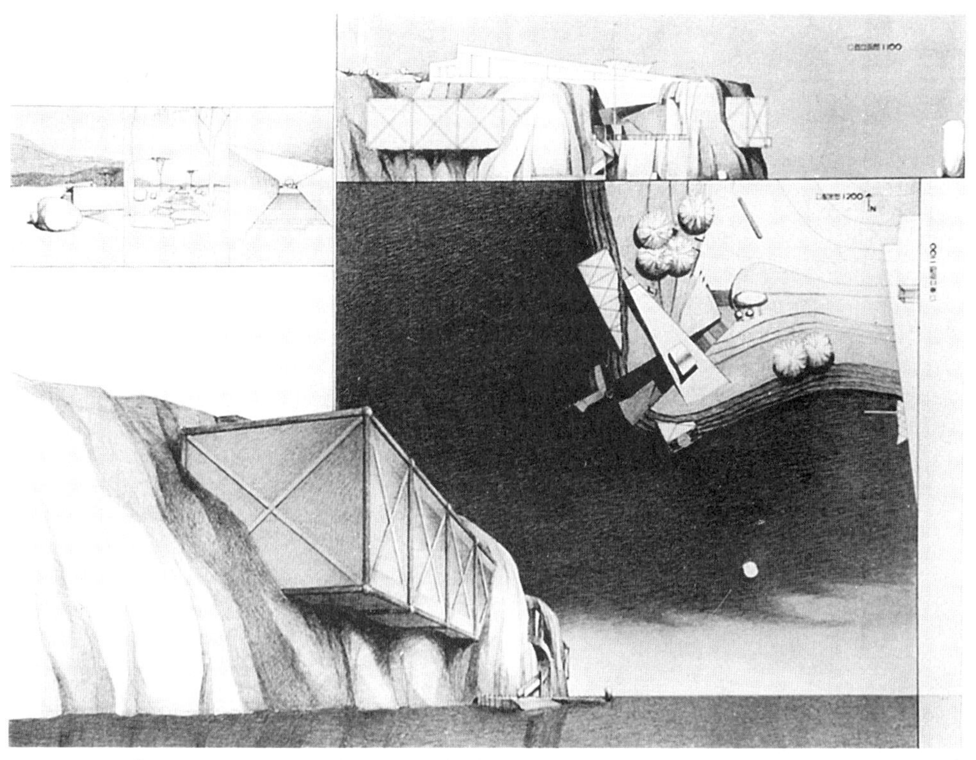

图 3-102　表现图（二）　1989 年　黄勇（三年级本科）

第三篇

创作实践探索

Exploration of Design Practice

建筑创作思维的探索是一个很艰苦的过程，也是一个必须在实践中不断充实、提高的过程。对建筑创作而言，当然有方法、手段和技巧上的诸多方面，但在我们看来，建筑创作的成败说到底还是建筑创作主体问题。实质上，主体本身就是个很复杂的问题，思维就更难以把握，但却是我们必须要认真理清的关键。虽然，我们浅显的把建筑创作思维的过程划分为三个阶段，但这却是引发讨论的前提。

在研究建筑创作思维时，我们有意识地结合创作实践，对创作思维理论做了深入的思考和探索。理论毕竟不能仅仅停留在纸面上，只有同实际创作相结合，才能得到检验并体现出其价值。这是一个从理论到实践，再从理论，再到实践的一种循环往复，不断前进，不断探究，不断完善的过程。

在这一篇中我们谈到的几个实例，都是天作建筑的探索性工作，大多完成于2000年以后，大到一个区域，小到一个单体。虽受制不同的客观因素，却是我们努力坚持的一个侧面。在这些创作实践中，我们更多关注的是理性思维“整体的设计”过程，力求突破主体本身固有的局限，强调超越的研究状态。我们有过苦涩的争论，痛苦的思考，坚忍的停滞，但毕竟一步一步探索着艰难前行。在这个过程中，我们对建筑创作思维有了更直接的亲身体验，促进了对创作思维的不断思考。在这些创作实践探索中，我们遵循建筑创作思维的过程性规律，逐步前行。随着思维理论研究的不断拓展和完善，我们对建筑创作活动有了更理性的整体把握能力，也是我们在创作实践和建筑教育中不断尝试的佐证。

一、废弃的楼梯间

这是一个建筑改造项目。业主是致力于学术研究的青年团体，他们不希望“改造”成为对建筑的时尚包装。

1. 准备阶段

考察现场：空荡、破旧、平直、呆板的楼梯间和端部两个同样情形的房间，缺少活力更难寻生机。但位于建筑端部的楼梯间由于功能的改变已长期弃之不用，这部宽大的楼梯仅仅作为二楼通向三、四楼两个房间的通道，这是给改造带来的唯一机会。

发现问题：一次次的现场考察，始终没有好的思路，我们似乎有些麻木了。一切都在眼前，但又总觉得好像有什么期待发现。偶然一天，当我们面对着平直的楼梯、硕大的窗子、破落的墙体时，突然觉得这些历史的陈迹作为时代的产物，本身就是个真实的存在。改造的前提首先应当承认并尊重这个存在。

初步意向：多次现场体验而产生的“灵感”使我们的构思清晰起来：尊重历史脉络，从空间结构入手，注重对使用者的思考，使之达到一种亲切宜人的尺度关系，形成自然轻松的过渡。在不破坏原有结构的情况下追求空间上的生动流畅，变消极为积极，变平直为活跃，变冷漠为亲切。

准备阶段现场调研照片

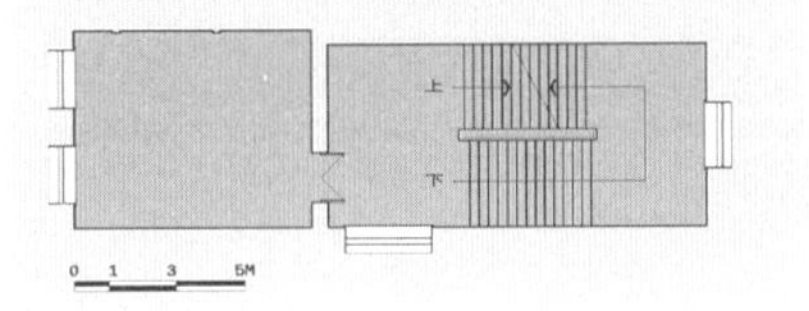

空间原始平面

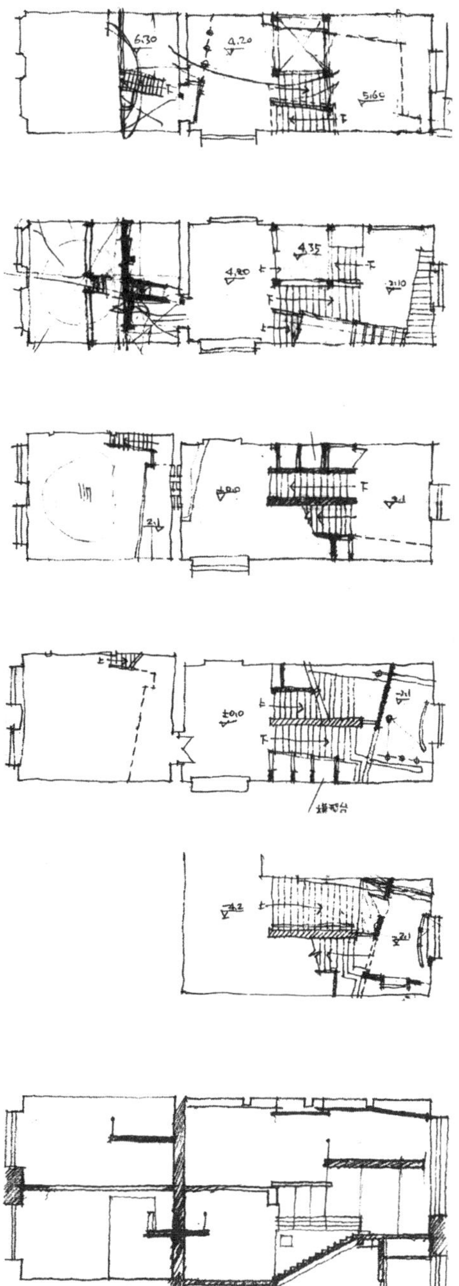

构思阶段草图

2. 构思阶段

空间的构想：通过压缩尺度、加大纵深、拓展视觉的方式对原有空间的比例关系进行调整，使宽大、平直、呆板的楼梯间变得生动、活泼、富有生机；通过增设隔断、展台、吧台，使原来的纯交通空间成为集工作、研究、接待、展示、休闲、储藏为一体的复合空间；通过加设夹层，在尽可能地扩大有效面积的同时，增加空间的层次感和流动性。

斜线的引入：在空间的处理上引入斜线分割要素。在原有方整、平稳的大空间中，划分出的倾斜、活泼，富有动感，充满激情的小空间，既体现着对原空间的依赖和需求，也暗示着新的生机和活力。

灯光的处理：强调实际使用的需要以及氛围的塑造，以日光灯和筒灯为主，力求达到光线柔和、气氛静谧、缓冲心理的目的，而不去追求奢华的灯饰。

色彩的选择：原有的围和墙体采用清理表面后刷石灰水的处理，表明对原有空间存在最为直接的理解与尊重；新增设的隔断则粉刷白色涂料，作为新空间构成的直接表述；钢结构的夹层暴露结构，刷黑色油漆，表现空间形态的逻辑关系与结构语言。黑、白、灰的色彩处理体现着新与旧的强烈对比。

3. 完善阶段

技术完善：方案的技术设计秉承着新加入元素尽量简洁现代的主导思想。发挥材料自身的力学特性和建构逻辑，保证创作思想的最终实现。

细部完善：沿着构思的主线，在方案后期的细部设计中，我们也着重处理新建部分与老建筑之间的共生关系。钢结构的夹层与老建筑的连接，有的地方直接碰撞，有的地方留出空隙，既有对比又有对话。吊顶只局部采用，暴露的吊筋，悬浮的板材，表明与老建筑之间的依附关系。利用废弃的木架，油漆后作为家具；废弃的消火栓改造成壁龛；其他一些废弃的物品如纸箱、计算机旧部件做成室内的装饰品。

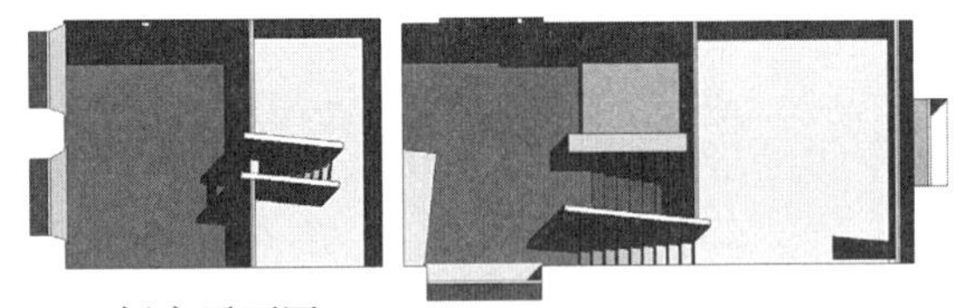
6.30 标高平面图

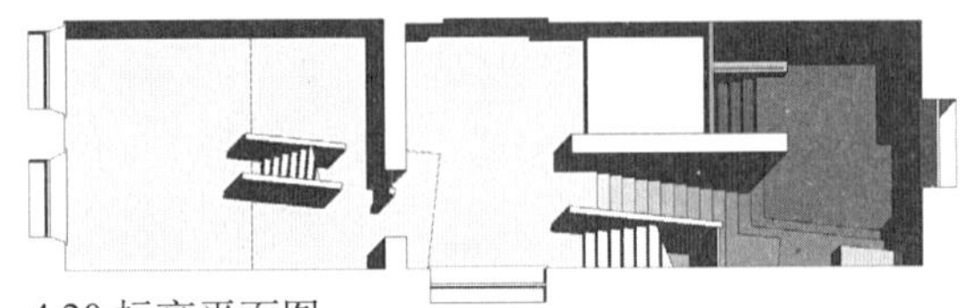
4.20 标高平面图

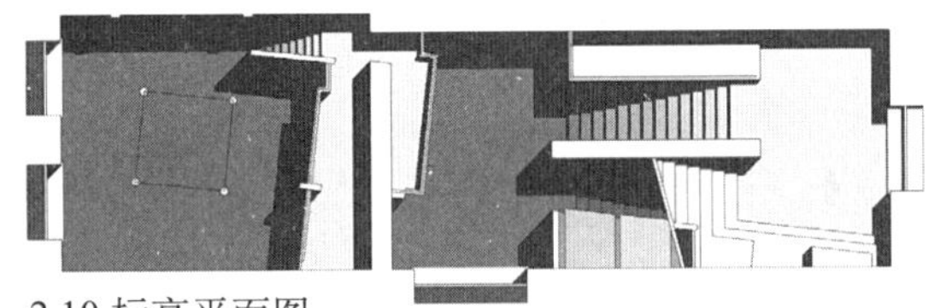
2.10 标高平面图

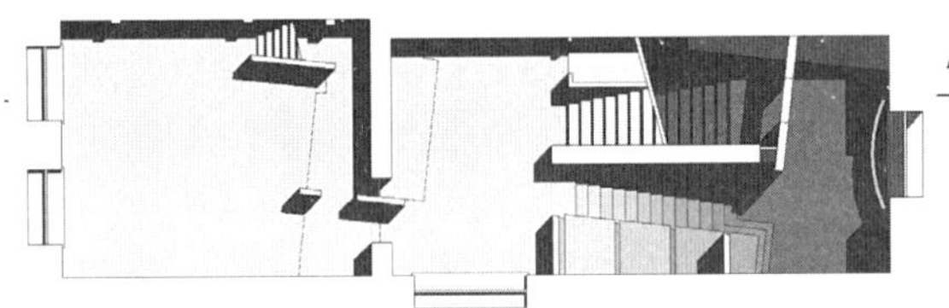
+0.00 标高平面图

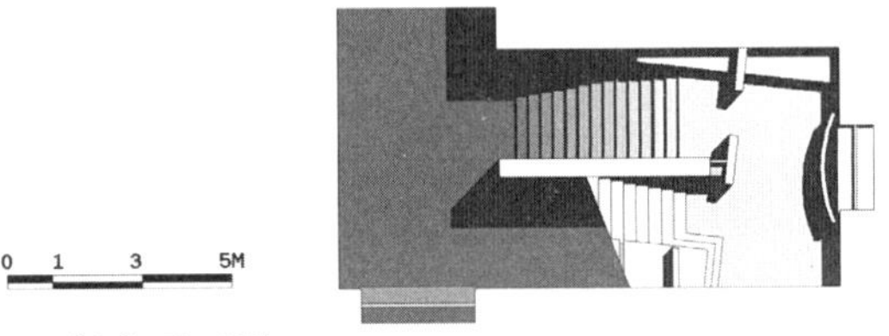

-2.10 标高平面图

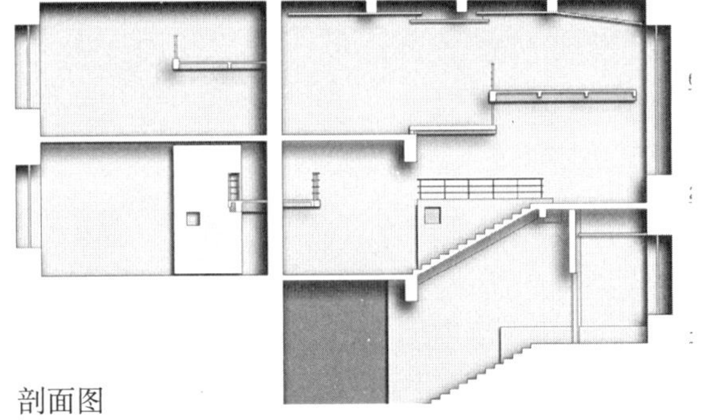
剖面图

完善阶段的平剖面空间模拟

完善阶段的施工图

在现场又有若干的调整与完善

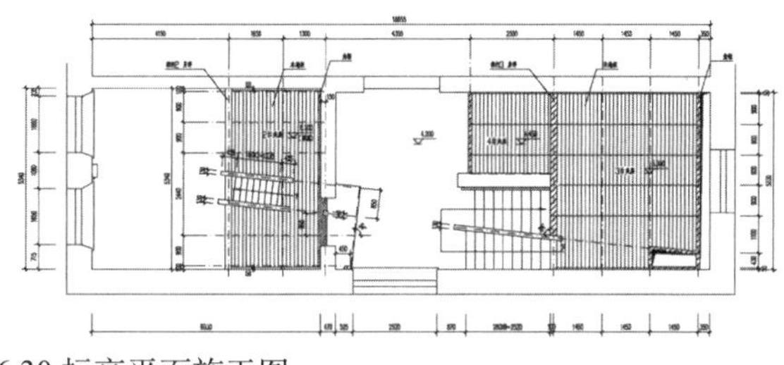

6.30 标高平面施工图

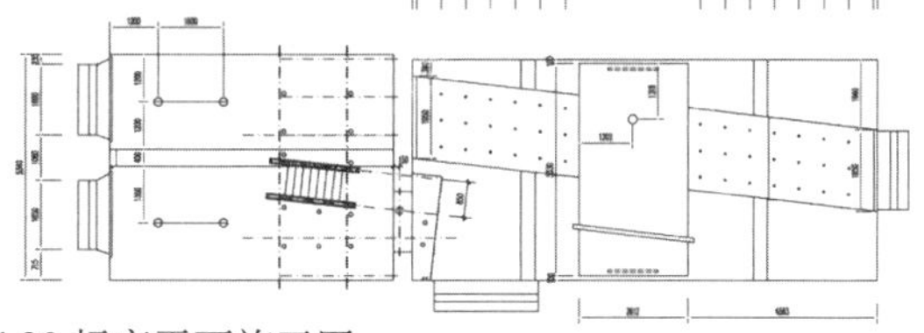

4.20 标高平面施工图

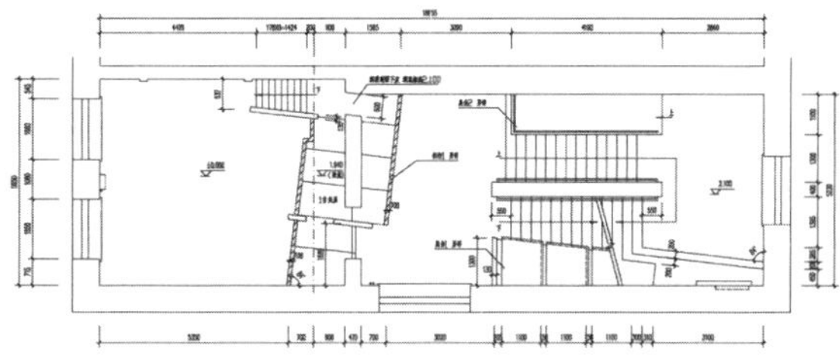

2.10 标高平面施工图

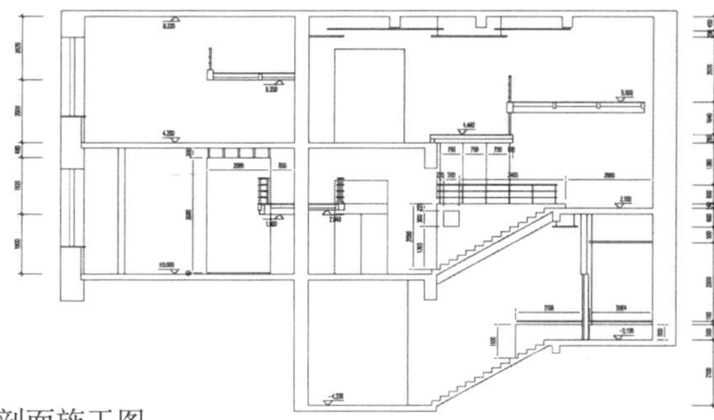

剖面施工图

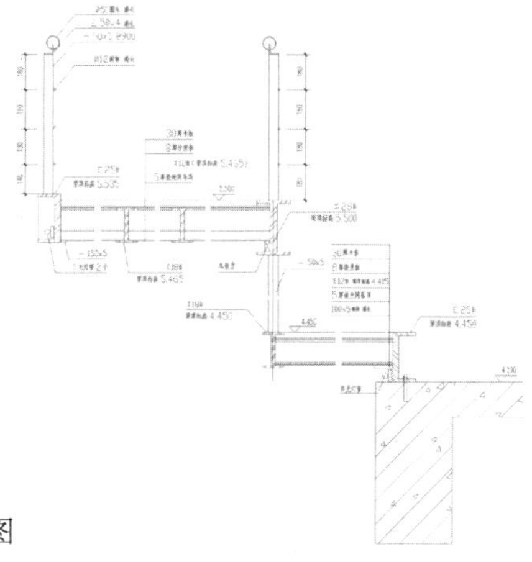

夹层节点详图

改造后的楼梯间似乎很朴素，但朴素中显出亲切和宁静；似乎很平淡，但平淡中透出生机和活力；似乎没有做什么，但又好像做了很多。也许这样的朴素和平淡正是我们这个集体所一直追求的。

建成的夹层空间

入口扶手局部

利用楼梯间改造的展示空间

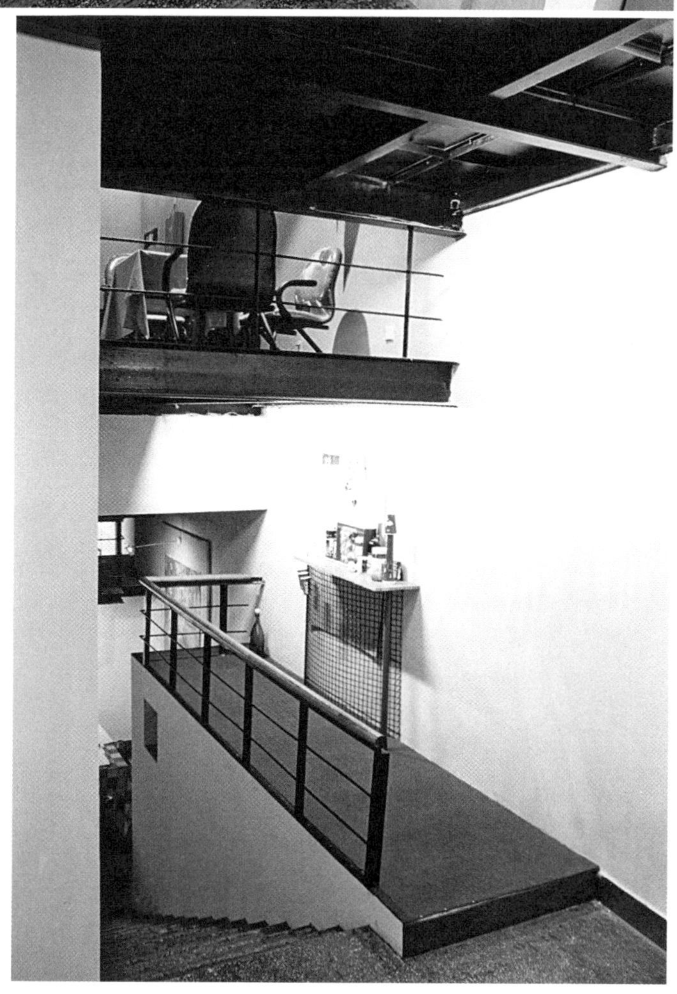

夹层空间与咖啡茶歇空间

斜线引入后的吊顶

简单的入口　　向上的楼梯　　分割空间的墙体

主 持 人：张伶伶
设 计 人：赵伟峰　黄　勇　李辰琦
设计建造：2000年
改造前使用面积：68m^2
改造后使用面积：198m^2

二、环境制约下的大空间

云南大学体育馆是云南省高校中的第一座体育馆，因此得到了省、市有关部门和校方的高度重视，提出了众多不同的要求。然而，设计中最大的制约却不在于此，而是紧张的用地及其拥挤的环境。

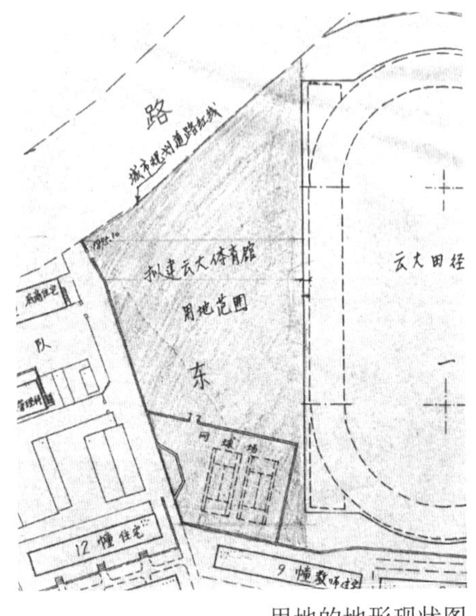

用地的地形现状图

1. 准备阶段

考察现场：除了认真研究设计任务书和查阅体育馆建筑设计的相关资料外，准备阶段到建筑现场作亲身体验和记录是十分必要的。在考察现场之前，我们做了充分的准备，尽可能地收集现场资料，包括图纸、照片和甲方对现场的描述等等。但现场考察中我们仍然获得了许多书面材料无法提供的信息和实际感受。

发现问题：我们发现处于城市中的校区环境相当拥挤，体育馆建设用地既不规则，又很狭小，这显然是设计中的最大难题，也是我们找到构思的突破口。新的思路能改变以往很多体育建筑只重个性创造的缺陷，创造一个既有鲜明特点，又能提高其环境质量的体育建筑成为了我们构思的主要出发点。显然，这需要在体量控制、人流疏导、景观构成等多方面做出相应的解答。

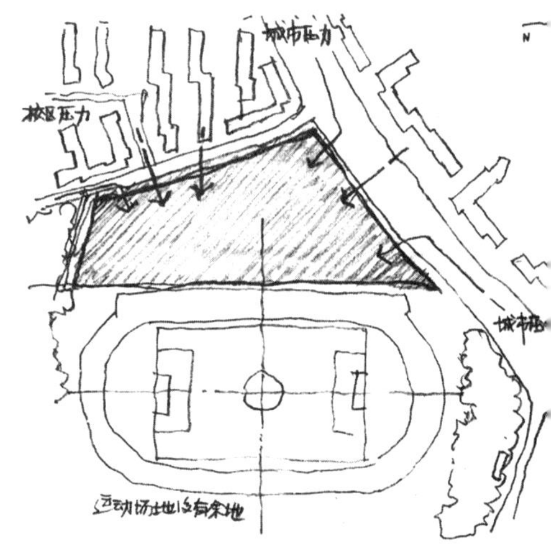

准备阶段环境分析

初步意向：建筑应该更具整体感，并且自然地顺应周围的道路、建筑以及原有运动场等环境要素；合理的组织拥挤环境中的人流集散；从各个角度的视觉感观都应该能够整合周边杂乱的环境。在此基础上形成的建筑才会个性鲜明，而且与环境融为一体，这构成了我们最初的设计思想。

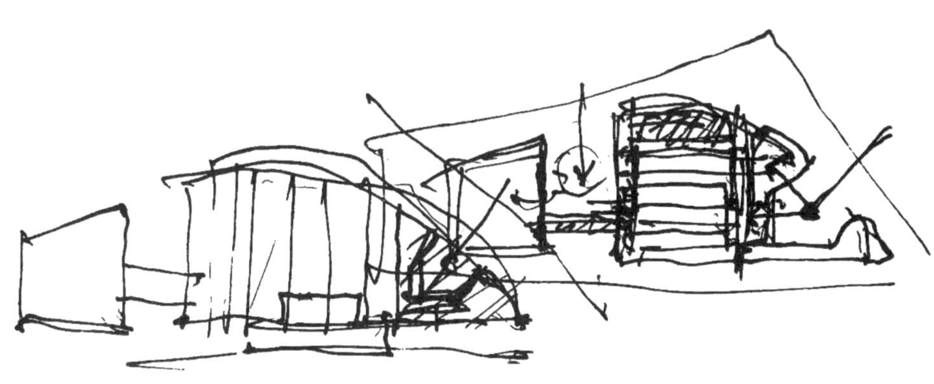

构思阶段概念方案草图

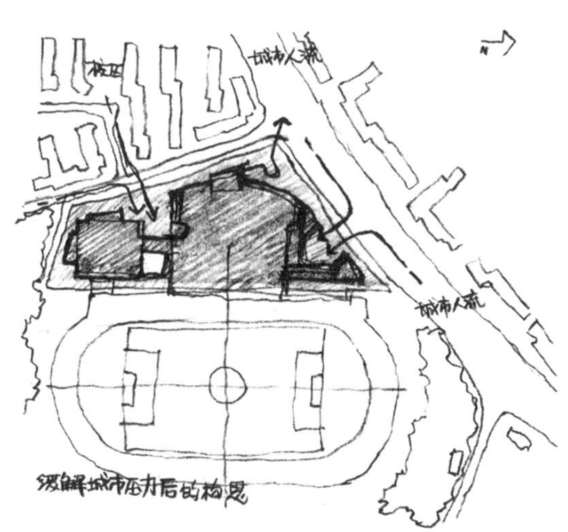

构思阶段形体生成草图

2. 构思阶段

多种可能方案的比较探讨是设计过程中的重要环节，渐渐地实施方案的雏形被确立下来。经过大量的草图研究和多轮的讨论，方案进一步清晰，通过圆形平面的切割所产生的形体有机的嵌入不规则的基地中，形成了整体感很强的建筑体量。进一步通过减法来处理形体的局部关系，既满足建筑自身功能、结构的要求，又形成与运动场及不规则用地环境的良好关系；通过减法形成的入口广场形成了建筑与城市环境之间的过渡，有效地缓解了人流压力；用同样手段形成的次入口广场则自然的连接了一期体育馆和二期练习馆，并形成了场地的次入口。

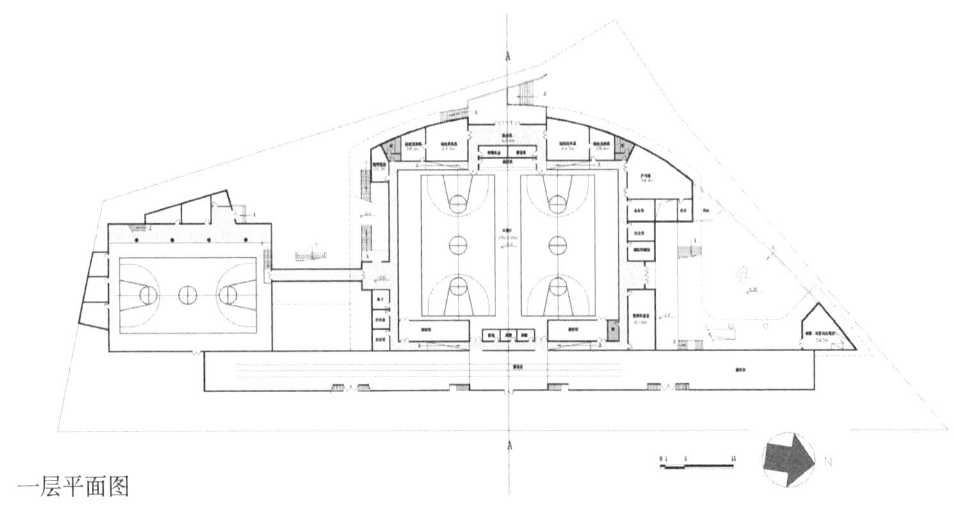

一层平面图

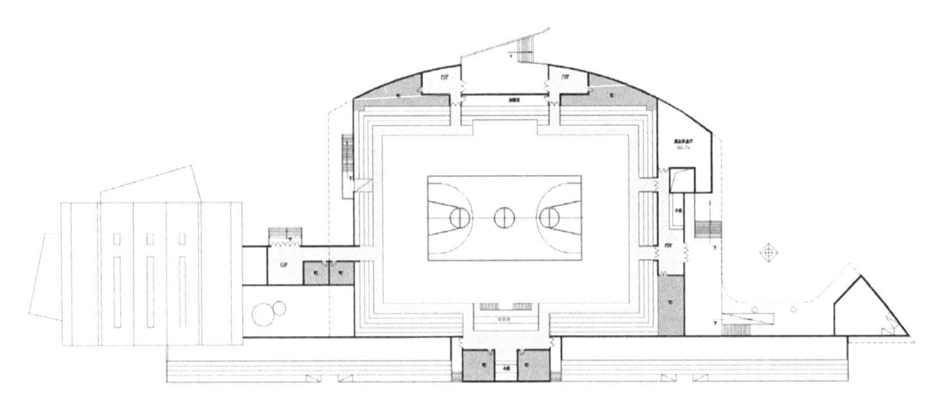

二层平面图

完善阶段计算机模拟功能布局图

建筑体量采用了弧面弯曲的处理，曲线形的建筑外观体现出建筑的时代感，即形成了新颖独特的建筑形象，也降低了建筑的视觉高度，落地的曲线屋面舒展、亲切，尺度宜人，减少了大体量建筑对环境的压迫感；屋面曲线由城市方向到运动场一侧逐渐升高，也保障了建筑内部空间使用和良好建筑物理性能的要求，而在运动场一侧，使建筑呈现出了高昂、宏大的力度感。

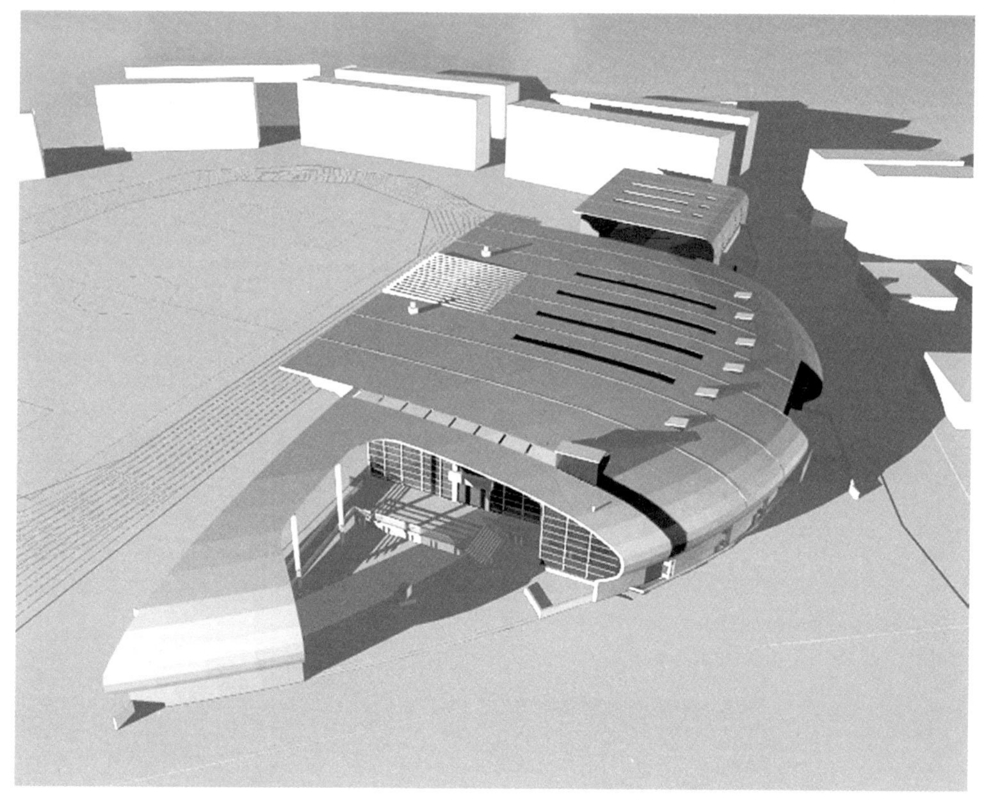

完善阶段计算机的形体分析图

3. 完善阶段

细部完善：经过大量的草图研究和多轮的讨论，方案进一步清晰，设计的重点也转入了完善阶段的细部和技术处理。由于自由曲线没有明确的几何性可寻，因此确定它要仔细地推敲；整个建筑连贯、一气呵成，几乎没有什么纯粹的装饰，比例和尺度的处理就更显重要。这些工作的进行，计算机显示出了极大的优势，这个建筑方案的深入和实现在没有计算机的时代其难度是可想而知的。

完善阶段电脑绘制效果图
建成后的建筑物与该图较为接近

建成后在运动场一侧照片

技术完善：

结构选型采用轻钢支撑的工字型蜂窝梁屋面结构体系，降低了结构厚度，使建筑更加轻巧、美观、简洁而富动感。

我们期待着这一项目的建成能够实现云大师生拥有一座富有鲜明时代感，体现创新精神的体育建筑的梦想，更希望它能够改善其环境氛围，为城市、为人们提供一个高质量的整体环境。

建成后的体育馆照片

与计算机模拟极为接近的建成照片

主 持 人：张伶伶
设 计 人：徐洪澎 黄 勇 石海波
设计建造：2001年
建筑面积：6672m^2

拥挤环境中建筑的处理消解了城市的压力

三、整体的设计

这个城市开发项目位于吉林市松花江南岸。最初，项目的确定是源于对火灾后博物馆旧址的改造。然而，随着对基地研究的深入，工作远远超出了局部地块的改造问题，对更大范围城市结构的关注使得我们形成了一种整体的设计思路，这种思想体现在整个创作思维的全过程中。

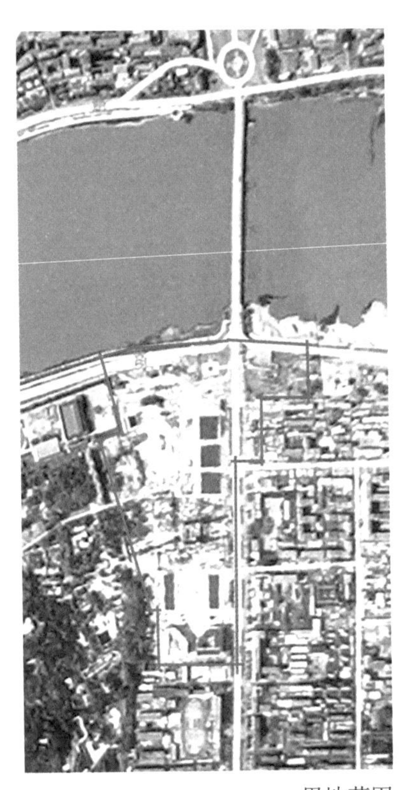

用地范围

准备阶段的现场调研照片

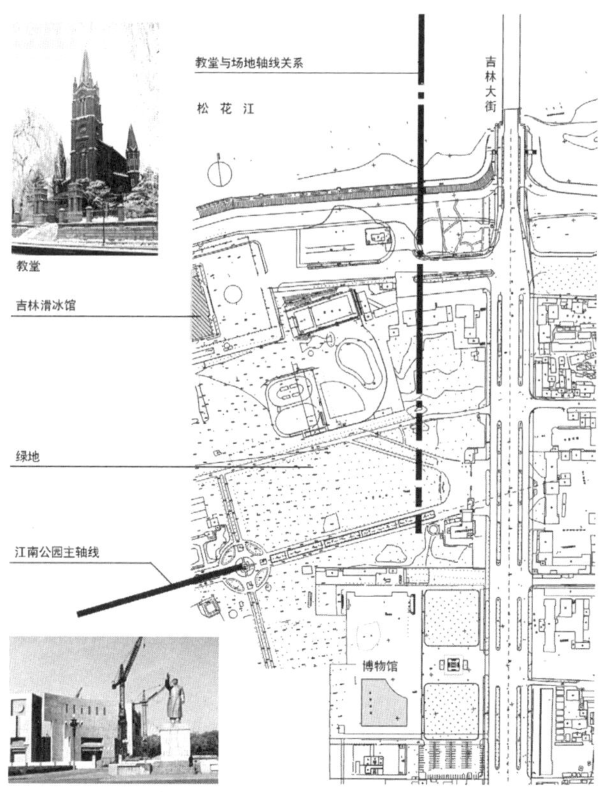

用地及环境现状分析

吉林“北 - 中 - 南”的特殊城市格局

1. 准备阶段

考察现场：在准备阶段，我们收集大量资料，多次勘察现场，试图捕捉城市的总体特征。由此发现，吉林市的最大特点在于其“双岸特征”，由“S”形的松花江把城市分成“北 - 中 - 南”的特殊城市格局。

发现问题：基地所在南部区域自然景观良好，发展潜力巨大，但尚未形成完整的城市形象。显然，要平衡中部旧城并建立自身的标志性，单靠一栋建筑或一块城市广场是达不到的，只有对原有景观进行认同和挖掘，寻找建筑的恰当位置，形成完整有序的区域环境，才有利于整合城市滨水区的空间结构。

解决问题：经过上述分析，我们大胆地改动了用地范围，把用地从原基地一直延伸到松花江江边，同时向吉林大街东侧也作了一定的渗透。这种作法充分证明了准备阶段工作的重要性，深入调查研究可以使最初的设想变得更趋合理，改变后的用地与南北大动脉的吉林大街、城市集中绿地的江南公园以及松花江南岸滨水线充分地联系在一起。同时，“双岸特征”使我们将北岸的重要城市地标——保护建筑的教堂也纳入了思考范围。

2. 构思阶段

有了以上分析，思路的展开便有了方向和依据，对整体设计概念的物态化是一个关键，建立符合城市整体结构的秩序是核心问题。具体设计中，我们运用了明确的轴线关系，一方面赋予区域以明确的秩序，将分散的元素纳入一个大系统中来；另一方面，注意到对岸建筑的影响，将轴线正对教堂，并使一部分小建筑也指向它，这样整个秩序更为强烈，完成了从基地到江对岸的纵向联系。我们考虑了吉林大街和江南公园这两个横向要素，在桥头部分把开放空间向大街东侧过渡，同时与主体建筑对应部分开辟了广场空间以"软化"吉林大街这个"硬界面"。对江南公园而言，除尽量保护原有大面积绿化植被外，将公园路网轴线引向主轴线，并在交点上设置主体建筑，交点向大街东侧发散出另一条垂直的分轴线。这样，三条轴线将整个区域牢牢地固定在一起，形成纵横双向秩序。

构思阶段建筑形态草图

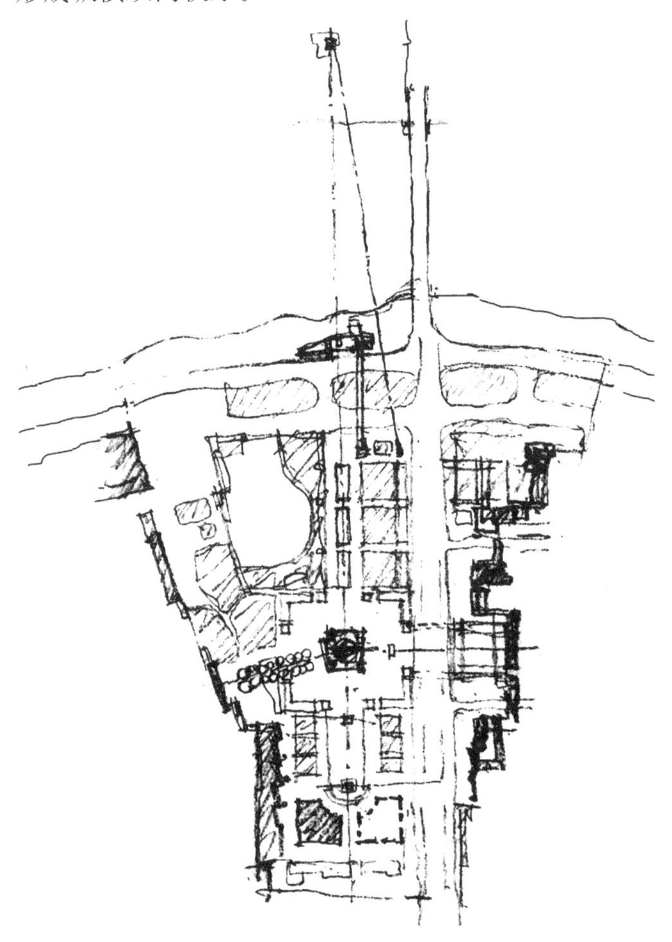

构思阶段方案总平面草图

3. 完善阶段

大的构思确定后，余下的工作是对它的充实和修正。相当数量的配套设施和小品要考虑，为此我们在规划中增加了作为轴线南向尽端的对称建筑和环廊、广场上的国旗、两侧的彩旗、雕塑墙、主体建筑、倒影池、报亭、日晷、跨路栈桥、旱船以及纪念碑、座椅、照明器具等元素，这些内容大大地丰富了广场的空间层次。主体建筑的塑造和完善是整个广场城市设计成败的关键，因为它不仅起到统帅区域空间环境的作用，也将成为"双岸特征"中南岸城市形象的标志。我们的原则是：主体建筑的把握既要"虚化"，又要"控制"。前者是以整体的通透与光洁来映衬这个大背景，后者则是要在建筑上充分体现它在区域环境中的位置，以"虚化"的高大体量来控制全局，以达到预想效果。

完善阶段城市剖面图

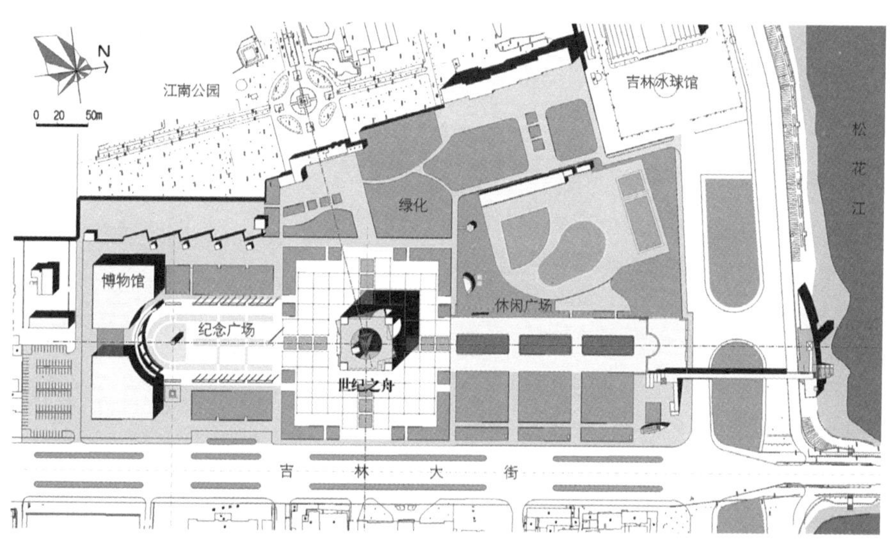

完善阶段广场规划图

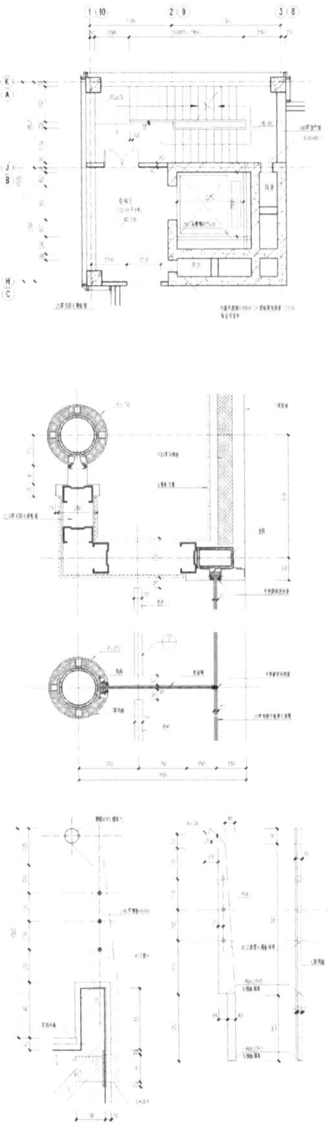

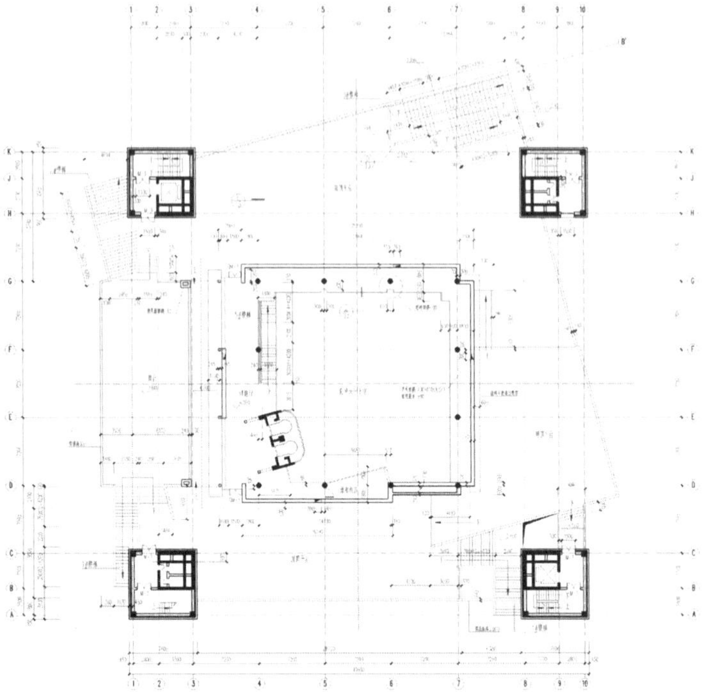

世纪之舟二层平面施工图

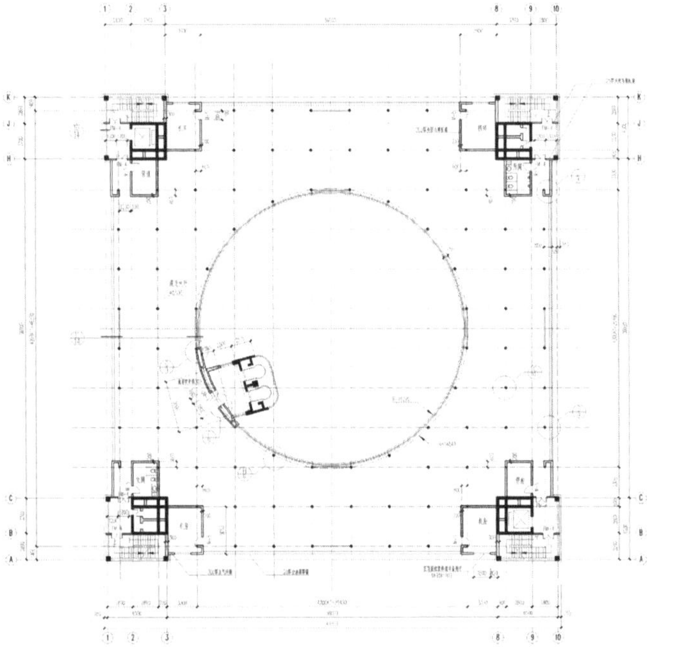

主要节点图

完善阶段电脑图

世纪之舟观光层平面施工图

技术完善：技术创作在完善阶段的反复推敲，使得创作思想最终得以实现。在完善阶段对一些特殊要求甚至微小的细部的技术设计也是创作成败的关键。把握这一环节的前提条件是设计上的精细和提供准确的施工图，现场技术问题的处理也显得很重要。

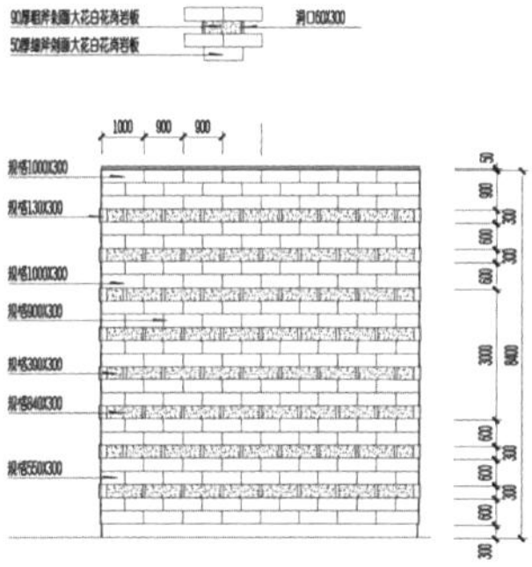

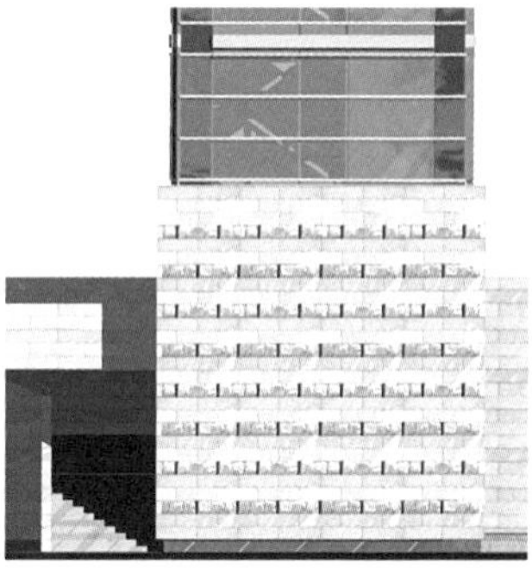

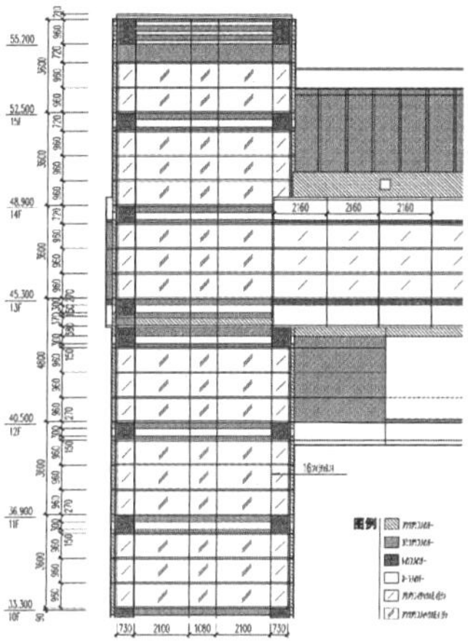

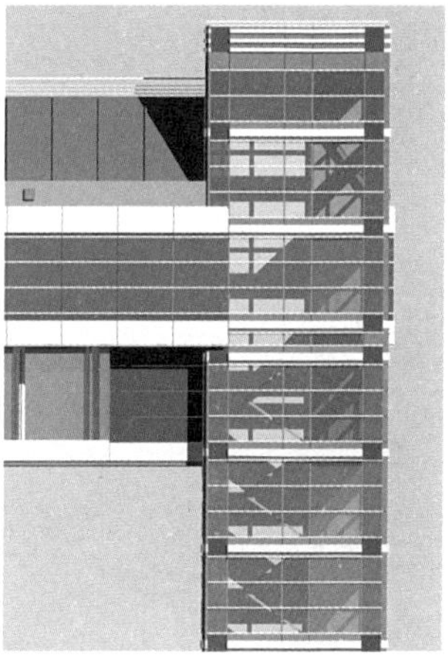

完善阶段计算机模拟图
与建成照片比较图

世纪之舟完善阶段外观效果图

世纪之舟建成后外观照片

历史与现实的城市意向——教堂与标志建筑的空间序列

建成的主体建筑与城市空间环境

休闲性广场空间环境

江南公园一侧空间环境

纪念性广场空间环境

站在观光层看建成的腾飞之舟

城市寓意——腾飞之舟

巨舟雕塑悬挂节点

一层室内建成照片

观光层室内建成照片

融入寒江雪柳中的世纪之舟

主 持 人：张伶伶
规划设计：李国友　徐洪澎
建筑设计：黄　勇　赵伟峰　袁敬诚　石海波
设计建造：2000年
占地面积：22hm^2
合作单位：吉林市规划局
负 责 人：赵化敦　夏朝旭

四、大海边的小房

因项目缘故，我们有机会去了辽东的海滨城市葫芦岛市，这里要在大海边建一座海洋气象站。

准备阶段的现场调研照片

1. 准备阶段

考察现场：建设区域的自然景色优美，辽阔的大海，平坦的沙滩，茂盛的植物……深深地感染着我们，初次印象颇为深刻。虽然到过渤海、黄海和南海海滨，但这儿的自然景观更具北方海滨的特色。蜿蜒千里的海岸线起伏多变，金色的沙滩像一条长龙令人惊叹，自然景色给人一种震撼与冲击。

发现问题：我们的探索性构想源于对这种特定环境的理解，以海域、沙滩、植被为大背景来思考我们的建筑。由于特定环境的大背景，我们对建筑的处理显然不同于以往，更不宜过分的“粉饰”。即使我们面对的是一个300多平方米的小房子，仍需认真思考，探索着前进。

用地的地形现状图

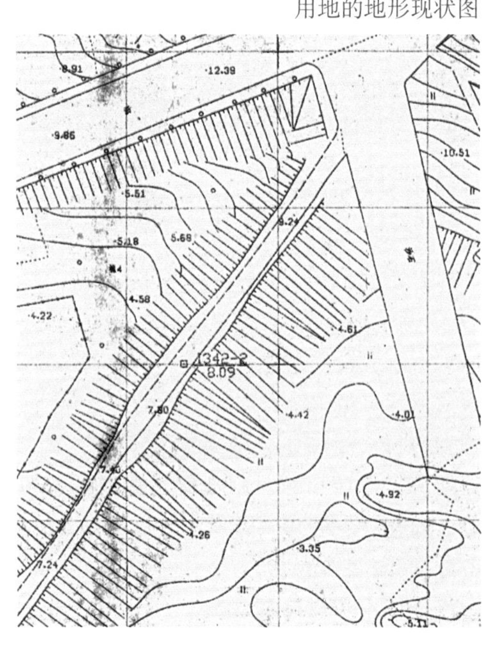

初步意向：建在海域、沙滩和植被的背景下的建筑，我们着重强调建筑形态的多变化、多角度的视觉状态，虽只有300余平方米，也应在体量上“打碎”，以不同的体量造成一种多维的形态，满足在自然坡地状况下的适应性。建筑本身也积极利用穿越坡地的台阶和室外平台、观测场地造成一种通透感和轻巧感。多变的视觉感受产生了新的意味，更易于接近自然，消除了房子与自然的紧张感和生硬感。

海域、沙滩、植被成为思考建筑的大背景

“破碎”的形体构想

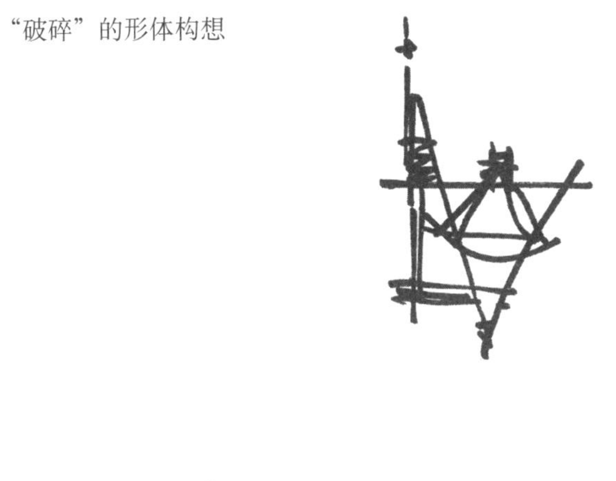

冲突关系

自然关系

构思阶段图式思考

2. 构思阶段

打破秩序：在建筑处理上，我们首先关注由自然关系产生的不同角度的线和网格关系，尽量强调一种角度上的变化，这种“网格化”是形态上的要求，在特定环境下具有积极意义。同时我们必须重视海洋气象站的功能约束，这种特定要求不仅应满足其合理性，也应满足形态上的变化，两者的结合得到了一种契合。自然形成了一种“无秩序”，而这种“无秩序”恰恰是特定环境下的一种追求。

在特定的背景下，经过分析后，“非理性”的成分占据了主导地位，表现在形态组织上的“无秩序”。在建筑整体上，利用不同角度的变化，创造出一种突变的感受和强烈的视觉效果，赋予建筑以动感，表现在建筑“无序”的整体与自然环境的相互交融、协调共生。

重构秩序 :“无秩序”和“非理性”只是相对的，建筑功能逻辑仍然贯穿于整个构思过程中。多变的秩序给功能带来了重要影响，这里需要创作者认真的努力，将其功能划分成合理的状态，实现形式与功能的统一。

第一，由于海洋气象观测工作全天候的特殊性及其技术性要求，即使在面积较小的限制下，也要达到一定的高度。这种高度的要求与 3 米高差的斜坡地形相结合，使我们找到了功能与环境契合的切入点。各种标高平台、屋顶的设置，恰恰满足了用于观测的多视点、多层次的技术要求 ；第二，在顶部独立设置的小体量的观测室三面临海，全透视弧形幕墙，取得最佳的观测视角和高度 ；第三，观测室下面的两层则以基座的形态“嵌”在坡顶和坡底之间。这种处理使建筑整体得以“分解”，各部分并列、交叉、重叠，形成一个多体量对比的“破碎”的形象，从而保持了道路与海岸线的通透性 ；第四，建筑各个方位虚实截然不同的处理，一方面对应于建筑形态上的“无秩序”，另一方面也是建筑“非理性”设计理念最直接的表达。

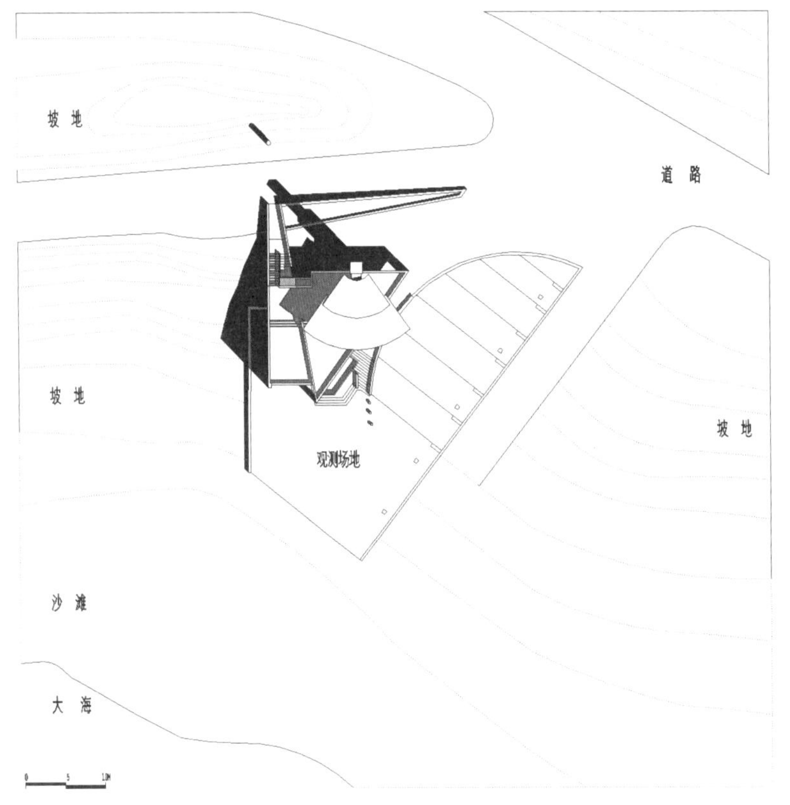

总平面图

完善阶段计算机平面图

厨房
休息室
库房
活动室
坡地
沙滩
观测场地

-3.60m 平面图

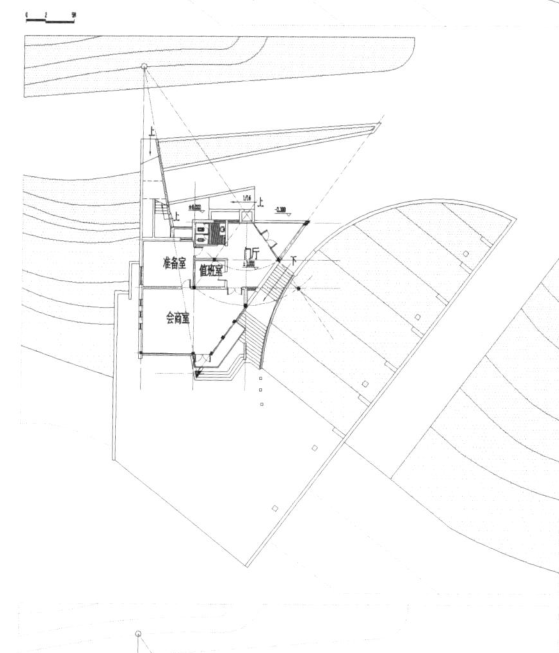

0.00m 平面图

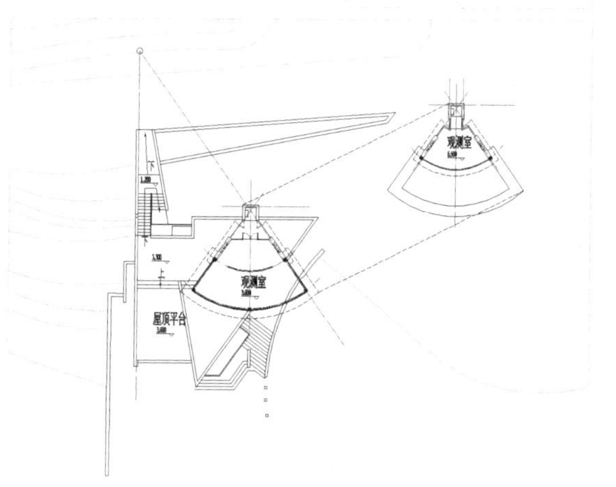

3.60m 平面图

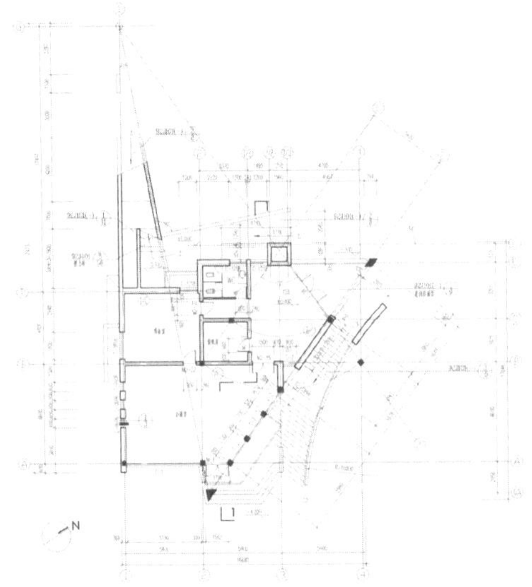

平面施工图

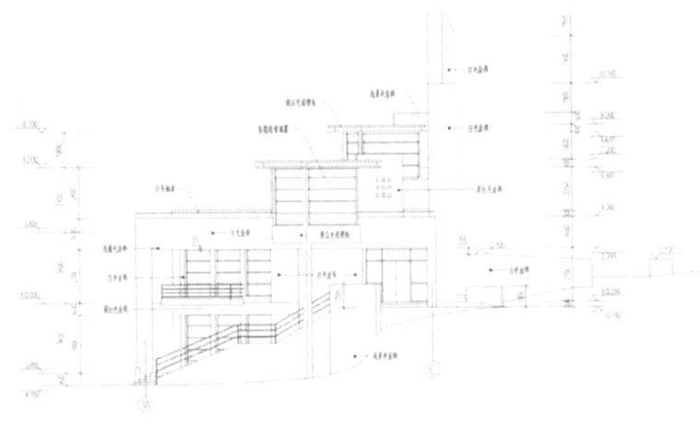

立面施工图

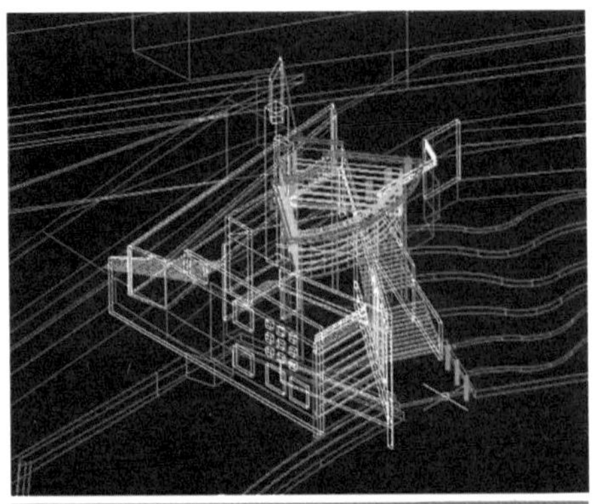

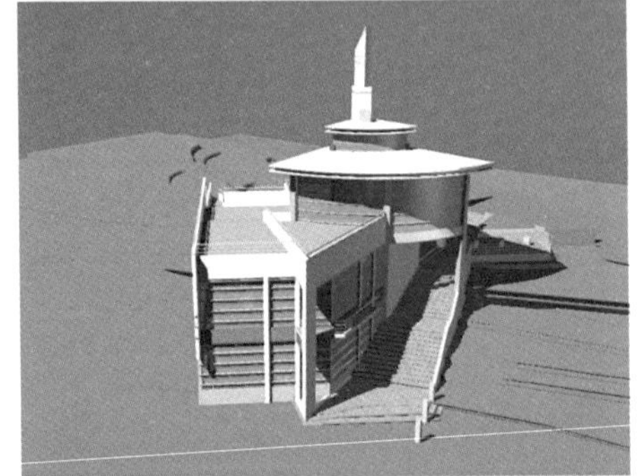

完善阶段借助计算机模型对建筑的形态、体量、色彩等进行分析，较好地实现了对思考的把握。

3. 完善阶段

细部完善：秩序的重构导致了建筑形态上的多视觉意味，呼应了自然环境的尺度和无规律性。在方案的完善阶段，这一主导思想在细部层面得到了加强，表现在对建筑细部语汇、构词、句法的分解和转译："九宫格"式的小窗，幕墙小尺度的窗格划分、墙体内阳台的凌空凸显，室外形态各异的开敞坡道和楼梯与平台，为避免厚重感而"分解"成的双挑檐等等，都使得建筑形象更加小巧灵活，耐人寻味。

建筑细部的特殊处理，使建筑尺度进一步缩小，达到了与自然的平等对话，也实现了建筑的“破碎”。

海洋与观察站

树木与小房子

掩映在自然环境中的“无序”与“破碎”的小房子

主 持 人：张伶伶
规划设计：袁敬诚
建筑设计：黄　勇
设计时间：1998年
建筑面积：353m^2

五、城市生态谷

2002 年夏，怀着对北京申奥成功的喜悦，我们参加了北京 2008 年奥林匹克公园规划设计竞赛。规划用地位于北京城市中轴线的北部延长线上，占地 1135 公顷。用地分为 A、B、C 三个区。

由于项目本身的特殊性，使我们在准备阶段就耗费了比以往项目更多的时间和精力。一方面是现场勘查范围大、条件复杂；另一方面要对厚厚的设计任务书深入理解，对许多以前没有接触到的未知领域广泛收集资料；但更重要的是要对诸多复杂信息进行整理和分类，在头脑中理清头绪并不容易。在准备阶段积极思考的基础上两个关键问题首先明确了下来，即原有城市中轴线的延续和生态主题的确立。

初期的构思并不顺利，有近一个月的时间进展缓慢，几个构想都不满意，却又一时发现不了问题所在。记不清多少次讨论以后，我们发现：缺乏从更宏观角度的整体思考，落入所谓的“主要问题”的陷阱是关键所在，一张概念性的草图使大家茅塞顿开，带来了构思阶段的第一次飞跃。

概念草图

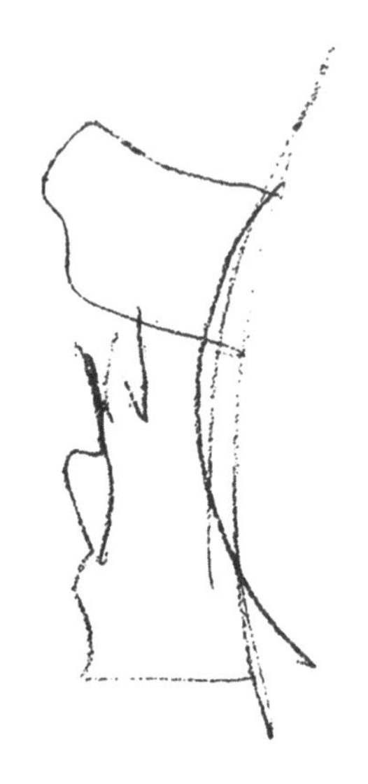

构思阶段草图

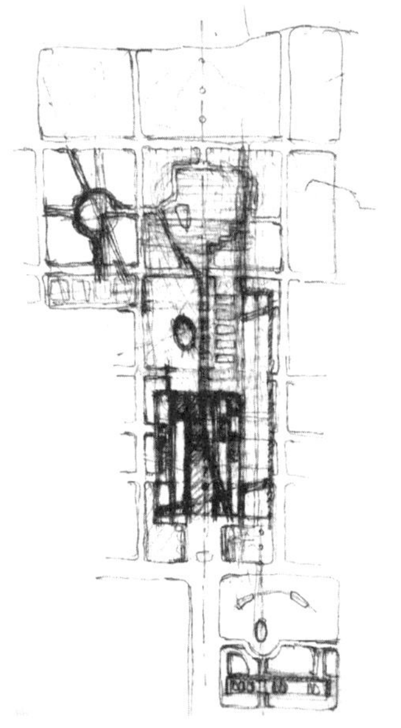

a. 初步意向尚未形成

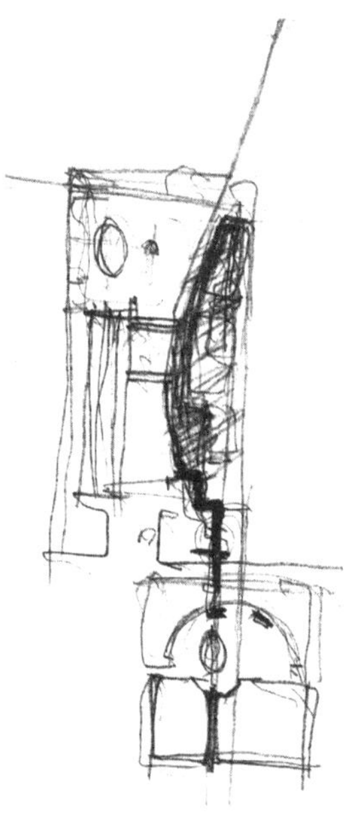

b. 第一次飞跃的构思草图

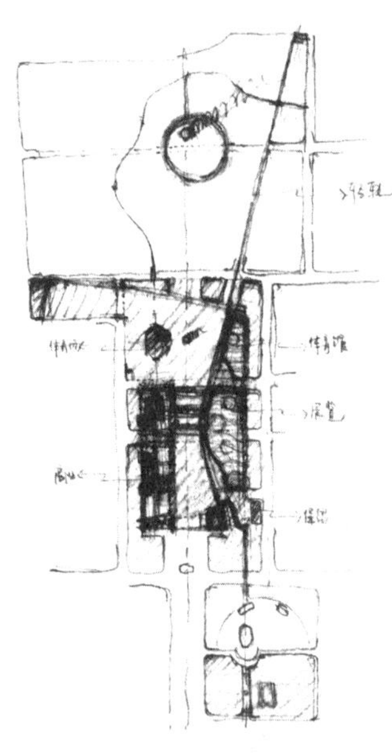

c. 初步意向的完善草图

应该说，带来第一次飞跃的概念性草图还不能算是一个明晰的初步意象，但其创造性地达到了对问题的深层认识，明晰了宏观目标，直观地指明了下一步的设计意向。虽然接下来的工作也不能说是一帆风顺，但以此为基础构思一直沿着正确的方向不断推进。几轮讨论以后，我们以“奥林匹克山”为主题的设计构想得到了大家认同，设计意象初现端倪，设计构思迎来了第二次飞跃。

接下来，以初步意向的整体把握为基础，方案构思逐渐丰满起来。

整体：把 B 区内的主体建筑群作为巨型地标来处理，为了解决与 A 区和 C 区之间的衔接，用舒展的曲线将三者贯穿成为有机的整体。

轴线：以“元大都遗址公园、喷泉广场、‘生态谷’前区、圣火广场、‘生态谷’后区、纪念广场、森林公园远山”形成轴线景观序列，作为原有城市轴线的延续和强化。

生态：把城市边缘的绿化引入区域内，以形态丰富的水体和植被为主旋律，使“奥林匹克山”的构想得到进一步强化。B 区中沿街道两侧放开，留出大面积的绿化广场，草坪中部劈开“峡谷”，表皮上设置大大小小供“呼吸”的圆洞等具体的构想也逐渐明晰。

构思阶段草图

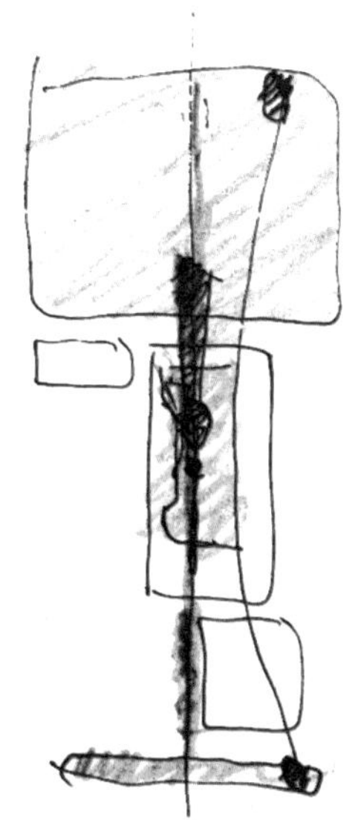

d. 第二次飞跃的构思草图

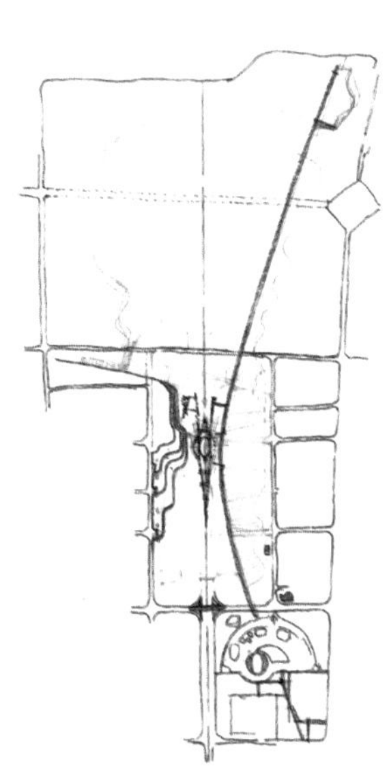

e. 强化“中心”草图

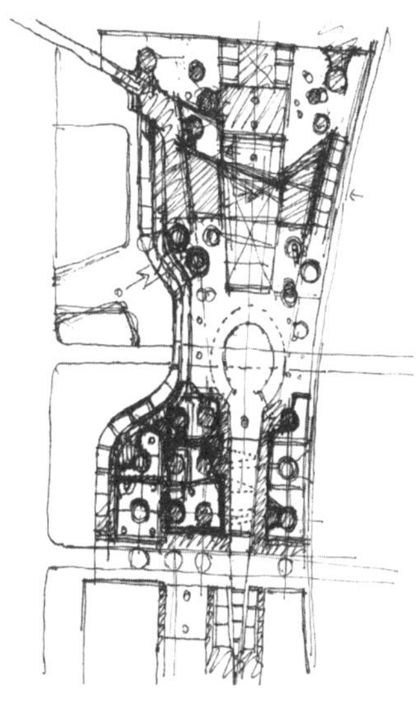

f. 有针对性局部构思草图

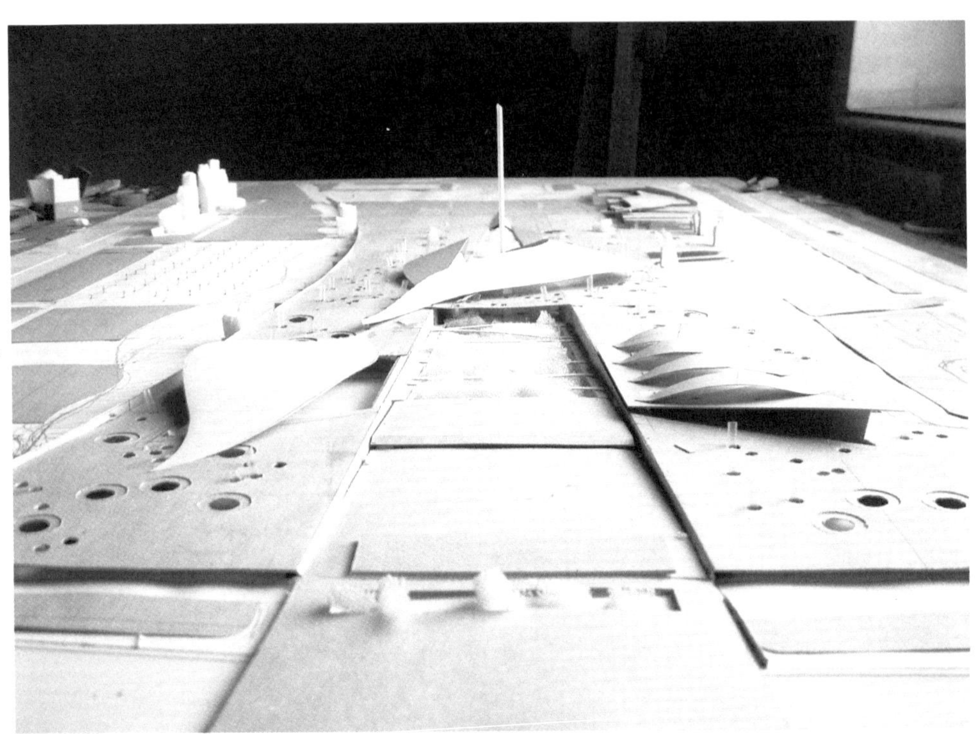

完善阶段用纸板制作的工作模型

在整个方案逐渐进入完善阶段的时候，又一个难题出现了，即如何处理好主体育场、游泳馆、会展中心等几个大体量建筑与生态主题的矛盾。这虽说只是一个局部问题，但我们觉得“这个小问题可以直接关系到整个方案的成败”。与构思初期的迷惘相比，解决一个比较明确的次级问题显然要容易一些，很快“绿叶”的构想带来了方案的第三次飞跃。将几个大尺度建筑的屋顶设计成自然的“叶型”，主体育场看台流线型的棚顶更是向下弯曲，最后与草坡衔接。至此，大尺度的屋顶不仅没有激化矛盾，反而成为体现生态主题不可缺少的点睛之笔。

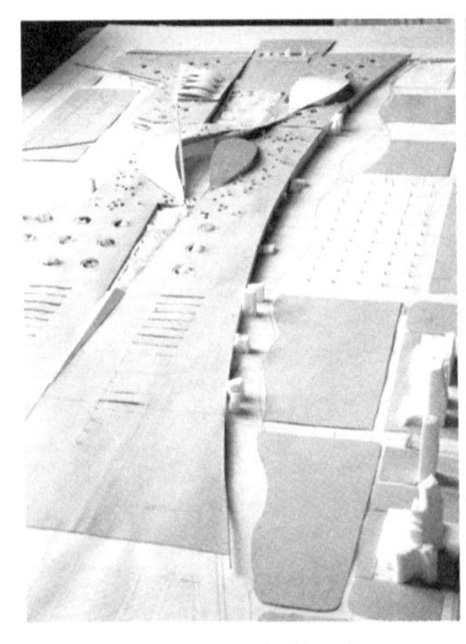

a. 全景工作模型

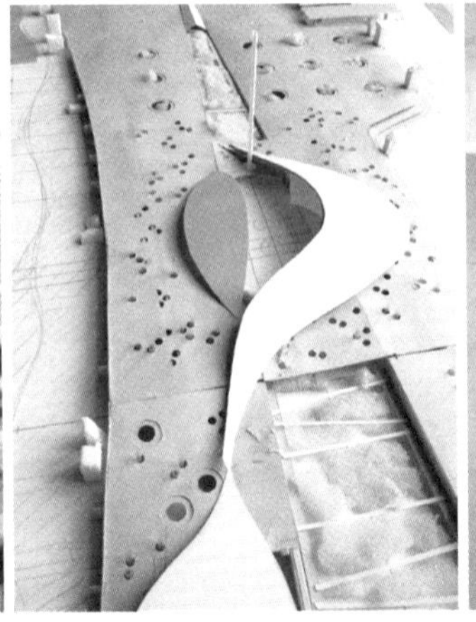

b. 主运动场工作模型

c. “绿叶”屋顶会展中心模型

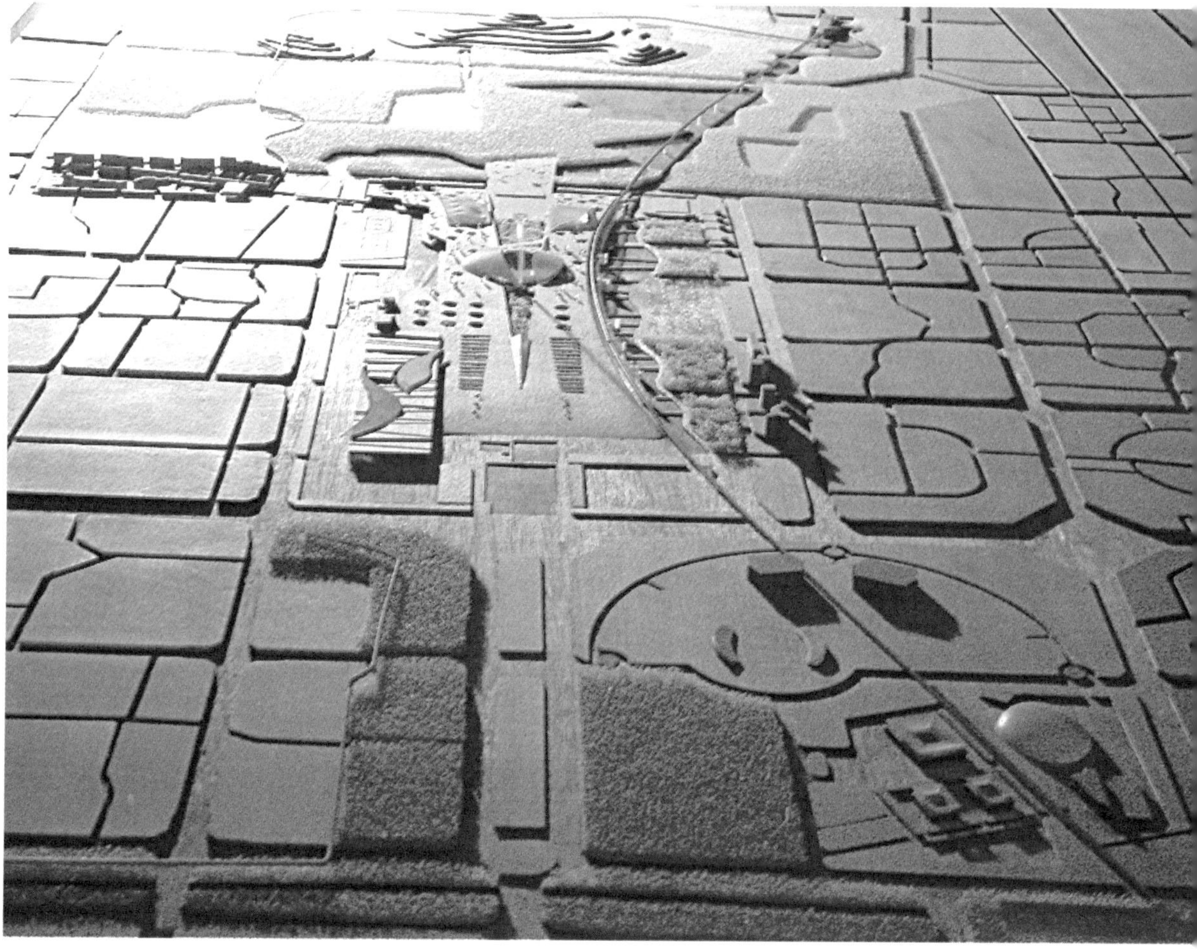

这是完善阶段的成品模型。作为一种设计结果的呈现，成品模型制作虽然更为精细、准确，但与工作模型所表达出的设计意图，却是完全一致的。

目前，竞赛早已落下帷幕。回想最初，我们只是抱着参与的态度，可喜的是取得了不错的结果，在参赛的众多国内和国际优秀方案中获得了第五名。能取得这样的成绩固然使我们兴奋，但对于我们每个人来说更重要的是从那个艰苦而又充满乐趣的创作过程中受益匪浅，同时较为充分的佐证了我们的思考方法与工作过程。

完善阶段的计算表达

设计时间：2002年
主 持 人：张伶伶
设 计 人：黄 勇
赵伟峰 李光皓
潘海迅 刘万里
黄 锰 于 鹏
于毅夫
规划面积：1135hm^2
合作单位：总装备部
设计研究总院
负 责 人：侯军祥

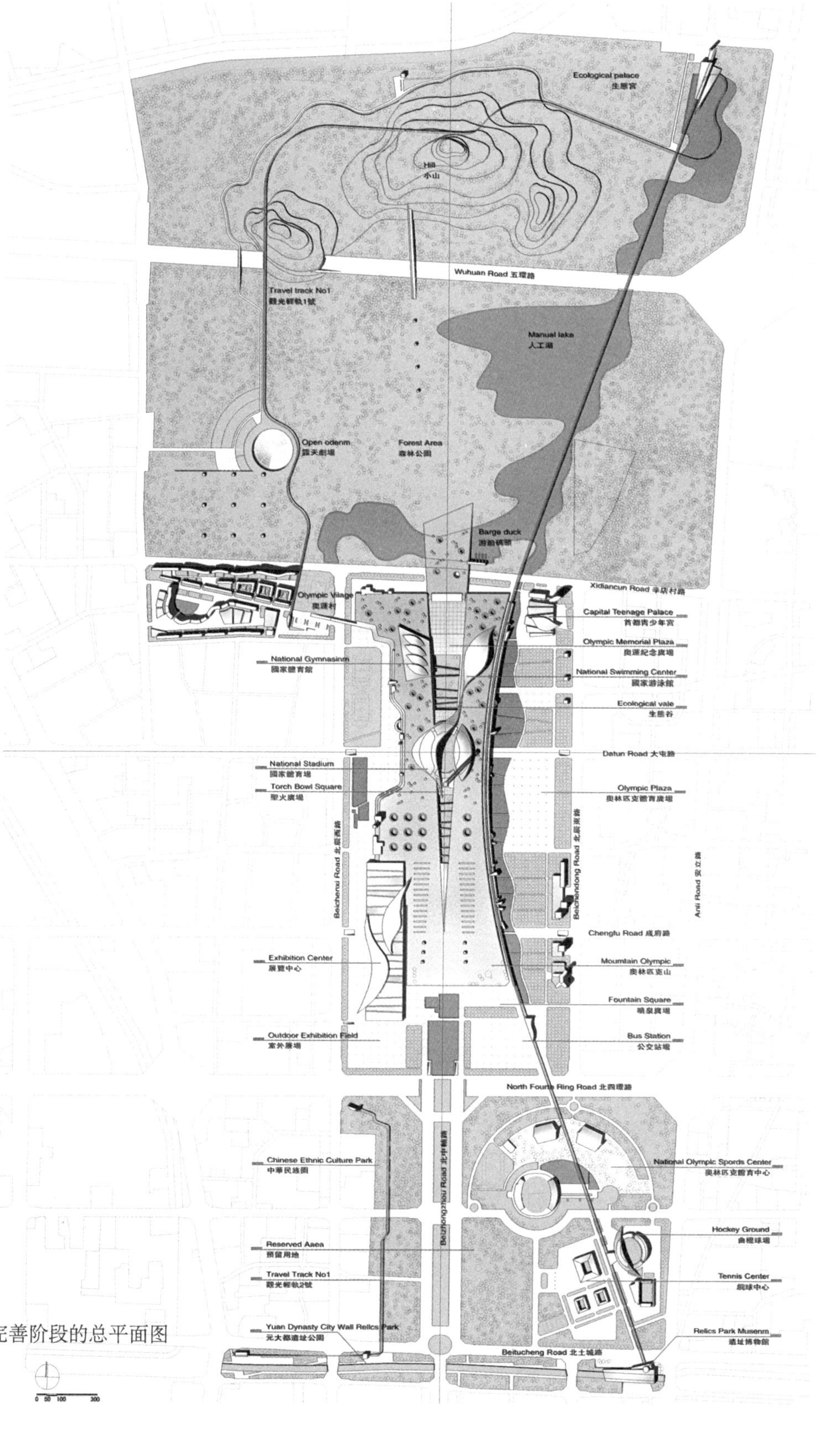

Ecological palace
生態宮
Hill
小山
Wuhuan Road 五環路
Travel track No1
觀光輕軌1號
Manual lake
人工湖
Open odenm
露天劇場
Forest Area
森林公園
Barge duck
游船碼頭
Xidiancun Road 辛店村路
Olympic Vilage
奧運村
Capital Teenage Palace
首都青少年宮
Olympic Memorial Plaza
奧運紀念廣場
National Gymnasinm
國家體育館
National Swimming Center
國家游泳館
Ecological vale
生態谷
Datun Road 大屯路
National Stadium
國家體育場
Torch Bowl Square
聖火廣場
Olympic Plaza
奧林匹克體育廣場
Beichenxi Road 北辰西路
Beichendong Road 北辰東路
Anli Road 安立路
Chengfu Road 成府路
Exhibition Center
展覽中心
Moumtain Olympic
奧林匹克山
Fountain Square
噴泉廣場
Outdoor Exhibition Field
室外展場
Bus Station
公交站場
North Fourth Ring Road 北四環路
Chinese Ethnic Culture Park
中華民族園
Beizhongzhou Road 北中軸路
National Olympic Spords Center
奧林匹克體育中心
Hockey Ground
曲棍球場
Reserved Aaea
預留用地
Travel Track No1
觀光輕軌2號
Tennis Center
網球中心
Yuan Dynasty City Wall Relics Park
元大都遺址公園
Relics Park Musenm
遺址博物館
Beitucheng Road 北土城路

0 50 100 300

完善阶段的总平面图

六、自然中的缝隙

吉林市松花湖是国家级风景旅游区，她以秀美的自然风光每年吸引着大量的中外游客。拟建的风景区管理处与大门位于群山环抱，绿树成荫的自然环境之中。基地范围内，地势由西向东逐渐升起缓坡，通向风景区的道路从基地中穿过。除了景区大门和1000余平方米的管理用房外，业主没有对我们提出过多的要求。

项目从基地周围的制约条件到业主的要求看似十分宽松，这是平常设计中很少遇到的，却并未使我们感到轻松。相反，当我们第一次来到现场面对着优美的自然风光时竟有些不知所措了。人造物将以怎样的姿态存在于自然中呢？带着这样的问题我们一次又一次来到现场勘察、记录、拍照，体会自然环境的独特性格。在风景区的驻留和体验，使我们在准备阶段之初就决定抛弃“概念中的大门”的常规模式。虽然它在头脑中的思路还很不清晰，但我们已感觉到处理好人造物与大自然的关系将成为这个项目中的关键所在。

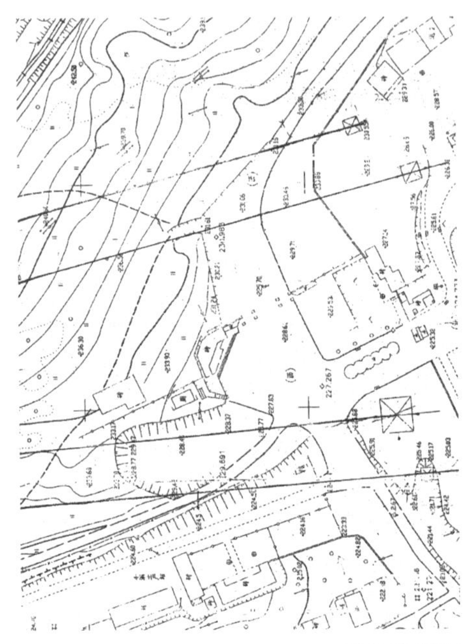

用地地形图

两条高压线紧贴用地穿过

准备阶段现场调研照片

通过对人类自身"环境问题"的反思，对传统风景区大门设计的思索，对基地环境的分析，我们先做出了宏观的构想：从生态观出发，以"谦卑"的态度面对自然；摒弃传统风景区大门的设计概念，变阻断人与自然的闸门为引导人们通向景区的"自然的缝隙"；从环境出发，使建筑单体成为自然环境的有机组成部分。

我们最初构思了三种处理方案，并把每种方案都做了工作模型反复进行比较研究。经过讨论，我们逐渐明确了最初的意图：把管理用房作为大门的主要构成要素处理成曲线型的形体，最大限度地减小了人造物对自然环境的不利影响，从而使传统意义上的大门空间发生了本质的变化。管理用房曲线型的形体顺应着山路的走向，其南侧具有自然特色的踏步和平台也迎合着山势的起伏，二者共同作用使得入口广场具有了贴近自然的尺度感，同时也使传统意义的"阻断式"大门空间变成为"引导式"大门空间。

b

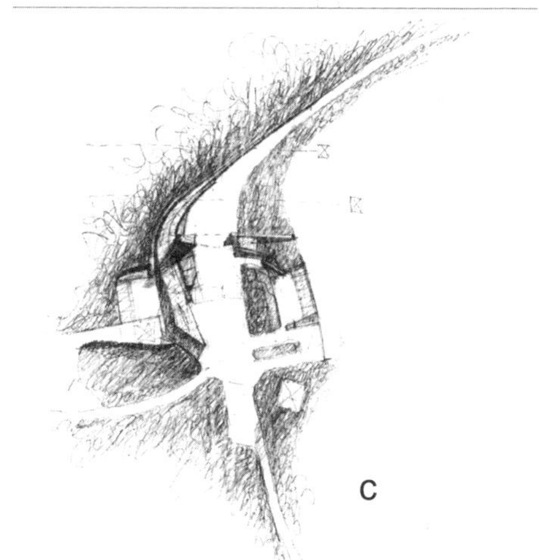
c

a

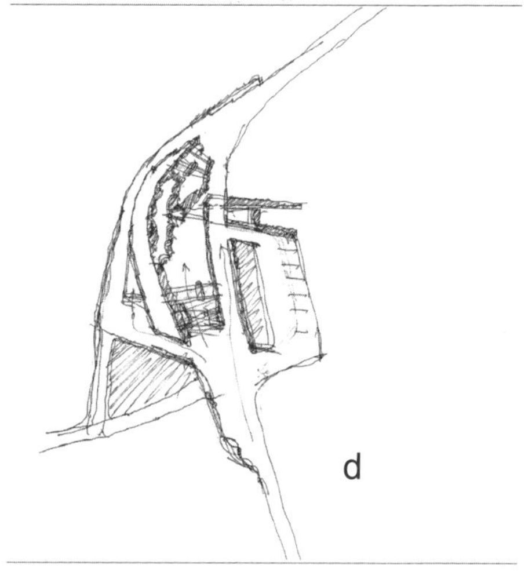
d

构思阶段的草图表达

草图反映了构思从早期的模糊意向到后期方案逐渐清晰的过程

已经清晰化的构思阶段草图

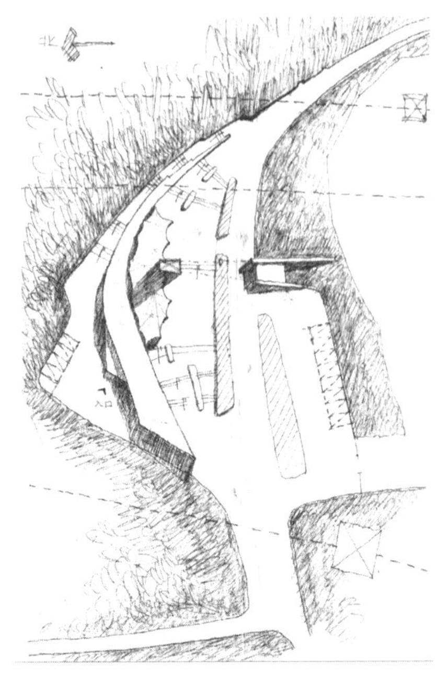

构思阶段简易的工作模型

思维过程中的工作模型是用纸板切割而成的，薄膜则用拷贝纸示意，方便快捷，有效地推进了思维的进程。

模型制作：孙冰峰　朱晓明

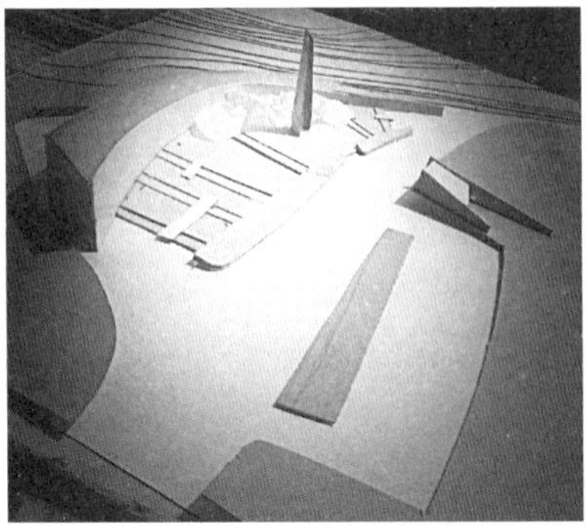

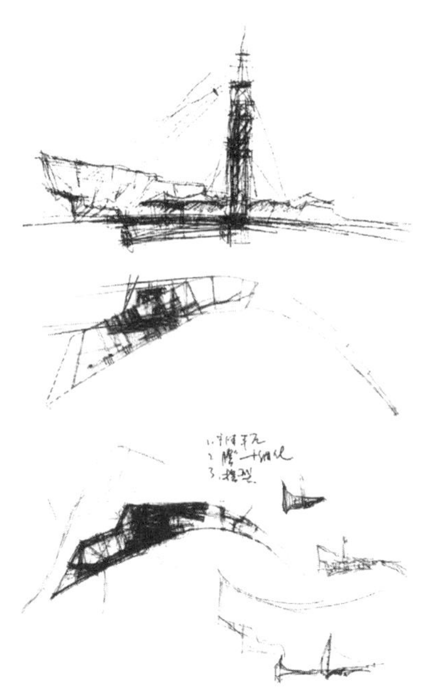

建筑形体构思草图

形体处理：管理用房的曲线形体由西向东逐渐降低，最后与山势融为一体，犹如从山体冲出的巨石；平台中部耸起的标志塔采用两片削尖的“片岩”，尽量减小体量以求与环境协调；而在两者之间张拉的白色薄膜则有着自然环境中的白云寓意。

内部空间：利用原有地势的高差变化，灵活设计室内标高，大量采用天窗采光，塑造具有自然情趣的室内空间。背向“大门”一侧，自然风光优美，采用大面积的玻璃幕墙，使人在办公室内就可将自然景色尽收眼底。

运用电脑模拟的建筑形态

随着方案构思的进一步深入，我们接下来的思考重点逐渐转移到技术性问题的处理上，即如何才能把建筑的结构选型、构造处理、材料选择同最初的构想一致起来。在膜结构的选型过程中，我们通过计算机的帮助对十几个方案进行了比较研究，最后选定的方案在结构合理的同时，姿态更显轻盈飘浮且与原构思最为贴切。此外在标志塔的尺度推敲和细部处理，膜结构同管理用房的构造连接，外饰面的质感和颜色的选择等一些问题的研究中，我们也利用计算机反复进行比较，以使“自然的缝隙”构想得以实现。

管理用房大部分墙体采用当地产的石材砌筑，使得“巨石”的构想得以延续；标志塔采用表面粗糙的混凝土，既能体现时代特征，又可以与自然环境相协调；在“巨石”与标志塔之间的膜结构也以其轻巧飘浮的特点与自然环境很好的融为一体。同时，现代材料与自然材料的强烈对比增强了大门的标志性。

完善阶段的电脑绘制的一层平面

采用当地石材的弧墙

不加修饰的混凝土高塔

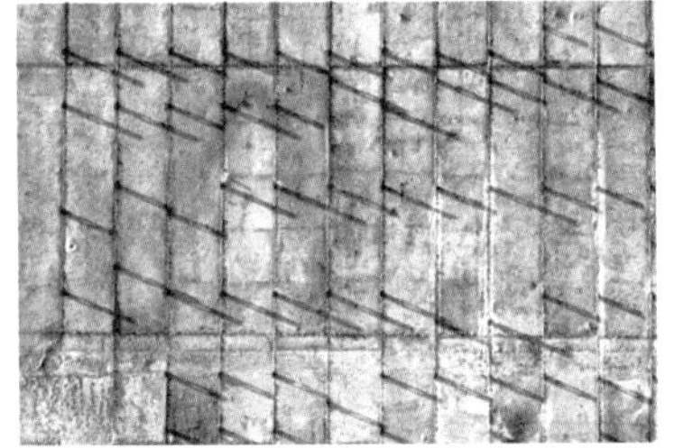

松花湖大门建成后整体形象

主 持 人：张伶伶

设 计 人：赵伟峰　李辰琦

设计建造：2001年

占地面积：7800m^2

建筑面积：1100m^2

七、城市之脉

辽滨新城核心区城市设计是我们按照思维过程和表达所进行的一次有益的尝试。

项目位于国家辽宁沿海经济带战略的中心区位，是辽宁沿海经济带中的核心区域，规模较大，功能多元，其复杂性和重要性要求我们着眼于新城整体布局和未来发展双重因素。

面对这样的复杂性课题我们更多强调的是整体上的控制与把握，更多关注该区域在整个城市中心的位置而非其本身。虽然项目用地多是滨海滩涂，外界因素和可借用资源有限，但我们在准备阶段还是没有放弃微小的细节。我们开拓视野，从更宏观的城市尺度去分析问题。当我们把更多精力用在对前期战略规划的理解、认识和研究的过程中，新城的滨海临河，水系交融，植被的特征还是能够被提取出来，脑海中的环境即富特色，又有灵气。

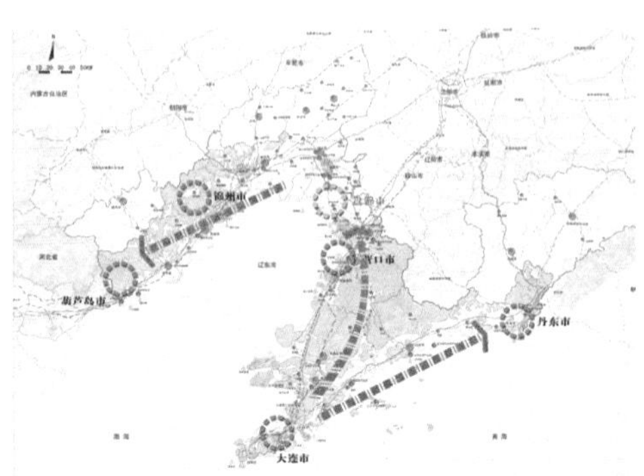

辽宁沿海经济带发展格局

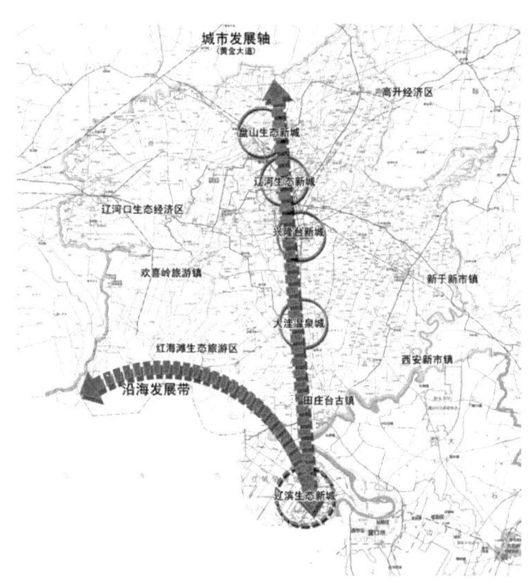

城市空间发展格局

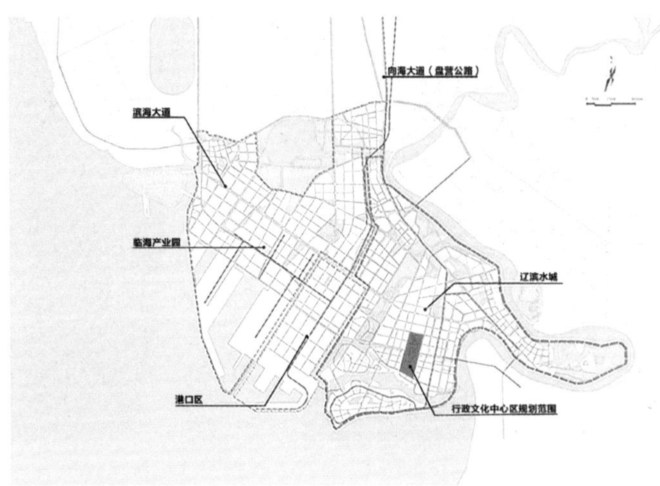

规划用地范围

在这样一种“人活天地间”的情境之下，那种整体性、控制性和丰富性的城市公共空间才是为人而存在的。尽管它具有国家战略实施基地的功能，有新城建设的时序触媒作用，有自身的布局要求，但这一切都须建立在一个更大的概念之下。虽然准备阶段的多次现场踏勘和实地调研，让我们领略了海河交融的壮美，但是整体控制一直是我们的思考主线。

有了上述准备阶段的工作和定位，我们围绕城市之脉这样的宏大尺度开展工作。经历了概念草图、构思草图、方案草图和模型分析的多方案、多尺度、多手段的分析比较，使城市之脉逐渐清晰成形，仿佛一个孕育的成熟过程，尽管有曲折和反复，总体上说是一种自然流畅的过程。我们所打造的城市之脉在九公里长的城市主轴和两平方公里的用地范围得到了发挥和舒展。

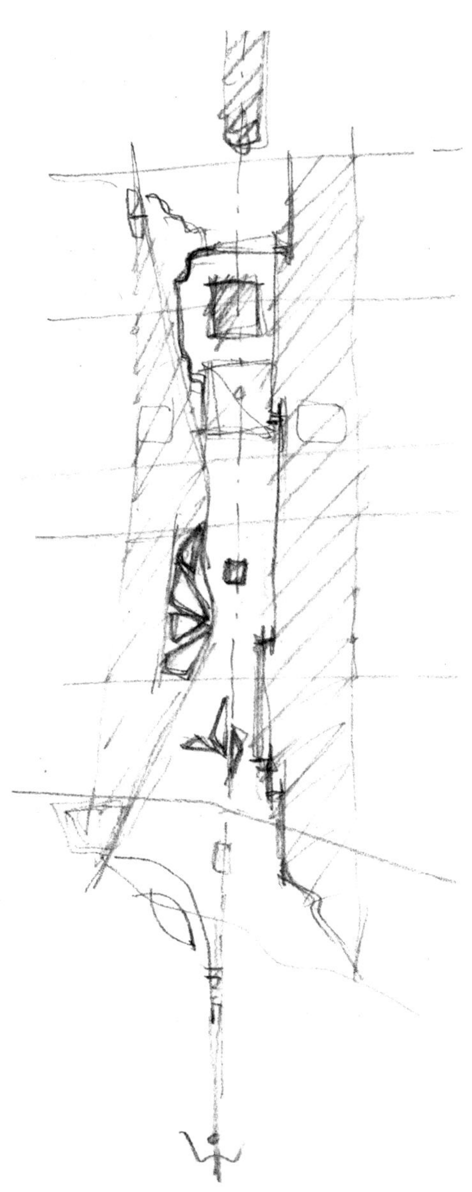

构思阶段的概念草图

轴向序列——以自由收放的城市界面塑造由内湖至陆地的富于变化的开放空间，构筑了城市景观主轴，五个轴向建筑景观节点，两个滨水休闲和商业拓展的轴线空间序列；

山水网络——引入灵动水系，构筑于城市格网之中，塑造山、水、林、绿、海五种自然景观，使绿林与大海连接在一起，形成巨型都市绿毯；

均质空间——以网络化、院落式、均质性的空间布局整合商务办公区、文化商住区、滨海休闲区三大功能区，凸显富于变化的城市轴向开放空间。

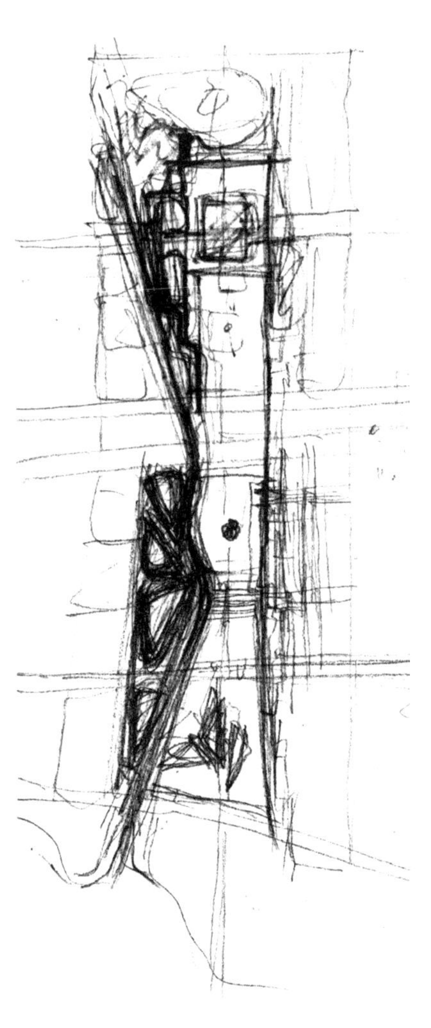

构思阶段的深化草图

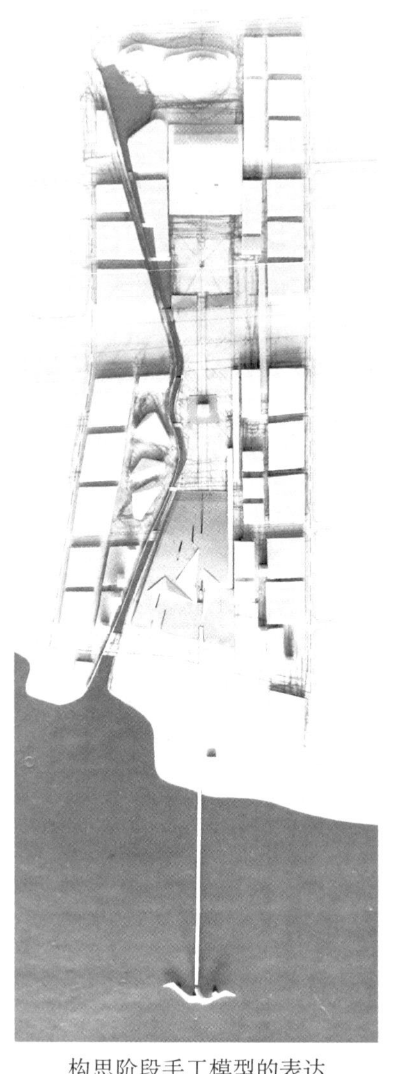

构思阶段手工模型的表达

构思阶段的分析草图

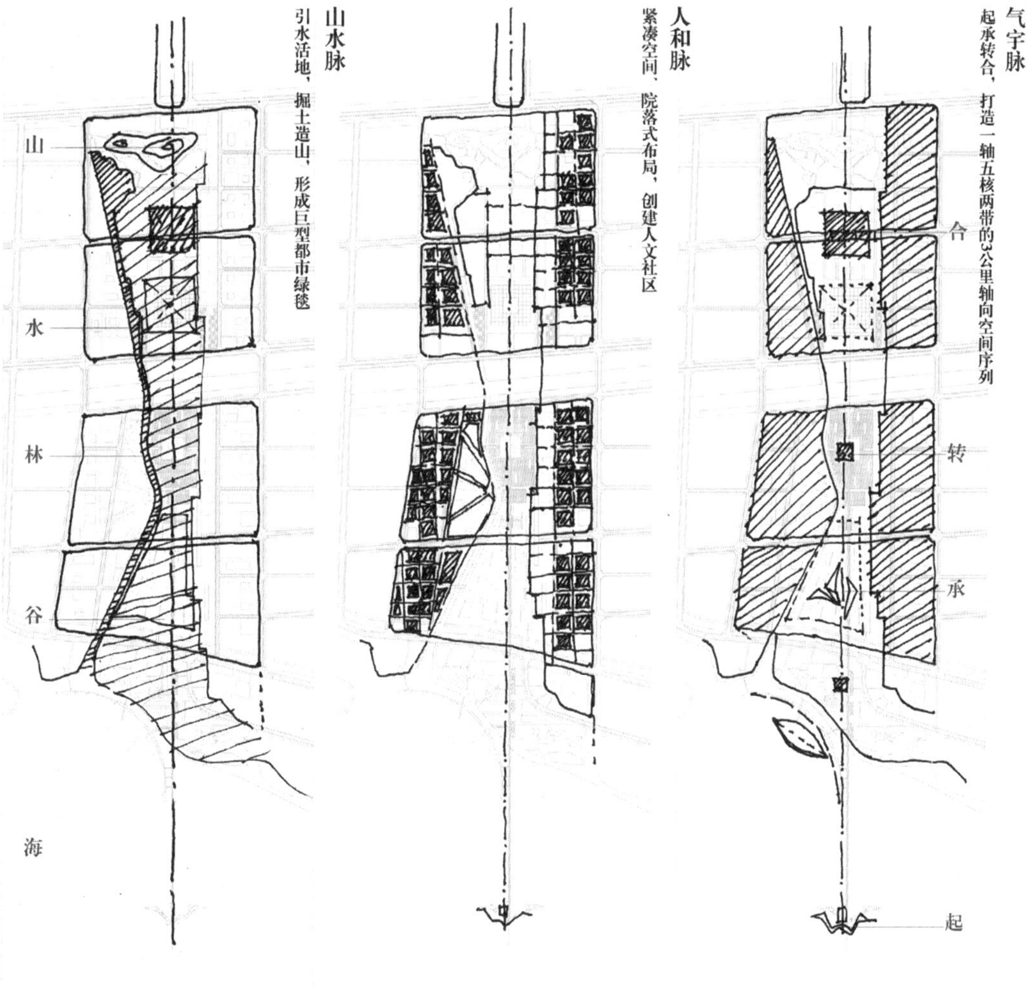

山水脉

引水活地，掘土造山，形成巨型都市绿毯

山

水

林

谷

海

a

人和脉

紧凑空间，院落式布局，创建人文社区

b

气宇脉

起承转合，打造一轴五核两带的3公里轴向空间序列

合

转

承

起

c

我们在完善阶段，不仅对核心区的城市设计和空间形态，利用各种手段进行了探讨，对核心区中涉及的分区问题、功能问题和技术问题均一一做出了回应，至少确保该方案在实施之前已具整体雏形，而这种雏形又恰恰是完善阶段的最好阐释。

我们除了深入研究新城中心区的功能性问题之外，更加关注核心空间节点的塑造。综合运用草图分析、模型研究与计算机模拟等设计手段，在总体方向控制下，把握节点空间的个性塑造与整体协调之间的平衡。

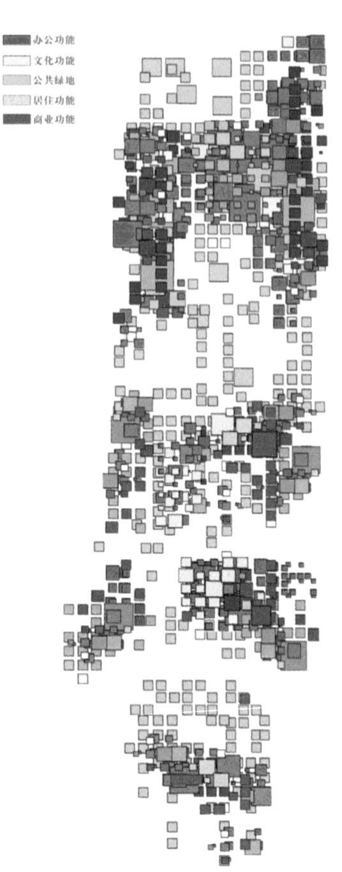

完善阶段城市空间功能复合分析

完善阶段城市空间要素分析

a. 城市绿地

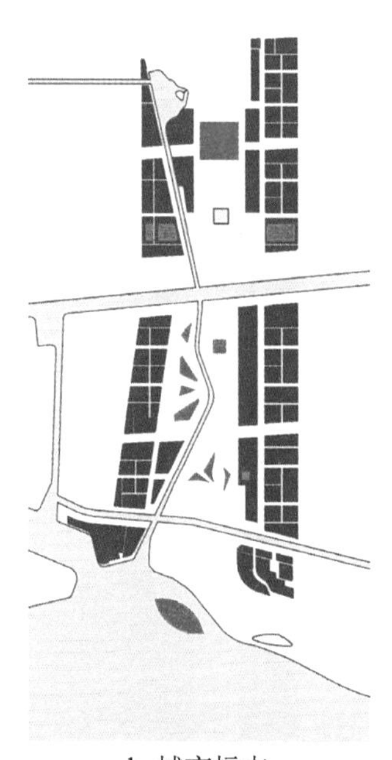

b. 城市标志

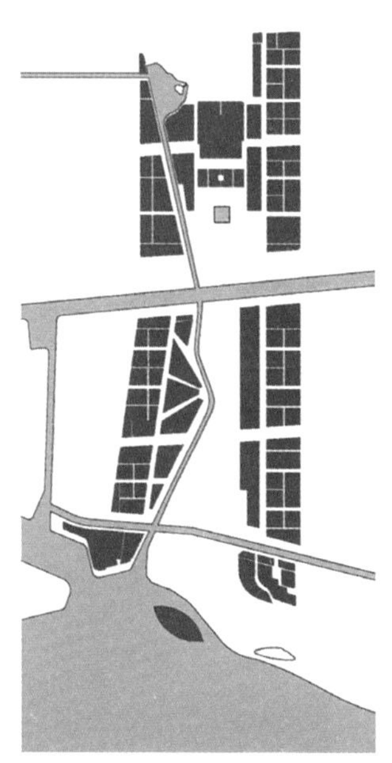

c. 城市水系

商务中心——背山面海，以水绿相映的市民广场为衬托，以夸张尺度和巨构体量塑造轴向核心景观；

城市展馆——以天圆地方理念，创造雕塑化形象和独特空间体验，在一片绿荫之中，营造静谧之所；

丹陛桥——架空的二层步行通道，强化城市轴线空间，形成直达海滨的连续空中步行体系，使人们体验轴向序列景观的婉转流动；

演艺广场——大剧院、音乐厅和科技馆组成，以金色巨石为母题，傍水而生，错落有致，形成统一整体的形象，塑造独特的城市景观；

文化中心——整合博物展示功能与商业休闲功能，依托生态覆土技术，消解建筑体量，形成面朝大海的大地艺术景观；

锦凤舟——作为轴向空间序列的起点，采用了“锦凤掠波”的寓意，超尺度延展的观海平台如锦凤伸展双翼掠过烟波浩渺的海面，在高耸入云的观光塔的映衬下愈显神秘与飘渺。

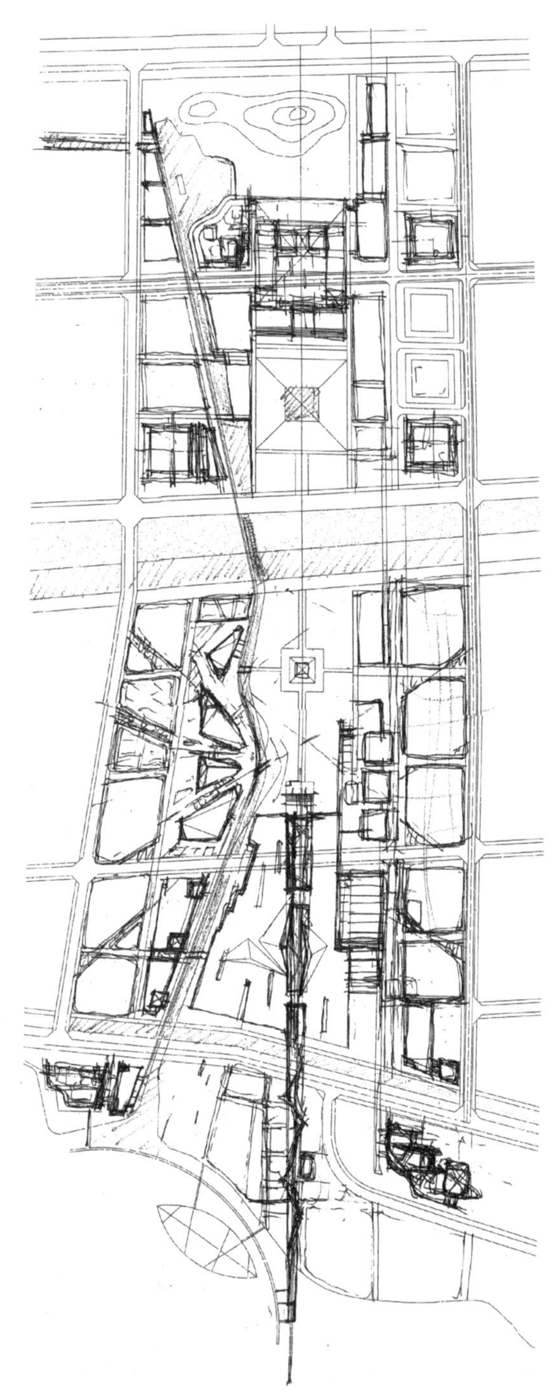

完善阶段草图

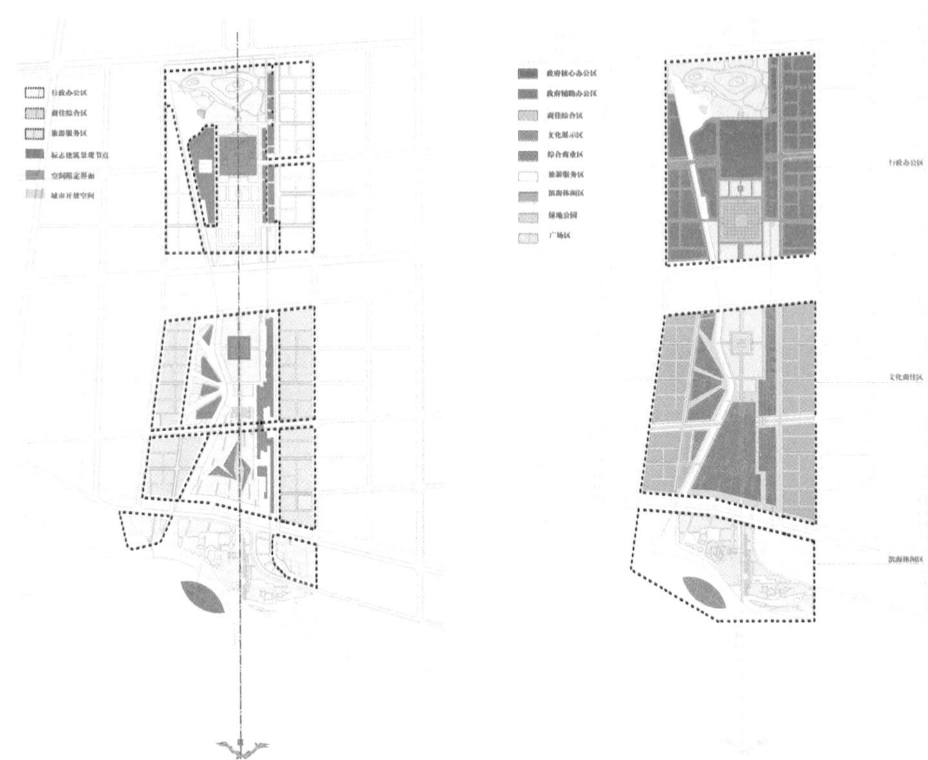

完善阶段城市空间结构分析　　　　完善阶段城市功能结构分析

完善阶段的模型表达

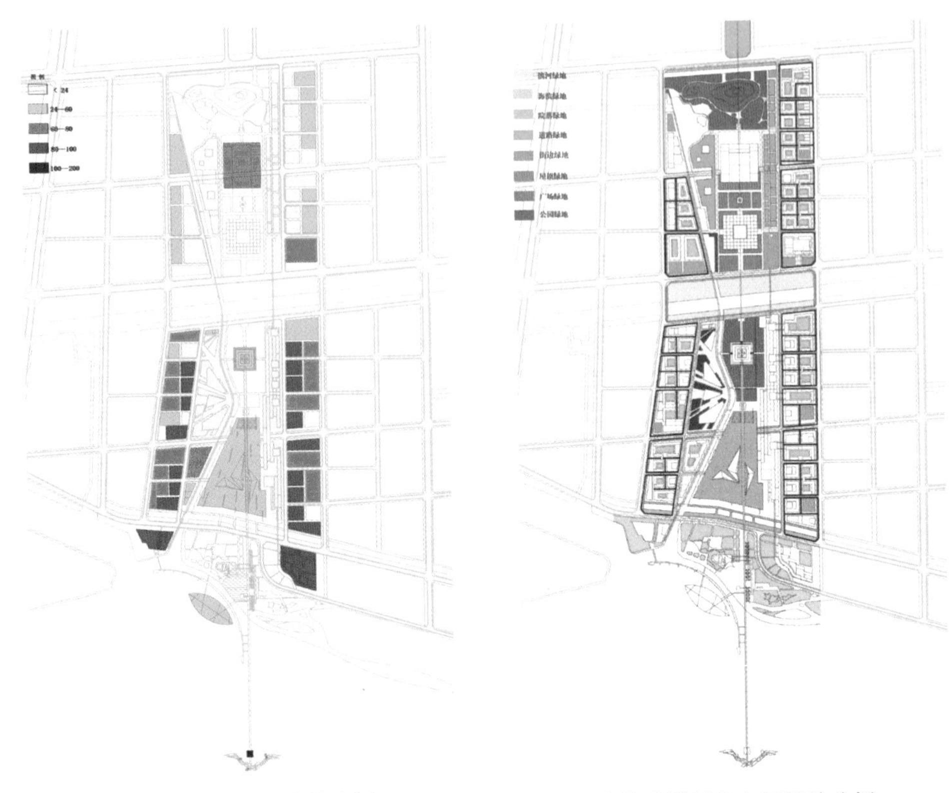

完善阶段建筑高度控制分析　　　　完善阶段城市空间绿地分析

完善阶段城市空间的计算机模拟

完善阶段的总图表达

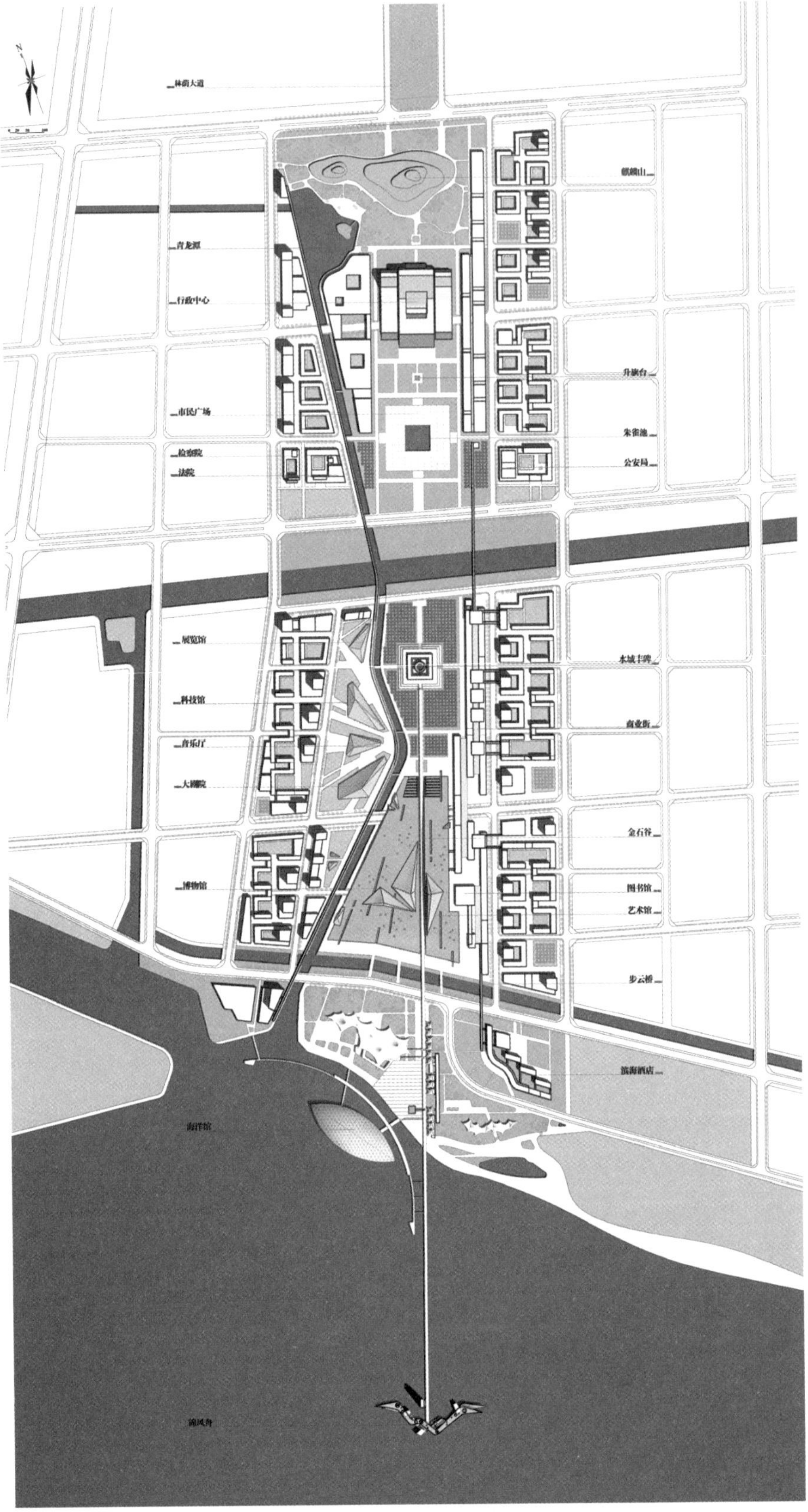

林荫大道
青龙涧
行政中心
市民广场
检察院
法院
展览馆
科技馆
音乐厅
大剧院
博物馆
麒麟山
升旗台
朱雀池
公安局
水城丰碑
商业街
金石谷
图书馆
艺术馆
步云桥
滨海酒店
海洋馆

设计范围：2km^2
设计时间：2010年
主 持 人：张伶伶
主要设计人：黄　勇　蔡新冬　王　靖　刘万里
　　　　　　张　帆　武　威　王　超

八、地域性的探索

保利文化艺术中心与五星级酒店的方案设计，是应邀参加的一次国际性设计竞赛。对于我们来讲，把它概括为一个关于地域性建筑的探索过程，则显恰当。

我们去勘察现场，时值哈尔滨最寒冷的冬季。穿过漫长、拥挤的城市中心，向北驶上松花江公路大桥时，我们的视野顿然开敞，清朗的天空下阳光遍洒，广袤的大地银装素裹，宽阔的松花江水面千里冰封，一片冰雪雕琢的世界。这是建筑所处的宏观环境给我们留下的最深刻、最直观的印象。建设场地正是在这样的氛围下，位于松花江北岸松北新区的入口处，南临松花江开阔的水面，西与哈尔滨市政府隔道相望，东向是沿江纵向延展的大片绿地，环境宽阔、开敞。场地临江一侧较北向高约 6m，平面呈不规则的线状。

特定的地域、场地和区位，启发我们去寻求创造与环境结合的建筑。这是创作的出发点，也是突破的机会所在。

基地区位关系图

基地现场照片

在多次去现场调查和细致的整理场地基础资料中，我们形成了这样的环境概念：①地域属性，基地位于寒冷地区，应创造富有鲜明寒地特色的建筑；②自然属性，濒临开阔的松花江水面，置于沿江无限展开的绿化中；③区位属性，位于哈尔滨松北新区的入口处，决定了建筑应具有与区位特征相匹配的标志性；④文化属性，文化艺术中心的功能属性，确立了建筑追求艺术氛围、强调便捷参与和展现文化活动。这种对创作背景的理解，对建筑初步意象的形成和方案的深化、完善，起到了极为重要的作用。在此基础上，我们首先进行了多个方案的探讨。

方案一　采用紧凑的整体布局，剧场、星级酒店等统一在一个巨大的流线体量之下，犹如一艘航船横卧在寂静的港湾。集中式的线性布局符合北方寒地的建筑精神，并完整地勾勒出沿江优美的天际线。

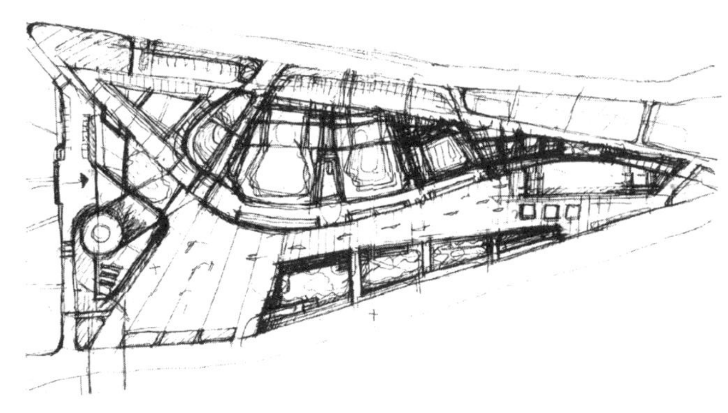

一号方案构思草图

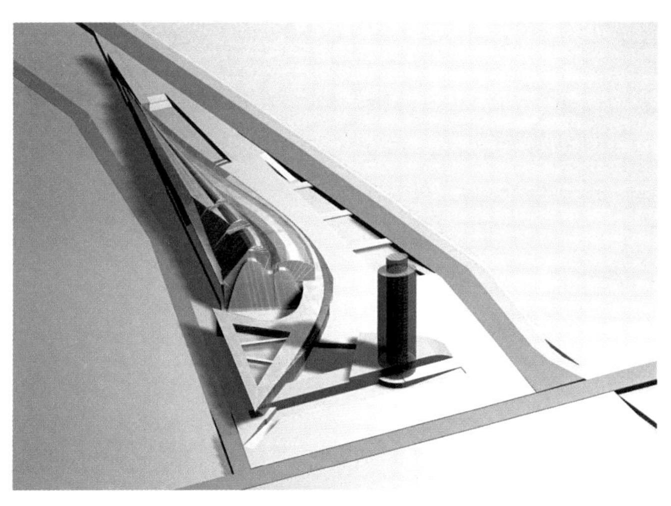

一号方案电脑体块模型

方案二 采用内向式庭院布局，建筑体量依靠中心围合的“室内街”来组织，创造以街为轴，以休息广场为节点的室内景观通道；“室内街”巧妙地组织各功能板块，并结合寒地气候特点；前广场呈迎合、开放的形态，两条具有导引性的连续渐变曲线连通室内外，创造了内外相融合的空间体验。

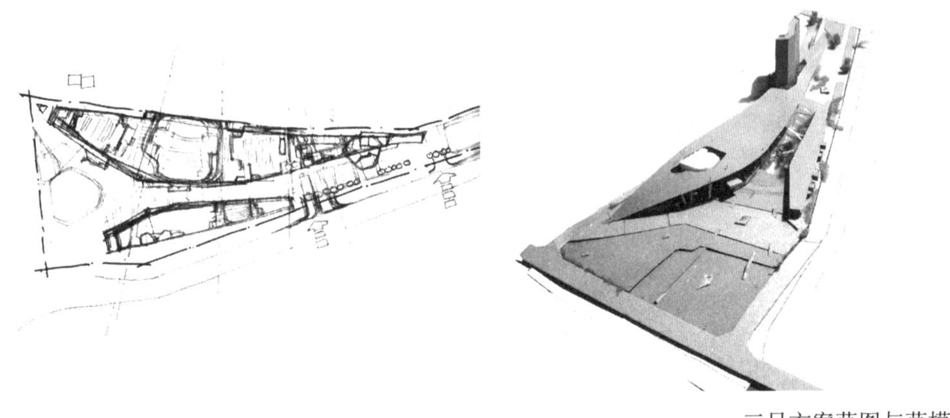

二号方案草图与草模

方案三 从江面上看建筑，是建筑意象生成的出发点。自然升起的酒店塔楼，突兀的大剧场，舒缓升起、自然转折的裙房，与大地有着最紧密的连接，建筑成为了自然变换的一部分。裙房外表以混凝土为主，粗朴的纹理上敞开着许多形态各异的孔洞，自建筑内散射而出的灯光，构成了松花江畔最动人的一道风景。

方案四 采取集中式总体布局，沿江一字展开。纵向延伸的体量，就象匍匐在水边绿树丛中的有机体；自然起伏的轮廓，则融入了山水之间；棱角分明、穿插有力的形体，坚实、厚重的表面，是建筑形态对地域的反映。形体转折简明有力的大剧场，宛如徜徉在江水中的砾石，发出急流撞击的乐声。建筑成为了大地的有机组成。

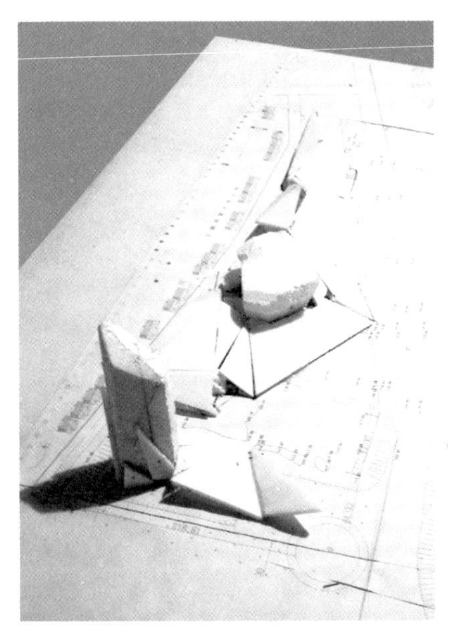

三号方案草图与草模

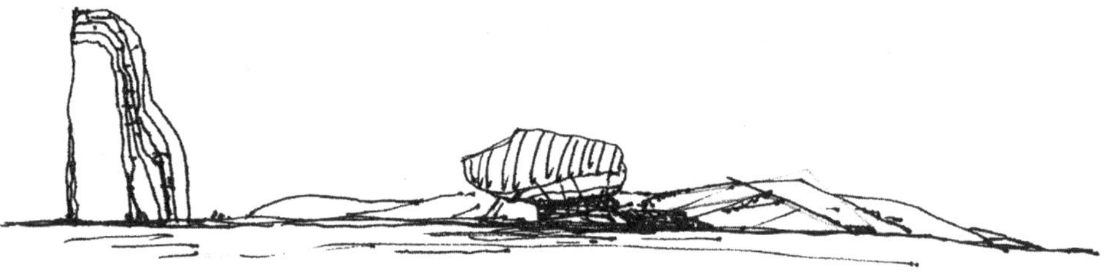

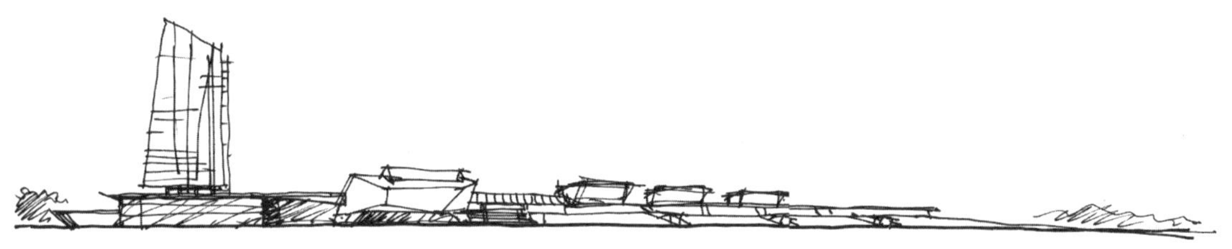

草图反映了四号方案逐渐清 晰的过程

在几个意象的探讨过程中，有平静的交流，也有激烈的争论；有清晰的把握，也有艰难的取舍；有突破的喜悦，也有不知所措的茫然……经过了一段时间的尝试、探讨，对环境的理解逐步加深，对创作目标逐渐清晰明朗，在此基础上我们形成了这次方案创作的基本理念：创造具有寒地特色的地域建筑，塑造具有自然生长形态的大地景观，提供多种途径的滨水体验，营建深远意境的文化之舟。

在充分利用草图、草模进行多方案比较的基础上，逐步确立了建筑的创作意象。而创作意象的明确和清晰，推动了方案创作的进程。

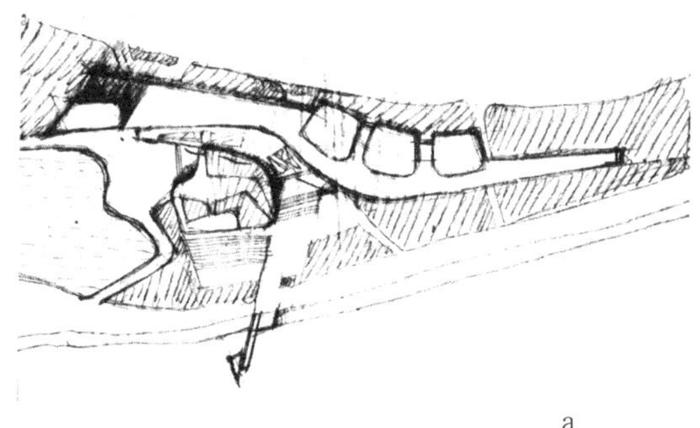

a

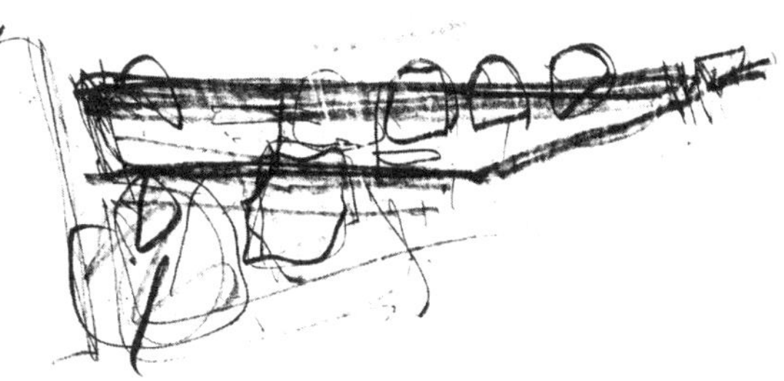

b

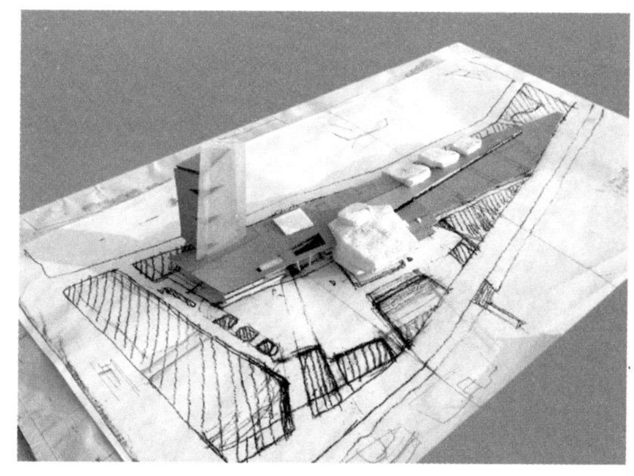

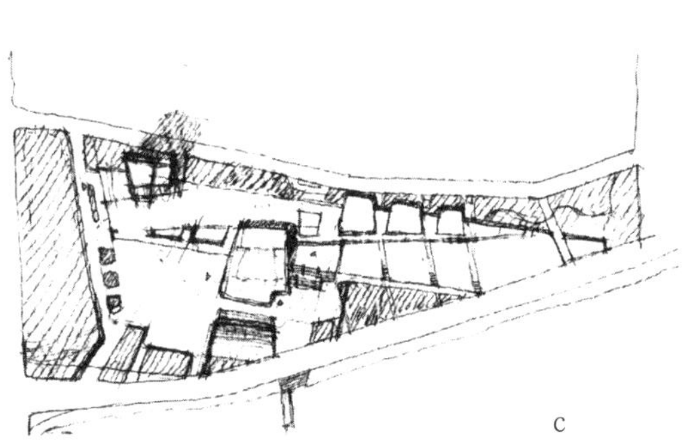

c

四号方案草图与草模

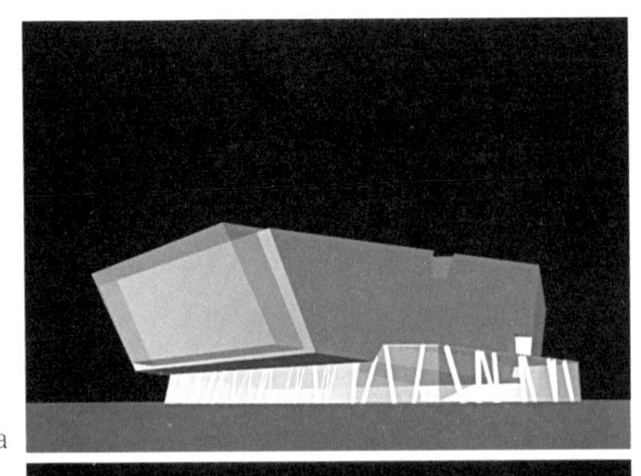
a

b

c

利用计算机来推敲局部建筑的形态

完善阶段

完善阶段工作主要集中在场地的深入划分、功能的完善、形体的深化、空间的组织、材质的选择、细部的推敲、技术的运用等。其中大剧场和酒店的形态推敲成了方案深化的重点，在这方面，我们又做了多个比较方案，直至最终形态的产生。

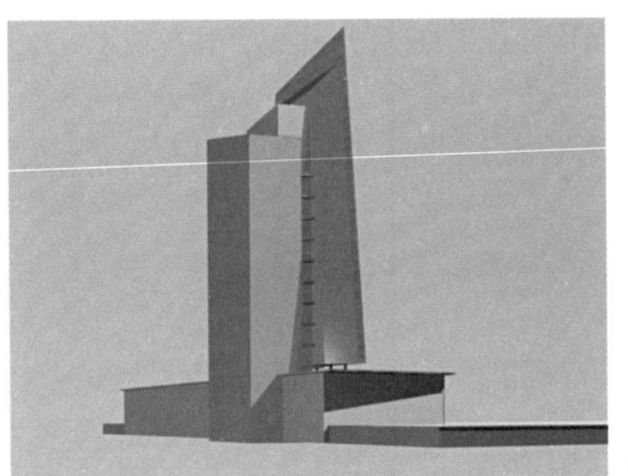
a

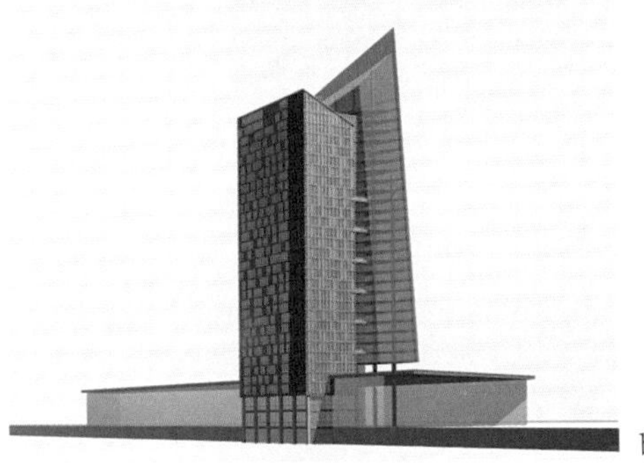
b

c

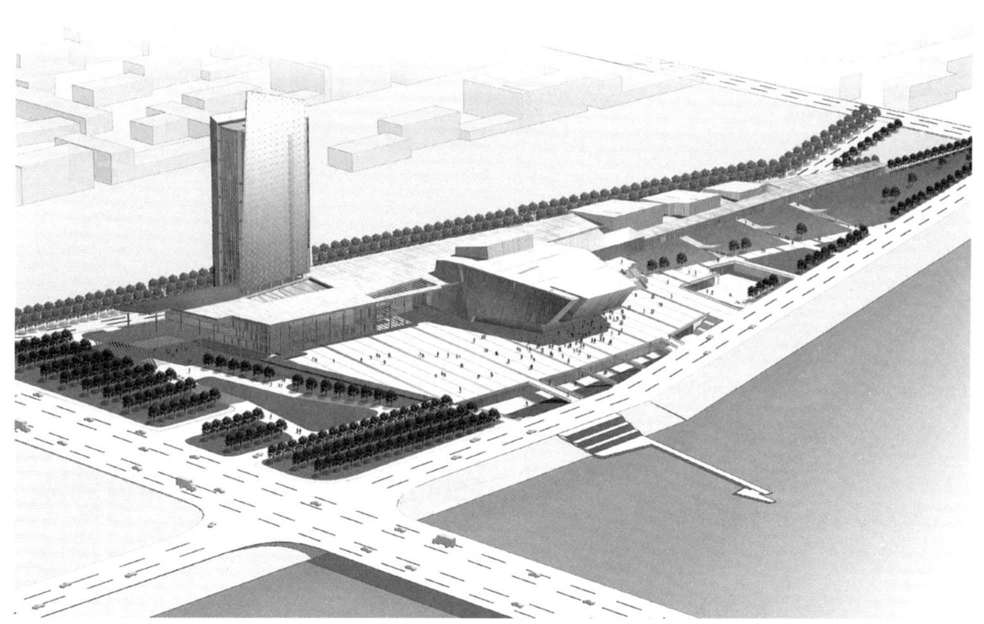
完善阶段的电脑模拟

方案完善阶段的表达性手工模型

主 持 人：张伶伶
设 计 人：夏柏树　袁敬诚　黄　锰
蔡新冬　刘万里　王洪涛
远　洋　焦　洋　兰　莹
于　洋　陈　雷　文　鹏
设计时间：2005年

九、新城的起始

方案的基地是中国北方一座沿海新城的重要门户。在通往规划新区的快速路上，设计师和大多数初次来到这里的人一样，透过车窗都在搜寻能代表它自身痕迹的影子，这也正是甲方要在这里建设一个城市入城标志的初衷。基地位于南北贯通的滨水生态带与纵贯东西从旧城通向新城的城际公路的交叉点上。基地占地近9公顷，东侧是一条主要的城际公路，西侧是直通新城的主干道，南侧则是城市次干道，被三条道路自然地划分成了三角形的形态。基地内部分为泥滩，部分为稻田地，并无太多的约束条件。经过反复的勘察现场，亲身体验、拍照、录像、记录，设计师最初的想法是保留基地原有的肌理，减少开发力度，加强人的参与性，设计一个形象突出的构筑物，使之成为沿路经过时人的视觉焦点。

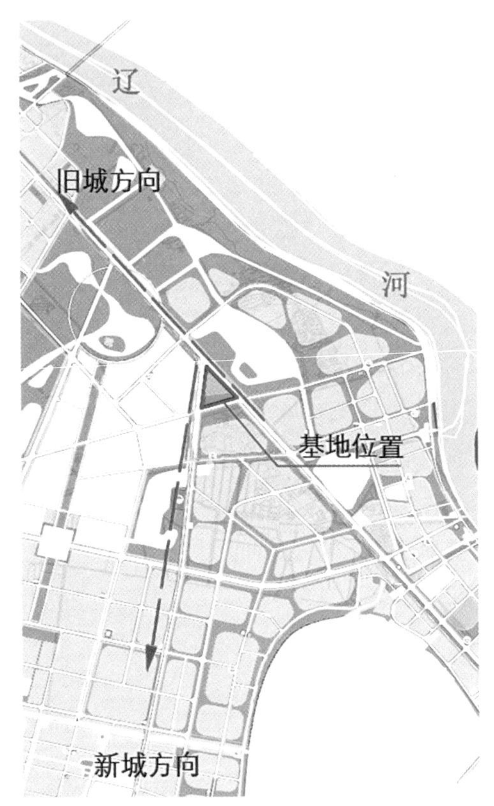

用地区位分析

基地现状

构思阶段的总体布局草图

基于这个目标，基地的意象被定位为以自然景观为主，构筑物为中心的整体设计。我们的构想是在车行交通较为繁忙的东侧和西侧道路的交汇点塑造中心构筑物，而在相对安静的南侧部分设置自然景观，设计部分尽可能不破坏原有的环境，构筑物要有与大地相连的意境。于是，在构思的初期，基地被分成了两个有区分又相互联系的部分，这种整体考虑的方案虽然只是模糊的想法，却已经明确了地景式景观的整体意象。

随着构思的深入，建筑师开始解决整体意象确定后的次级问题。首先决定利用场地内的原有的水系在北侧重新打造以水面为主的景观，以体现规划中“水城”的特点。在南侧，可供人步行的平台在水面和植物包围下，有机地组合到一起。在这个阶段，构思内容由模糊逐渐清晰，整体的空间布局已经完全确定，一些次级问题和矛盾得到了解决，可在景观细节和中心构筑物的形象上却似乎并不能令人满意。在理性分析和感性认识之中似乎还没有找到一个好的平衡点。

构思阶段的形态模糊的草图意向

直到树叶渐黄，秋日艳阳，芦塘生花，在基地周围的一片空地上生出一小片红色植被，这一小片红色随着秋天的进行犹如水彩墨汁在本是绿色的草地上晕散开来，最后竟成了红色的海洋。这就是当地著名的奇景——“红海滩”。建筑师由此受到启发——建成的标志物必须要与如此美丽的环境达成统一。中心构筑物被重新设定为可以融入“红海滩”的标志景观，形体上分割成几个三角形并有序组合，以便与基地形态相符；由一端升高的多个三角形体量组成了构筑物群，形象上犹如起飞的“红海滩”，接天连海；人行入口也选择由两个主要构筑物体量的中间进入；颜色上选择了与“红海滩”的红色相仿的颜色；南侧保留原有稻田的田埂，保有人们对原有基地的回忆。随着方案设计的深入，为不影响地景式景观的意象，带有城市休憩功能的空间被放在构筑物下方，入口、流线、材质、植被被精心设计，保持了最初的整体意象。

独有的红海滩景观

秋日里基地中的芦花

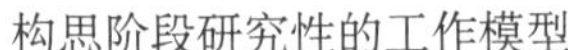

构思阶段研究性的工作模型

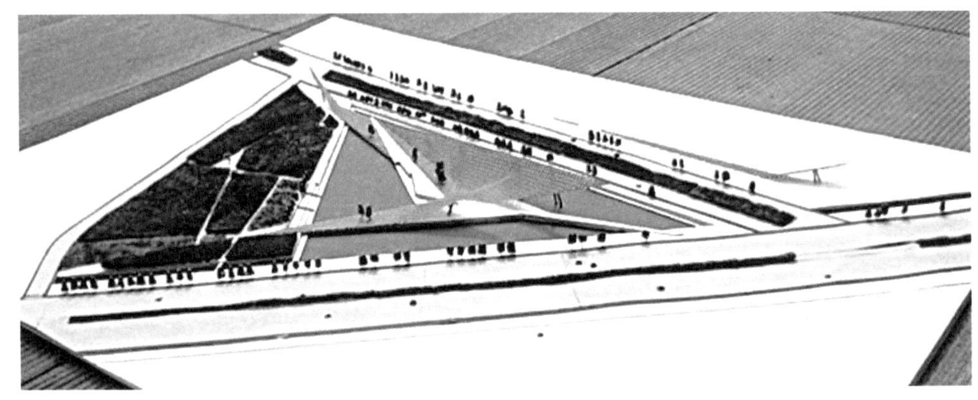

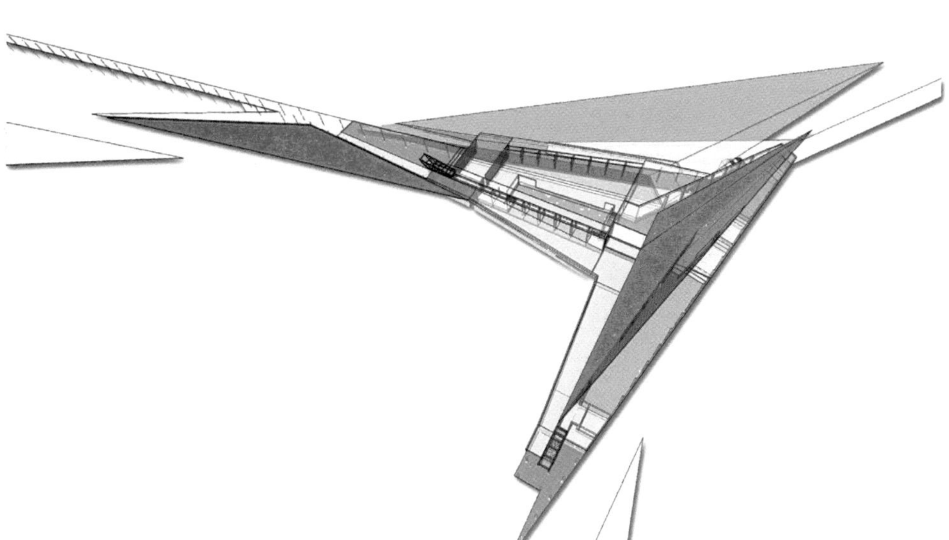

深化阶段的电脑模型

深化阶段的立面电脑模拟

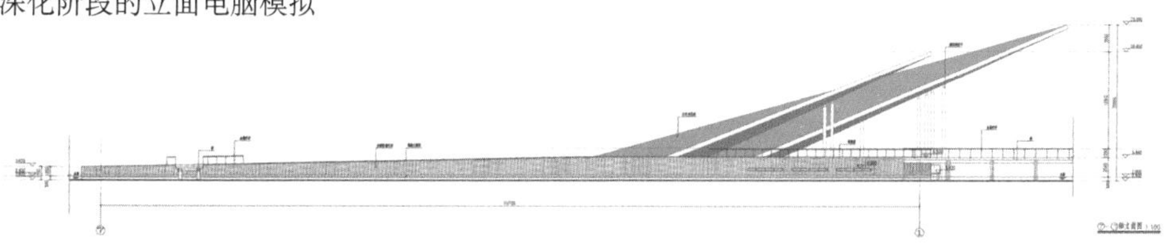

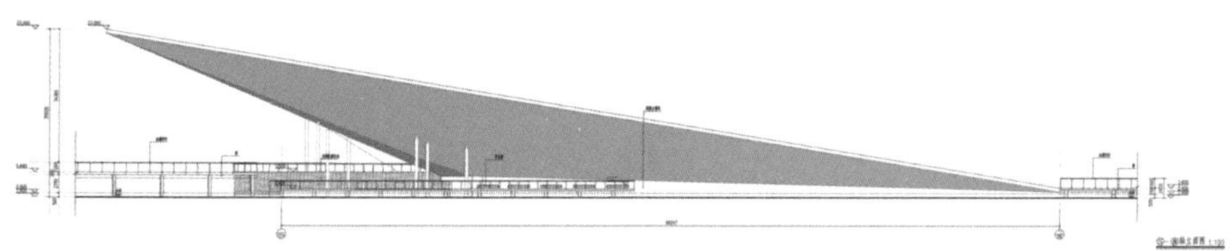

在完善阶段，最终的方案将构筑物群安放在北侧的三角形水面之上，由三个木栈道可以到达，并提供了向南侧景观瞭望的木质平台；南侧保留了稻田的原有肌理，种植了当地常见的芦苇作为主要植被，同时设计了观看中心构筑物的观景平台。在表达阶段，构筑物的尺度、结构形式和细部节点，根据人的视觉审美感受和施工需要最终确定，并且进行了风洞试验，以便应对结构安全的问题。最终的设计效果与最初的构思意象比较吻合。

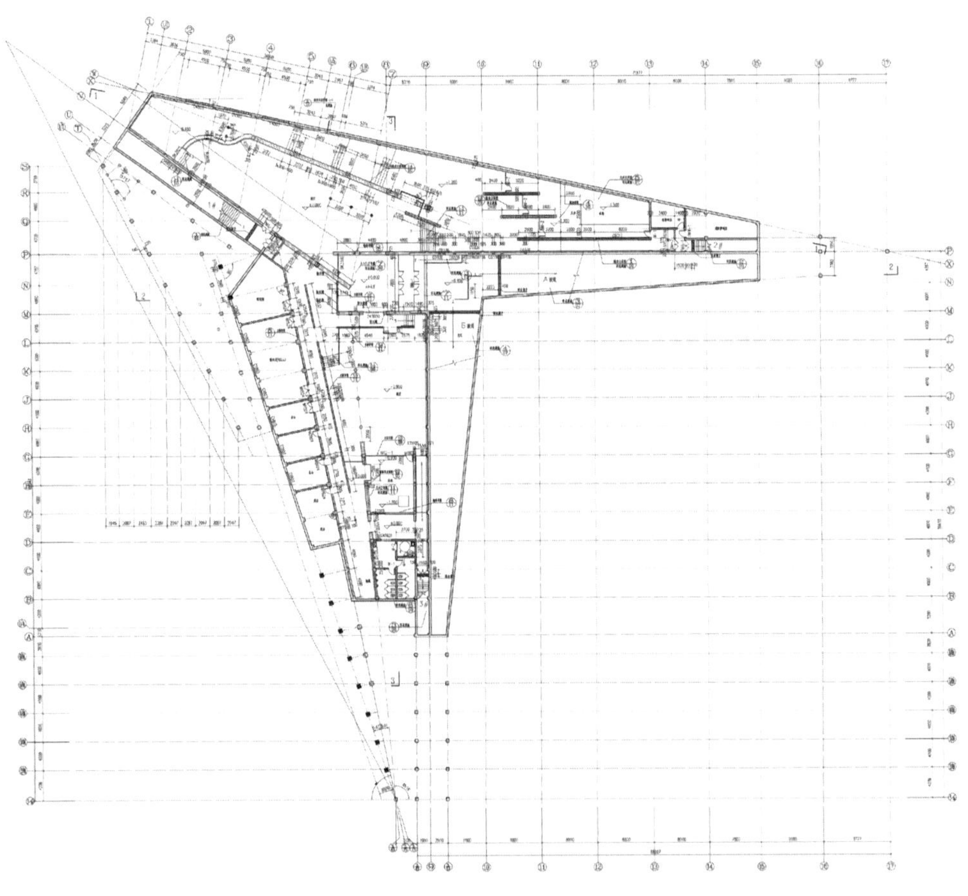

完善阶段的平面施工图

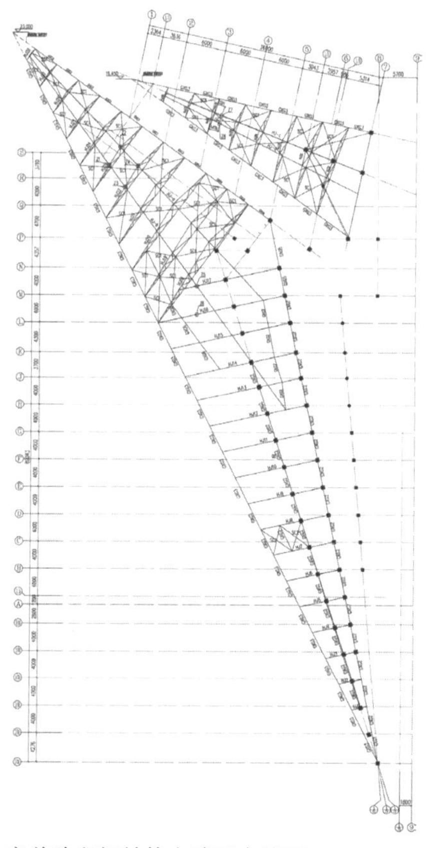

完善阶段钢结构上弦面布置图

完善阶段钢结构的计算机模拟

完善阶段建筑的电脑模拟图

与电脑模拟一致的建成照片

因经济和结构限制，方案完善阶段建筑长度减少了50m，建成照片可以显现。

树丛掩映的景观形象

芦花映衬下的景观

简洁幽静的入口坡道

主 持 人：张伶伶
设 计 人：李辰琦
　　　　　武　威
　　　　　李　冰
　　　　　王朋博
设计建造：2010年
建筑面积：1914m^2
占地面积：17.8hm^2

十、一个地块的两种思考

这是河南信阳的一个城市设计项目，需要建设新城的行政办公区。最初的概念，直接产生于准备阶段中我们对现场的勘察，以及对城市历史文化背景的梳理。

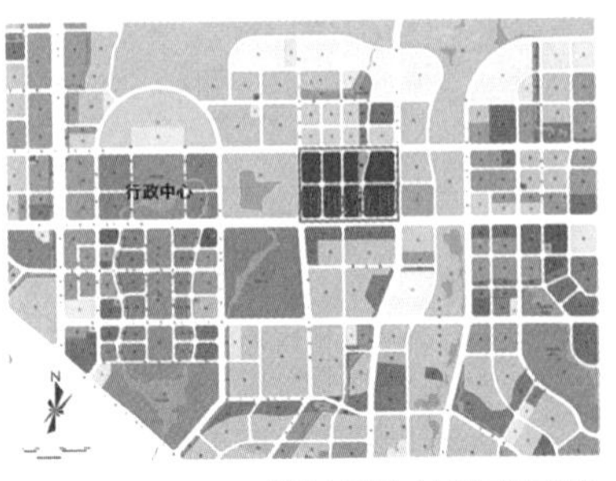

规划用地的城市区位

现场调研：规划用地与行政中心毗邻，为较为规整的方形地块。用地内除了东北侧山体汇水线处有小面积低洼水汇集外，还零星的散布着一些小水面。原有的城市控制性规划中，一条东西贯穿的道路将用地划分为均质的南北两区，加之垂直向道路网格，使得整个用地划分略显呆板，缺乏开敞的公共空间，也没有考虑水体与山体的环境要素，具有明显的信阳岗川地形特征。

信阳特有的岗川地貌

背景分析：信阳素有“北国江南”的美誉，岗川相间、水田如网，也因产出优质的茶叶而闻名。丰富的物产和地理位置，使其成为南方与中原交流的枢纽，历史上这里就成为南北文化的交融之地。

如何尊重地形特征，同时打破原有规划的呆板格局，并且将信阳历史文化以及产业文化体现在规划设计之中，成为方案构思的出发点。通过对信阳市地方文化和地块现状的基础解读，我们从两个角度进行构思，提出了两中解决办法。

规划用地的地形现状

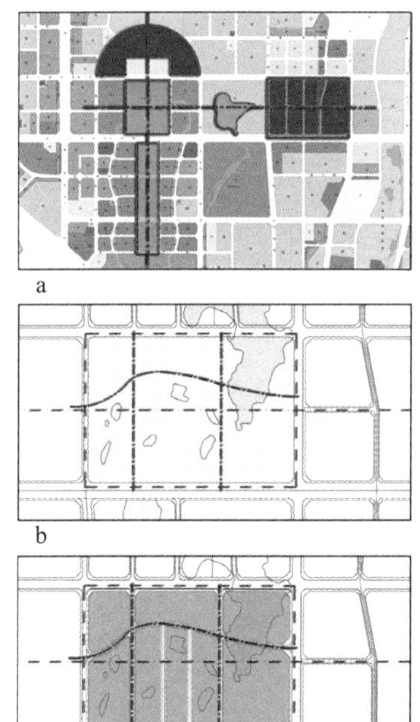

方案 1 构思过程图解

思考一：茶苑绿岛

第一个方案尝试打破原规划中均质化的地块划分，将行政中心次轴线以虚轴的方式向东延伸引入基地，再用一条贯穿东西的弧线，将场地分割为大小不同的南北两块区域，弧线与直线的所夹部分自然形成了整个区域的重要公共空间。为了避免中心公共空间过于开敞而缺乏近人尺度的弊端，我们将办公组团沿弧线依次进退，形成空间的转折面，从而限定出既连续、又收放自如的中心公共空间序列。

方案 1 构思阶段草图

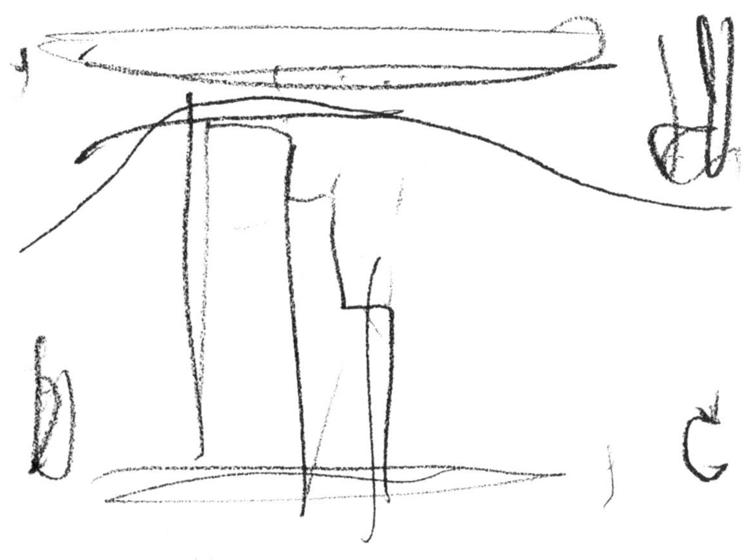

在方案深入过程中，我们加入了茶文化的主题，将设计理念概括为“茶苑绿岛”。我们在中心绿带中植入茶田景观，并设立了滨水的茶室，人们在工作之余可以放松心情、缓解压力。通过整合水体，利用施工中土方平衡再塑东北角的山形，并在山上同样植入茶田景观，结合区域内的高层建筑，使其成为统领整个区域的中心景观。

对于建筑单体设计的深入，我们采用低层高密度的层进院落空间组织形式，由北向南依次降低高度。一方面可以使中心绿地光照充足，提供大面积的屋顶活动平台；另一方面则增强了办公空间的灵活性，不同的办公部门可以依据自身需求来灵活划定所需的使用面积。

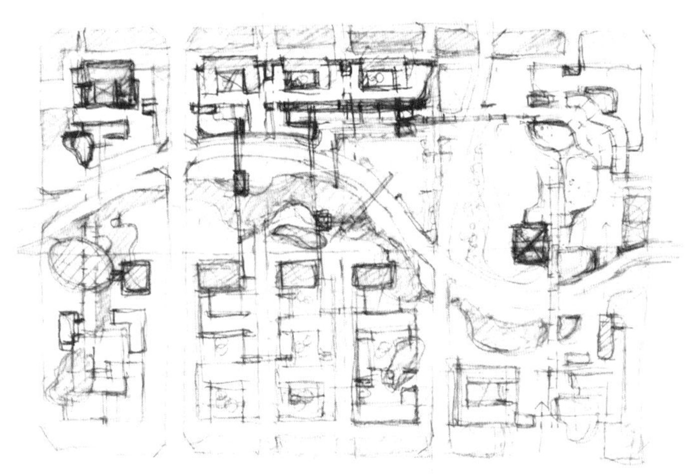

方案 1 深化阶段草图

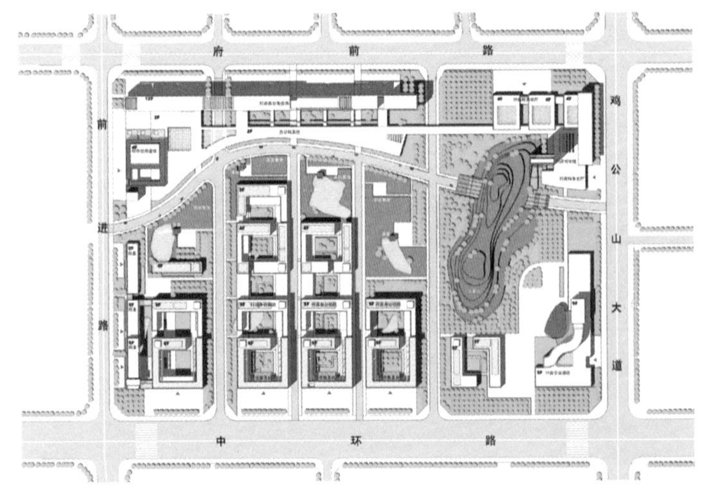

方案 1 完善阶段总图

方案 1 完善阶段建筑体块的模拟

方案 1 完善阶段庭院空间的模拟

思考二：山水方城

中原文化是中国文化的核心，具有大气方正的特点，楚文化则是具代表性的南方文化，带有自然浪漫的风格。南北文化的结合正是信阳城市的历史文化特征。信阳地区气候温和，富有山水城市特色。因此，方案二的构思将两种文化神韵结合，并将基地融入山水城市的大环境中，形成“山水方城”的设计理念。这里首先强调文化与基地环境的契合，采用中国传统方格网的构成肌理，与基地原有的自然风貌形成对比，用以体现南方楚文化的自然浪漫与中原文化的大气方正碰撞结合的文化喻义。

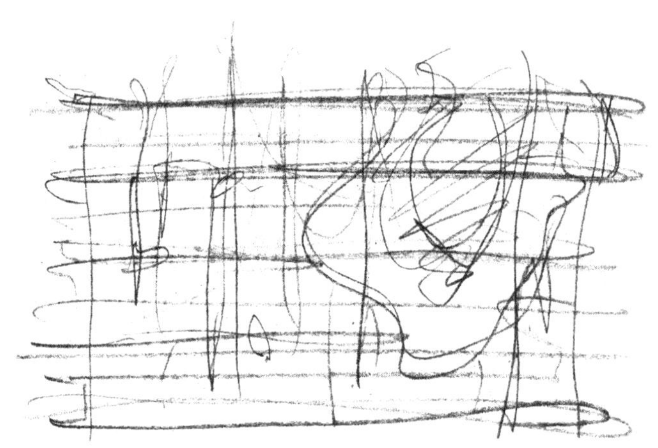

方案 2 构思阶段总图的表达

方案 2 深化阶段总图的表达

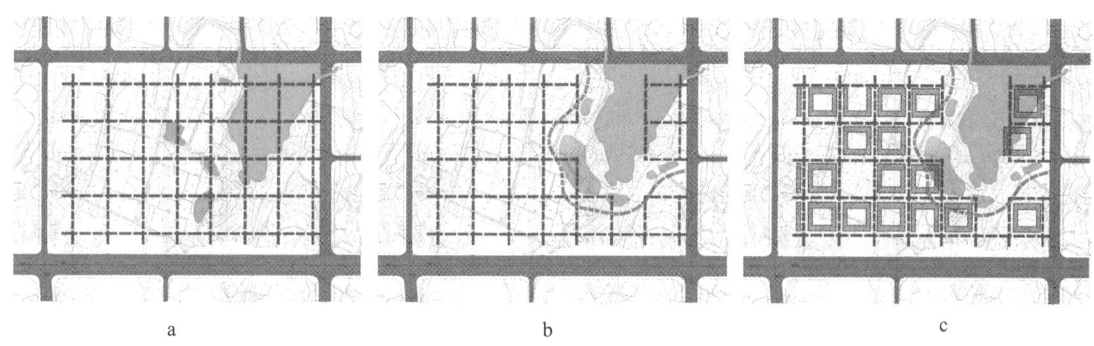

a　　b　　c

方案 2 构思过程图解

方案 2 完善阶段总图的表达

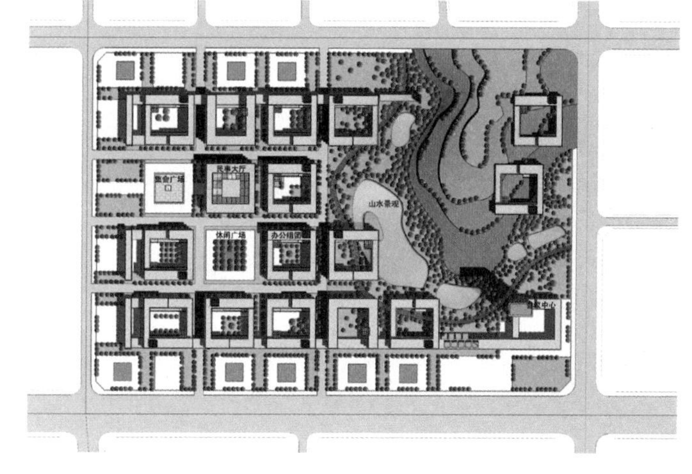

方案 2 完善阶段单体建筑的模拟

在方案的深入过程中，我们首先选取规整的方格网肌理作为划分区域空间的基础。为了营造良好的城市空间与办公环境，我们将方格网划分的地块作图底比较，挖去个别实体而形成区域入口广场和内向性的公共场所。在此基础上，尽量保持地形地貌原样而少作人工化处理，将汇水线处水面稍微扩大从而形成山水相映的自然意境。自然化的景观塑造与几何化的方格网肌理形成了强烈的对比，正是我们所要表达的南北文化大气与浪漫的交融主题。在此基础上，利用具有传统意蕴的院落形成办公单元，底层局部架空，既创造了较为内向安静的办公环境，又形成连续可变的办公空间。

方案 2 完善阶段规划布局的表达

方案 2 完善阶段建筑连廊的模拟

方案 2 完善阶段建筑庭院的模拟

无论是“茶苑绿岛”还是“山水方城”，同一地块的两种构思都强调规划的整体性，注重人工环境与自然环境的和谐共生，反映地域文化特征。作为概念性规划设计的方案表达，电脑模型无疑具有明显的优势。通过电脑模拟，可以生动的表达出设计初衷，将两个方案各自特点表现无遗。

方案 1 完善阶段规划布局的表达

主 持 人：张伶伶
设 计 人：王　靖　范新宇　武　威　王　超
设计时间：2008年
建筑面积：44.8万m^2

十一、工作区里的玻璃盒子

我们接手了一栋旧有的五层教学楼，计划将这里改造成为新的办公空间。由于使用上的原因，一层与五层的大半区域被划拨出去。在这个面积三千多平方米的多层空间内，需要考虑供建筑师使用的工作室、实验室以及报告厅等各种功能。

这是个典型的教学建筑，空间虽然简洁，但作为建筑工作室，却多少显得没有活力，缺少变化。教学楼原有空间是相同的 4 层平面简单叠加，入口门厅内容纳着交通核，穿过中间的阶梯教室，就是走廊相连的两个普通教室。对现有的空间进行分析后，我们划分了功能使用区域：原有交通核空间的特殊格局，使其在承担垂直联系作用的同时，提供了休憩与等待的可能；两个阶梯教室提供了足够开敞的大空间，可以分别改造为实验室和报告厅；右侧的走廊与教室处于楼层尽端，相对私密，比较适合设计工作的开展。

我们的任务很明确，最小限度的改造，适当的经济支出，获得合理而生动的使用空间。在这里，建筑师们可以支配他们的工作领地、孕育他们的创作灵感、容纳他们的热情讨论、成就他们的优秀作品。

空间的活力

如何改变空间现状，赋予其活力，成为方案最初构思的重点和难点。旧有走廊连接的两个教室是整个教学楼里最为重要的可使用面积，也是最为呆板的空间

原有空间的教室与走廊

所在。如果能够打破走廊与教室在空间上的隔阂，使其融合起来，将会形成具有活力的流动空间。我们尝试在走廊与教室中放置一些玻璃盒子，拆除一些分割两个空间的墙体，从而彻底改变原本的呆板流线。

于是每层的教室中，被各自植入了一个 4500mm×4500mm 的方形玻璃盒子，它们高 2.7m，与原有楼板和梁脱离而独立存在。这六个透明的玻璃盒子，在改变空间状态的同时，也成为各自空间的焦点：它们有的咬接在走廊与教室的隔墙上，从而阻断旧有的线性走廊空间，使它们相对独立、私密，尺度亲切；有的处在教室纵向轴线上，形成对景；有的则与新加的水泥板墙相咬接，水泥墙板的内外空间在这里渗透，盒子里的空间则易内易外。于是，教室和走廊消失了，不经意间融为一体，功能单一的走廊空间因为这些盒子的存在，加上地面木板的铺设，变成了查阅资料和工作之余的交流空间。

垂直向的空间改造较之水平向上，受限的因素更多，既成的建筑结构体系涉及房子的安全性，不能被随意改造。鉴于二至四层工作空间的垂直联系较为尴尬，绕行太远，我们仅仅利用密肋梁间 1.5m 的空隙，打通二、三层的教室外的一块楼板，增设一部直跑楼梯，从而方便三层的联系与交流。这样，通过垂直方向的改造，在增强工作空间联系性的同时，也使得这一区域相对独立，方便交流。

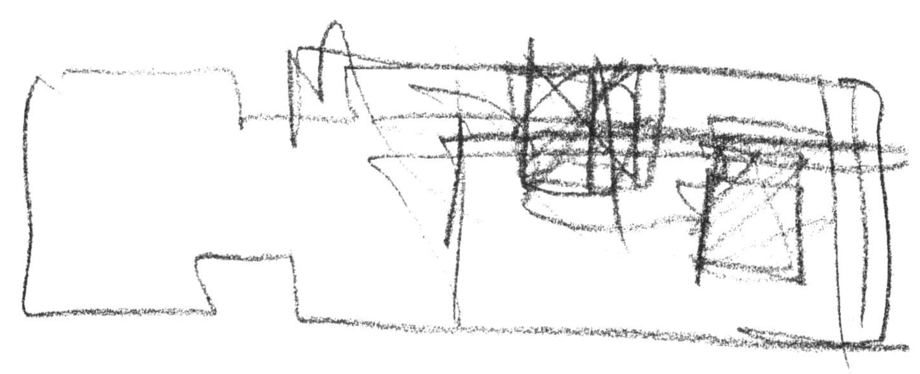

构思阶段草图

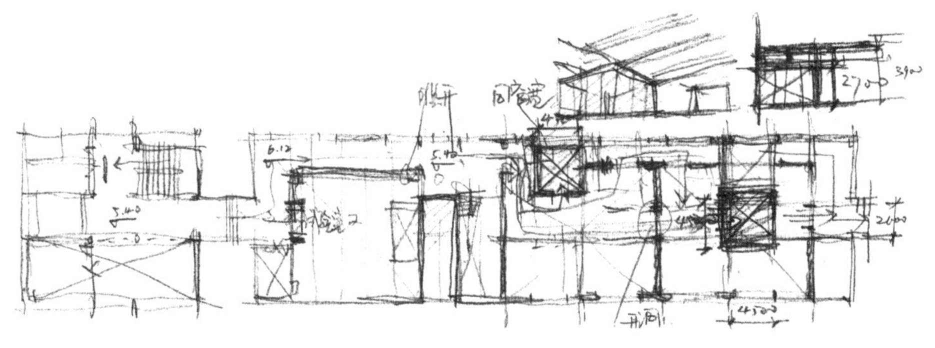

深化阶段草图

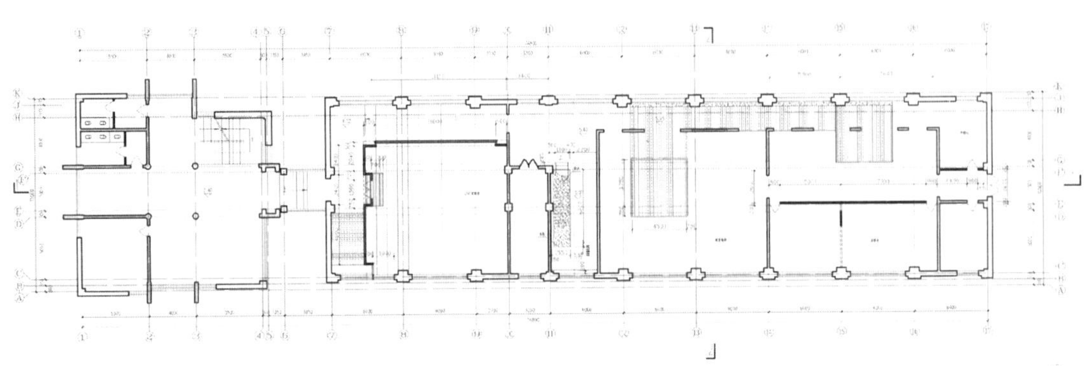

完善阶段二层平面施工图

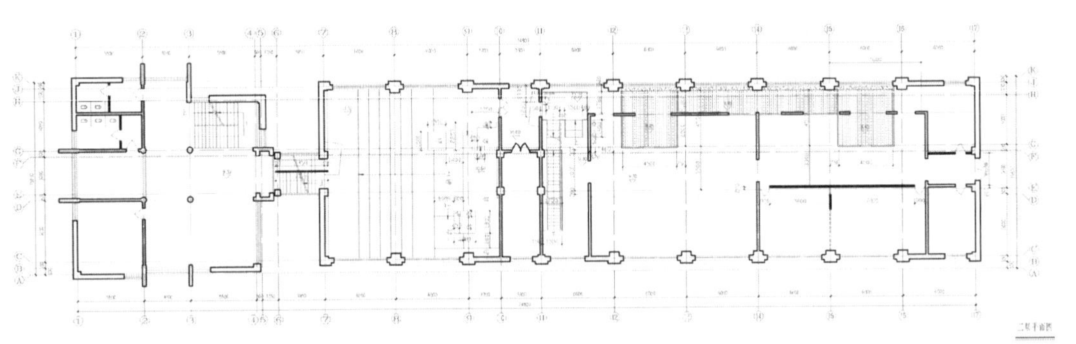

完善阶段三层平面施工图

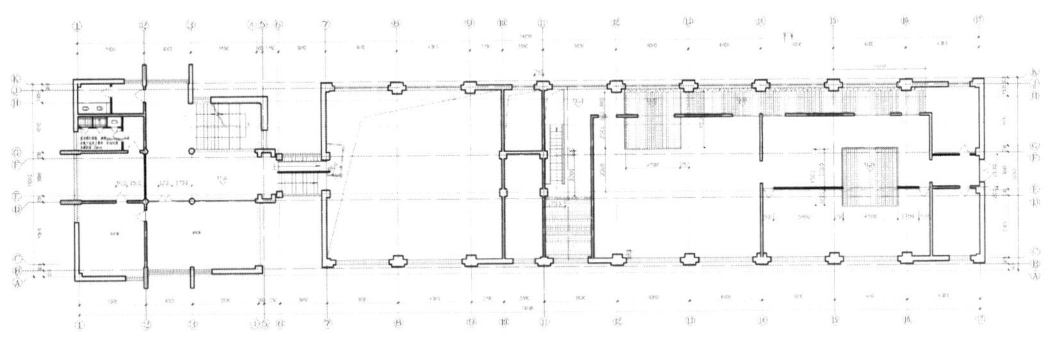

完善阶段四层平面施工图

新旧的区别

在改造空间的过程中，新的元素将被添加进来，用它们重新划分和定义空间。旧有空间是改造的基础与依据，选择与原有空间的限定要素截然不同的材料与做法，新旧之间将会产生明确的对比与对话。在同一空间中，新与旧的要素各自独立的存在，却暗含着时间和空间上的逻辑关系，从而便于我们在原有秩序中清晰辨认出改造的脉络。因此，在深化设计的阶段，这个逻辑，就成了我们运用新加材料的原则。

白色是空间原有的色调，室内白色涂料掩饰着混凝土梁、柱、楼板和砌块墙的本质。我们选择灰色的水泥板，进一步的划分空间。水泥板用透明清漆密封，然后固定在黑色的钢骨架上。水泥板墙尽量不和屋顶楼板发生关系，使得他们更加独立、清晰，让人们能够体会到原有空间对新要素的包容。加上钢材、木板、玻璃这些不加修饰的材料运用，在白色的背景下，材料充分展现着它们最初的面貌。黑、白、灰的自然搭接，又使得新旧元素浑然一体。

新加的灰色水泥板墙

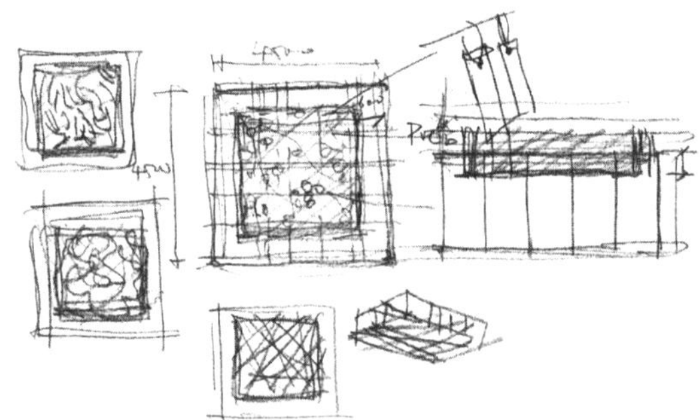

玻璃吊顶的构思草图

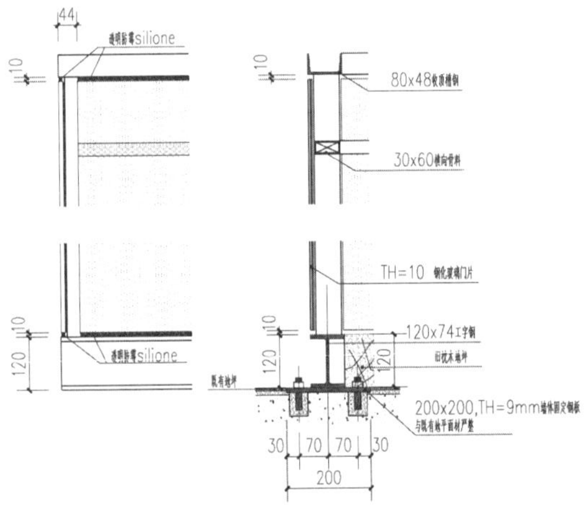

完善阶段玻璃盒子节点图

黑白灰的空间格调，素雅之外缺少活力。在这样的背景下，添加上跳跃的色彩，会成为一种新的秩序。我们在每层设定一个色彩主题，红、绿、蓝分别支配着2到4层的工作空间。它们以不同的方式渲染着每个玻璃盒子。在盒子中设置具有一定高度的吊顶，形成体积感，使得虚无的玻璃盒子映射出多彩的光芒。二层的吊顶处理，我们截取相同长度的钢管喷涂成大红和橘红色，均质的吊挂在两个盒子里。三层外侧盒子的吊顶，使用不同直径的PVC管，截取相同高度，喷涂成深绿色，随机组合而成。三层内侧盒子的吊顶则使用草绿色的饮料瓶悬挂而成，随着瓶子的不断添加，吊顶一直处于变化之中，事实上成为了未完成的艺术品。最后，我们使用固定宽度的瓦楞牛皮纸，喷涂成深蓝和浅蓝色，弯曲盘绕，再垂直挂在四层的玻璃盒子之上，它们如大海又如天空般梦幻。六个色彩各异的盒子最终成为工作区域中的展示空间，与摆放其中的建筑模型、雕塑和艺术品一起成为令人瞩目的焦点。

成为空间焦点的玻璃盒子

二层盒子的红色系钢管吊顶

三层盒子深绿色 PVC 管吊顶和浅绿色饮料瓶吊顶

四层玻璃盒子蓝色瓦楞纸吊顶

三层插入走廊的玻璃盒子

四层景框中的玻璃盒子

后续的完善

施工接近尾声，我们来到现场，空间中的很多印记很有趣味，于是决定将它们都保留下来。原有的黑板、消火栓、电源开关等等，没有变换位置或者拆除，统一用白色涂料进行粉刷，使得这些旧有元素和曾经构筑这个空间的墙体、梁柱融为一体，成为空间的一种记忆。施工中的痕迹同样被我们保留下来。墙体的洞口处，砌块、钢筋和砂浆被整齐的切开，我们将切口清洗，刷透明漆，再用玻璃板将其保护起来。埋设于墙内的线盒与线管，在墙体拆除后显露出来，它们同样被涂上黑漆，与洞口一起成为一件抽象的艺术品。施工时在墙上挖出的线槽和埋设的线管没有被填平隐藏，这些纵横的沟槽，与墙壁统一粉刷，与保留的黑板、电源开关盒等，组合成了有趣的抽象画。

办公空间的进一步分割，则是利用自己设计的标准书柜。600mm × 300mm × 1200mm 的标准书柜，便于使用者亲自去摆放和组合。他们按照自己的需要，围合着属于各自的空间。新的工作设备被安置在了这个改造一新的空间中，大量的废弃包装物、泡沫塑料、废旧的打印墨盒、光盘、电脑零件等等，被设计成各种装置或挂件，让这个曾经乏味的空间，散发出艺术的魅力。

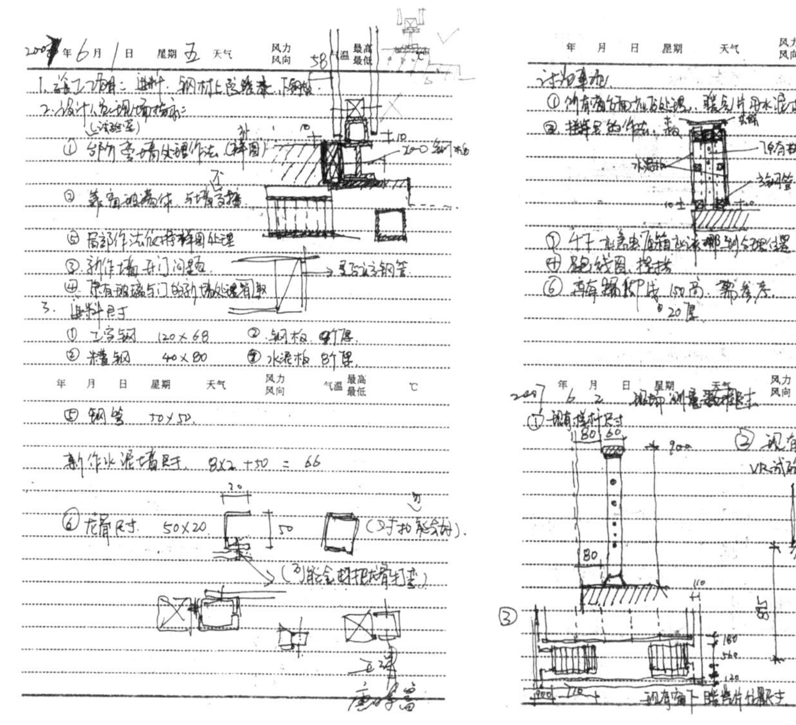

工地日志中的事项记录与完善节点草图

经过处理后的废弃包装箱

被保留下来的线槽与广播

红色系的二层工作空间

绿色系的三层工作空间

蓝色系的四层工作空间

主 持 人：张伶伶

设 计 人：王　靖　黄　勇　钟兆康　孙洪涛

设计建筑：2007年

建筑面积：3400m^2

结　语

前两篇的讨论中，我们把建筑创作思维过程分为准备阶段、构思阶段和完善阶段，分别对这三个阶段的工作内容、思维特征以及伴随在不同过程中的思维表达作了客观的描述。第三篇集中了我们的创作实践探索的内容，并作了一定的展示和分析。对建筑创作思维过程而言，只把它分为三个阶段是不够的，这三个阶段如何构成一个思维过程的整体，它的总体规律和特征又是怎样的呢？下面将从几个方面作进一步的总结和概括。

一、思维过程的规律

对思维过程规律的探讨实际上是寻求设计方法的结构形式，寻求不同思维概念的逻辑通道。虽然思维过程因人而异，并在很大程度上受到创作情境的影响，但人们在创作思维的过程中总是按照一定的内在规律行事。琼斯（J.C.Jones）在对系统方法的阐述中曾经说过：方法本质上是解决存在于逻辑分析和创造性想象之间冲突的手段。困难在于一方面想象不能很好地起作用，除非它脱离问题的所有方面；另一方面，在任何秩序中，如果系统的一步步顺序有所偏离，逻辑分析就可能失败。然而现存的方法不得不让两种思考方式一起进行。既依靠逻辑又依靠想象，失败很大程度上归于设计者头脑中同时保留了这两种因素。系统设计是借助外部的手段而非内在的方式去保持逻辑和想象分离的方法。这样：①使得头脑完全摆脱和解除一切事务性工作，而去产生观念、答案、灵感和推测。使心智不被实际限制所约束且不被分析的步骤所迷惑。②提供一种外在于记忆的记录系统（外脑），使设计者专心于创造，一旦有所需，“外脑”就可提供帮助。琼斯的系统方法一方面根据严格的方法、逻辑的论述，一方面根据直觉和经验。他的目的是补足传统的方法而非代替它。

实际上，绝对严格的系统方法是不存在的，任何纯科学的“唯科学论”系统、计算机、数学、逻辑等，就本质来说，都只能是对建筑创作活动的一种辅助。那种琼斯式的理想，将逻辑系统分析与创造性想象严格地分开，再互相作用的创作方式是永远无法实现的，因为建筑创作的理性和感性是难以割裂的、互为存在的，它们对建筑创作的作用是融合的、辩证统一的。离开了感性，对系统方法的提出将是不全面的。但是，系统方法的研究却可以为我们提供一种有益的启示，即建筑创作不是“不可知的”，它的方法和规律是客观存在的。对创作思维过程及其规律的探讨，虽不能依此生成作品，但可以对创作起到促进作用。具体来说：

①可以减少设计错误；②减少重复设计和延搁；③创造可能的更富有想象的优化设计；④少走弯路而尽快达到“满意”程度。这就是我们探讨建筑创作思维过程规律的态度和目的。

1. 两个思维过程的图解

对建筑创作思维过程的研究，国外进行得比较早，总结出大量的思维过程理论图解，借以使思维过程的表述具体化，增加它的可理解性。虽然对创作思维过程的步骤分解莫衷一是，但在众多的研究中，阿舍尔（Archer）和阿西莫（Asimow）的建筑创作思维过程图解模型已经得到了广泛的重视。

图 4-1 是阿舍尔的建筑创作思维过程图解。他认为设计过程的特殊性质是以客观观察和归纳论证开始的分析阶段。核心部分是创造性阶段，最后是完善阶段。并把创造性阶段划分为分析、综合、发展三个步骤，在思维过程中，这三个步骤还要发生多次的循环。阿舍尔强调了思维过程中反馈（feed back）的序列，这是思索反复这一必然现象的程式化，因而得到广泛的认可。我们说，阿舍尔的过程模型总结得比较细致，他对总体的三个阶段的划分是可取的，但是他过于强调创造性阶段的步骤分解，从而使得对建筑创作思维过程的整体特征概括得不够，没能很好地说明其他两个阶段的过程特征和总体上的过程规律。

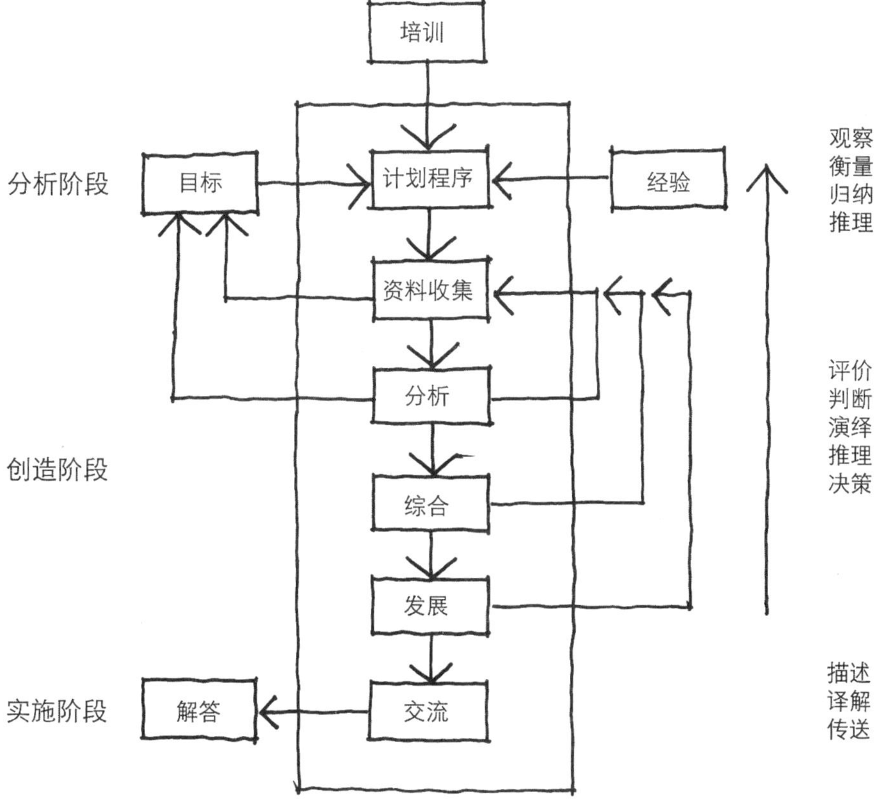

图 4-1　阿舍尔的建筑创作思维过程图解

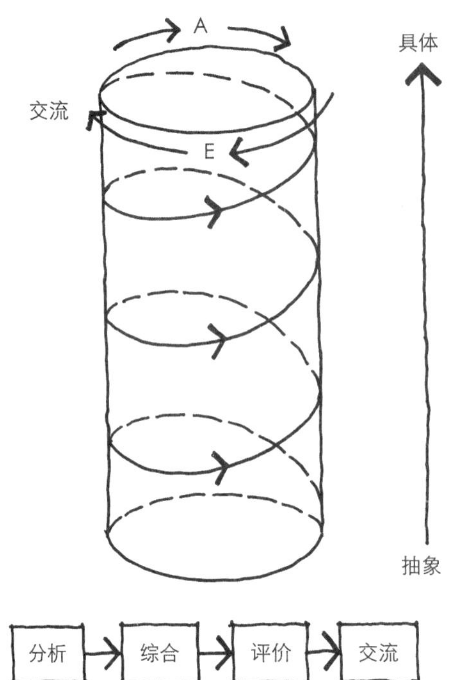

图 4-2 阿西莫的建筑创作思维过程图解

相比较而言，阿西莫的过程模型比较关注总体上的过程规律（图 4-2）。他认为建筑创作思维过程可分为纵向和横向两个结构，纵向结构是指设计的过程程序，如收集资料、初步设计、详细设计，直到设计最终完成。而横向结构则是指每个阶段由分析、综合、评价、交流所形成的循环图。横向结构和纵向结构结合起来，即完成了设计思维由抽象到具象的转化。我们说，阿西莫的模型在描述思维过程总体特征上是有效的，它形象地说明了创作思维在分析、综合、评价、交流中不断向前发展的趋势。但在解决具体的次级问题的过程中，思维并不总是向前发展的，它有时要受阻、停滞甚至发生反复、倒退，而这些细节都是模型所无法表示的。另外，它过于均匀，没能表示出纵向不同阶段的思维差异，并且仅对横向结构中的思维方式循环做了概括，而没有从思维内容上对两个结构的共同特征作出统一的解释。

尽管上述两个思维过程图解存在着一定的问题，但它们都有一定的可取之处，都从不同的侧面反映了各自对建筑创作思维过程的理解。应当指出的是建筑创作思维过程是极其复杂的，抽象的图解很难穷尽其奥秘。从这一点上看，以上两个图解应该说是较成功的，它们为进一步对思维过程规律的概括打下了良好的基础并提供有益的启示。

2. 思维过程规律的总结

在上篇对构思阶段的描述中，我们曾得出这样的结论：即从思维方式上看，构思过程是一个不断由分析到综合的过程；从思维内容上看，构思过程则是沿着由总体到局部再到总体这样多次循环的过程来发展。这两个规律是互为存在的，因为思维方式的变化必然会导致思维内容的相应变化；而思维内容的变化必然伴随着思维方式的转换。二者的关系可以用下列图示表达：

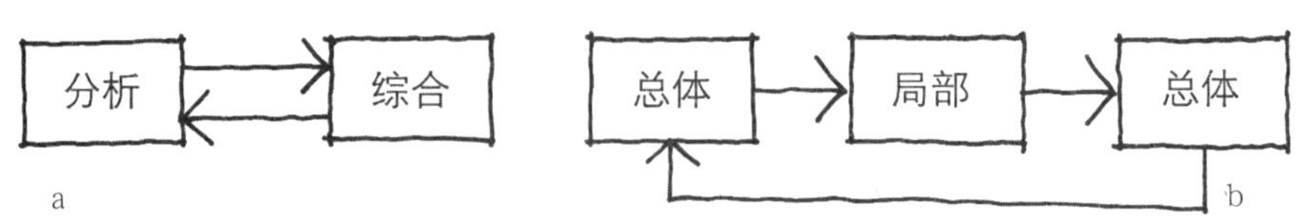

图 4-3 建筑创作思维的过程规律
a. 思维方式 b. 思维内容

必须承认，构思的过程是在这样两个规律的支配下循环往复的过程。应该指出的是，每一次循环都会带来相应的变化，在这样的循环中，问题被解决、构思被完善。经过一次循环后总体的内容已经不是原来的总体，而是在此基础上的一种丰富和改进。因而这种循环的发展使得思维过程呈现出一种螺旋式上升的势态，这种势态保证了思维不断向前进行，从而使方案不断完善。

通过对建筑创作思维过程三个阶段的具体描述，我们可以看出，这种思维规律是贯穿于整个建筑创作思维过程的一种普遍规律。无论是准备阶段、构思阶段还是最终的完善阶段，思维的过程都经历了这样一种规律。而且，这种规律在思维过程中有明显的层次性特征。这种层次性特征表现在两个方面：第一，从思维过程整体上看，它经历了由总体到局部再到总体的一个由分析到综合的过程。这个过程中，准备阶段侧重于对建设项目总体上的认识；构思阶段则侧重于对建筑各个方面局部问题的解决；而完善阶段的重点又体现为一种总体上的整合，最终完成整个项目设计。第二，在思维过程的各个阶段，以及在阶段中的各个层面上，也处处表现出这种由总体到局部再到总体的不断分析与综合的过程规律。在准备阶段，收集资料时要从一个大方向（总体）出发，去分门别类地收集各种资料（局部），并将这些资料分析综合成对建设项目一个总的印象（总体）；在构思阶段，也要从总体出发，从大问题入手，先形成一个较模糊的建筑意象（总体），进而将其分解为次级问题，并逐一加以解决（局部），然后将次级问题综合成整体的建筑意象（总体）；在完善阶段，也要从构思阶段后期的总体意象开始，对其做细致的技术处理和成果表达（局部），最终完成整个设计（总体）。

我们知道，建筑创作思维过程是一个复杂的多层次的综合体，它不仅包括准备阶段、构思阶段、完善阶段所构成的层次，还包括这三个阶段下的各级层次。思维过程规律的层次性使得这一规律在过程的各个层次中都不断地发挥着作用。从总体上看，思维过程是沿着由总体到局部再到总体的不断分析与综合的规律发展，并呈现出螺旋上升的状态。由此我们得出这样的建筑创作思维过程图解：

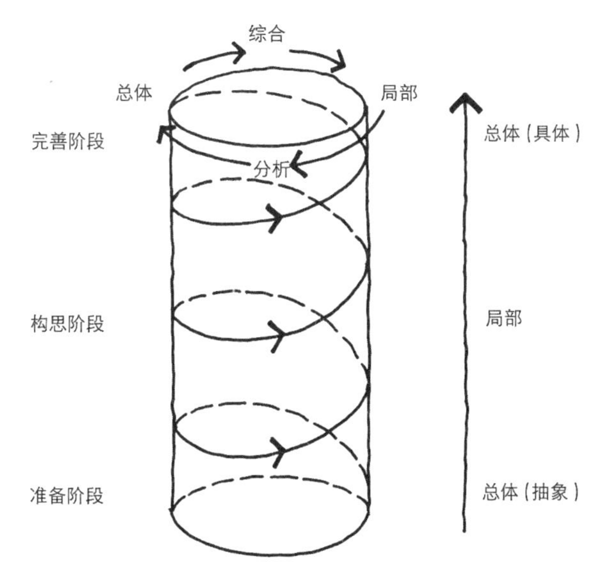

图 4–4　建筑创作思维过程图解

这个建筑创作思维过程图解，综合了阿舍尔和阿西莫的两个思维过程模型的主要特点，很好地说明了思维过程的规律及其层次性特征。一方面，它比阿舍尔的过程模型总体性强；另一方面，它通过过程规律的层次性特征使得阿西莫的横向结构和纵向结构获得了统一。

尽管这个过程图解较清楚地反映了建筑创作思维过

程的规律及其层次性特征，但它没能表明思维过程三个阶段的相互间的关系，以及与思维过程总体的关系；也没有显示出三个阶段在构成思维过程总体时所表现出的特征差异，即时间及思维强度安排上的特征。这些都需要我们进一步地去总结。

二、思维过程的整体性

在前面两篇中，我们将建筑创作思维过程分成准备阶段、构思阶段和完善阶段，并分别对三个阶段做了过程描述和图示表达方面的讨论。那么，这三个阶段相互间的关系又是怎样的呢？这便涉及思维过程的整体性的问题。由准备阶段、构思阶段、完善阶段共同构成的建筑创作思维过程，其整体性的特征主要表现在两个方面：第一是三个阶段的共存；第二是三个阶段的联系。

1. 三个阶段的共存

建筑创作思维过程是一个整体的过程，它的三个阶段，即准备阶段、构思阶段、完善阶段是整体过程的必要的组成部分，它们的共同存在构成了一个整体，离开了任何一个阶段，或者只强调某一个阶段，都不可能使思维过程正常地运行，这是思维过程整体性的非常重要的一个方面。

在具体的创作实践中，往往会出现以下几种情况，从而使得思维过程的整体性受到影响：

①没有准备阶段的积累就直接进行构思设计。这种情况多表现为不顾具体项目的时间、地点、环境及文脉特征，没有对所做的项目有一个全面的认识，而是盲目地套用某一设计模式或照抄某一时髦方案，这必然使创作过程难以正常地进行。因为建筑创作是一项随机性很强的工作，项目不同，所要求的各项内容也必然有所差异。只用一个固定的模式或方法去解决不同的问题，必然会导致思路僵化，使思维进程处处受阻。因此，没有准备阶段的思维过程和表达不是一个完整的过程。

②同样，如果只强调完善阶段的作用，而忽视正常的准备和构思，也不会产生优秀的方案。目前有一种趋势，即为了迎合甲方或对付主管部门，往往只在渲染图等完善阶段的成果表达上下功夫，忽视构思这个重要阶段。严格地讲，这种方案的产生不能说经历了一个过程，而只能是一种结果。没有过程的结果，会导致“畸形”的产生，这种过程的不完善所带来的结果必然是漏洞百出，经不起推敲和检验的。大量的过程中的问题没有解决，结果只能是遮遮掩掩，以假乱真。建筑创作需要一个过程，而且需要完整的过程，不能只靠结果的夸大一蹴而就，常常出现的表现图与所建起的房子大相径庭的情况，原因正在于此。

③当然，如果过多地强调了准备阶段和完善阶段，而忽视了构思阶段，也会导致过程的不完整。在实际创作中也会出现这样的情况：即把大量的设计时间都用在准备阶段对资料的收集上，而到了快要交方案时，又把大量的时间用于方案的表达上。由于创作的总体时间是有限的，这势必造成对构思阶段的时间和精力投入不足，而使得方案进行不够深入，结果留下很多遗憾。类似的因时间安排得

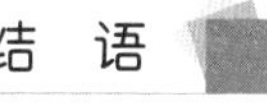

不当还会使得方案最终的完善阶段被省略，或没有时间进行结果的表达。这就造成了创作思维过程不完整，最终影响方案的完成。

总之，建筑创作的准备阶段、构思阶段、完善阶段对于一个完整的思维过程来说，是缺一不可的。它们的共同存在是思维过程完整性的必要前提。

2. 三个阶段的联系

建筑创作思维过程整体性的另一个表现还在于各个阶段之间的相互联系上。准备阶段、构思阶段、完善阶段在保持共存的前提下，相互之间还保持着密切的联系。正是靠着这种联系才使得三个阶段共同构成一个思维过程的整体。

联系的一方面表现在三个阶段互相的影响上。具体地说，准备阶段是构思阶段的基础和源泉，构思阶段是准备阶段的结果和发展，没有准备阶段的大量努力就不会有构思阶段思维的推进，而没有构思阶段的进行，准备阶段就失去了意义；同样，构思阶段又是完善阶段的前提和对象，完善阶段是构思阶段的继续和升华，没有构思阶段的成果，完善阶段就会失去依托和方向，而没有完善阶段的充实与表达，构思阶段就会半途而废、不知所终。总而言之，三个阶段之间有着千丝万缕的联系，其互相间的作用和影响也是显而易见的，抛开这种影响来谈每个阶段的重要性必将是片面的和形而上学的。

联系的另一方面还在于三个阶段的连续性上。我们从上面的分析中可以看出，这三个阶段在构成思维过程整体时是有序列特征的，即沿着由准备到构思再到完善的程序向前推进的，思维的进程就是在这种阶段式的推进中向前发展的。三个阶段在向前推进中彼此之间表现出一定的连续性特征。如果再深入地分析，这种连续性又表现在两个方面 ：一是思维过程的递进性特征 ；二是思维过程的渐进性特征。

(1) 思维过程的递进性

建筑创作思维在向前推进的过程中，表现出的特征并不是均质的或含混的，而是可以看作若干阶段逐渐递进的结果。正是在这样的认识下，我们将思维过程分为准备阶段、构思阶段和完善阶段，这三个阶段各有特点，分别代表了思维发展的三个时期。从这个意义上讲，思维过程是以递进性的特征一个阶段、一个阶段地向前发展。从信息加工的角度来看，在每个阶段之后，信息总有所失，也有所得，几经过滤，得到了丰富、扩展，当然也有压缩。这就是说，在每个阶段后，都将产生信息上新的变化，产生了发展的新层次和创造的新层次。这就是建筑创作思维过程的递进性。三个阶段是以其递进性的特征保持着彼此之间的连续性，共同构成一个整体的思维过程。

(2) 思维过程的渐进性

思维过程的三个阶段在以递进性的特征向前发展的过程中，彼此之间的连续性还体现出渐进的特征。也就是说，思维过程的三个阶段是以渐变的形式相连续的，并不是戛然而止，可以明确划分的。因为人的思维是复杂的、综合的，思维的过程本身就是逐渐推进的结果，我们不能一刀切地将其分为明显的三个部分，而断言这一小时我们在准备阶段，下一小时开始我们便进入构思阶段。思维过程的发展是以渐进性的量变为基础的，三个阶段是在这种量变积累上的一种质的变化。研究这种质的变化，是为了更好地把握其特征从而更好地指导建筑创作。另外，思维的反复性还使得这三个阶段之间必然存在相互渗透的地方，有经验的人都会知道，在准备阶段偶尔也会有灵感火化的闪现，也会有构思的初步进行；在构思阶段有时也需要针对某些问题，重新收集或扩展更加深入的资料；在完善阶段，也会在调整具体尺寸或表达方案时发现前面构思阶段的想法有所偏差，而导致局部的变动。这些都是思维过程的正常现象，它是由人思维的局限性所带来的必然的结果，这些渗透也使得思维过程三个阶段表现出渐进性的特征。

我们研究思维过程的三个阶段以及它的递进特征，并不排斥它的渐进性和渗透性，而是充分承认它们的存在，并以此为基础进行概括和总结。明确了思维过程的递进性和渐进性以及它们之间的关系，才能更好地理解三个阶段的连续性，从而能更充分地把握思维过程的整体性，重要的意义在于我们把创作思维看作一个完整的过程。

三、思维过程的特征

在对建筑创作思维过程整体性的描述中，我们知道思维过程的整体是由准备阶段、构思阶段、完善阶段共同构成的，三个阶段缺一不可，并且它们之间还存在着一定的联系。那么，这三个阶段是如何构成一个思维过程的整体的呢？或者说，它们在所构成的思维过程整体中所占的比重各自有多少呢？这便涉及思维过程的构成。这里，我们从两个方面对这种构成特征加以分析：一是三个阶段思维时间的安排；二是三个阶段思维强度的安排。

1. 时间的安排

就某一个具体的建筑创作思维过程而言，三个阶段所用的时间不同，会使思维过程呈现出不同的状态。概括地说，这种因时间安排得不同而导致的思维过程的差异，主要有三种表现：①准备阶段时间较长，构思和完善阶段时间较短；②构思阶段时间较长，准备和完善阶段时间较短；③完善阶段时间较长，准备和构思阶段时间较短。如图：

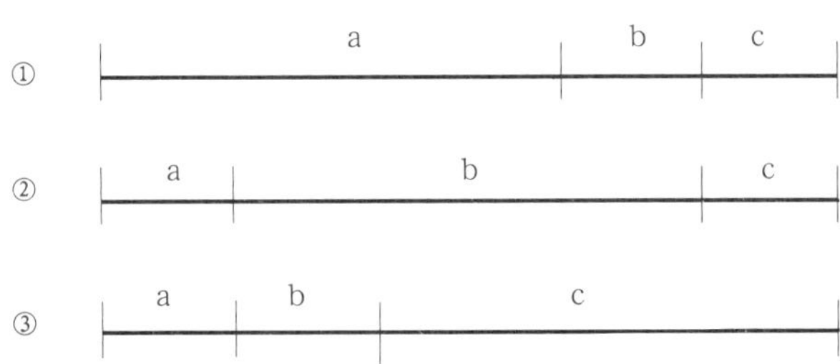

图 4-5 思维过程在时间上的安排
a. 准备阶段 b. 构思阶段 c. 完善阶段

针对某一个确定的项目，大部分情况下设计的总体时间是有要求的，即必须在相应的时间内完成。那么，在有限的时间内，如何分配准备、构思、完善三个阶段的时间就成为非常重要的问题。一般说来，由于构思阶段任务多，而且问题解决的难度也比较大，需要大量时间来不断发现问题和解决问题，以便激发灵感、发挥创造性，而准备阶段和完善阶段相对来说机械性成分会多一些，有些是按部就班的程序和既定的工作模式。因而，构思阶段应该占据大量的时间，也就是说，在整个的思维过程中，比较合理的时间安排是以构思阶段为主的模式，也即采取图 4-5 所示②的模式。

图 4-5 的①和③，准备阶段或完善阶段所用的时间过长，那么相应地必然会减少构思阶段的时间，从而必然使得方案的深度不够，问题解决的范围有限。实际上，由于项目的不同或建筑师的不同，准备阶段或完善阶段有时也要占用很多时间，但无论如何要在头脑中清楚地意识到构思阶段的重要性。不能因为难度大或结果要求比较高而占去必要的构思时间，而这往往是造成设计质量低下的非常重要的原因。

图 4-5 的①的模式，往往会在一些不成熟的建筑师身上发生。由于他的经验少，需要准备的东西也相应地比成熟的建筑师多一些，因而往往会不自觉地陷入大量资料的收集中，对项目总体上的认识始终难以形成。一般情况下项目要求的时间是有限的，于是他不得不以缩短后面两个阶段的时间为代价来完成整个思维过程，这样的过程产生的结果必然是不完善的。

图 4-5 的③的模式则是另一种情况，因为对结果的重视而有意识地缩短前两部分的时间，这也是当前建筑创作中比较常见的现象。重视结果的完善和设计意图的表达是十分必要的，但结果表达得完善并不意味着方案的成功。盲目地只注重具体结果而忽视前两个阶段的作用，必然会使结果的表达如无源之水，无本之木。要想弥补这种不足，就不得不以抄袭或模仿已建成的建筑为代价来使准备和构思两阶段的时间缩短。这样的做法不会产生什么精巧的构思，也不会创造性地完成设计方案。

2. 强度的安排

思维过程的构成特征不仅有时间安排上的差异，还有思维强度安排上的不同。在前面对时间安排的论述中，我们认为在思维过程的整体构成中，构思阶段应该比其他两个阶段所占的时间长一些，这种模式比较符合建筑创作的客观规律。但是否可以说只要按照这种模式就一定能产生好的方案呢？回答显然是否定的。好方案的产生受多种因素的影响，就思维过程的构成特征来说，构思时间的延长只是一种途径，但只靠时间的延长还不能保证设计的成功，它还需要创作者去积极地思维。这便涉及思维强度的安排问题。这里的思维强度主要是指思维的广度和思维的深度，广度表明了发现问题和解决问题的多少，深度则说明了问题发现和解决的不同程度。良好的思维过程从总体上看应该是思维强度比较高的过程，而在思维过程的三个阶段中，思维强度的高低又是如何分配的呢？或者说，在思维过程的构成特征中，什么样的思维强度安排是比较合理的呢？如同分析思维过程构成特征中时间上的安排一样，思维强度的安排一般来说主要也包括下面三种模式：

图 4-6 ①的模式，思维强度的高峰在准备阶段。也就是说，收集到的资料很宽泛，并且对收集到的资料研究得也比较深入。相比较而言，构思阶段和完善阶

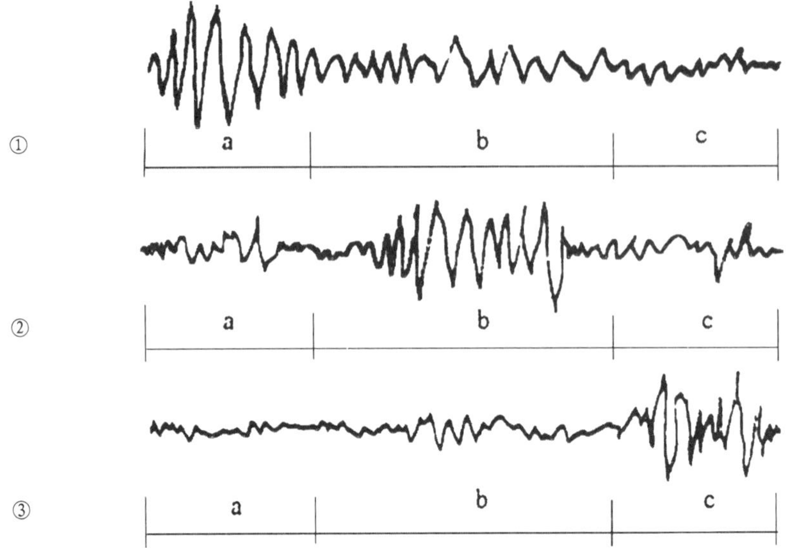

图 4–6 思维过程在强度上的安排

a. 准备阶段 b. 构思阶段 c. 完善阶段

段考虑的问题较少，深度也不够。按照这种模式，即使对项目准备得很充分，对项目的总体认识把握得较深刻，但因不能在构思阶段和完善阶段将其用建筑语言充分地物化，而使得由这种认识而来的建筑意象很难实现。在实际的创作中，常会遇到这种情况，往往有很好的想法，但不能充分地通过所做的建筑去完成它，有“眼高手低”的感觉。这种情况多表现为大喊口号、大谈哲学的倾向，如“空间、环境、人”、“历史的升华”、“人性的空间”……。但在实际的建筑处理中，却往往因为缺少神来之笔而使方案流于凡俗。因此，把思维强度的重点放在准备阶段的做法似乎有失偏颇。

图 4-6 ③的模式，思维强度的高峰在完善阶段，而准备阶段和构思阶段所考虑的问题和问题的解决都不够。实际上，这也是一种必然的现象。大凡在最后完善阶段，各种工作都显得很吃力，或者说，在成果表达时出现了很多难以解决的问题，一般来说，肯定是前面准备阶段和构思阶段所做的工作不够深入。在实际创作中，这种情况也会时常出现。大量的设计时间内没有足够的思维强度，在最后的期限就要到来时，偏偏又在完善或表达时遇到了致命的问题。修改方案吧，时间已经来不及了，不改吧，又没法交代清楚，这种两难处境的最后结果，一是硬着头皮将错就错；二是稍作改动，避实就虚。由此来看，把思维强度的重点放在完善阶段是得不偿失的，这种完善阶段头脑发热、工作紧张的方式不能算是一种好的思维过程构成模式。

图 4-6 ②的模式，即把思维强度的高峰放在构思阶段的思维过程构成特征，是一种良好的模式。因为，从建筑创作思维过程三个阶段的比较而言，构思阶段的难度是最大的，工作量也最多，各种问题都要在这个阶段加以考虑，并要找出合适的方法加以解决。这些都依赖于足够的思维的深度和广度。我们在以前的论

述中可以看出，构思阶段是完善阶段之根，是准备阶段之本，是灵感闪现的主要阶段，也是发挥设计者创造性潜能的重要阶段。这就要求设计者在构思阶段能充分调动思维积极性，不断拓宽它的广度，加深它的深度，这样才能更全面、更深入地解决各种问题，充分运用好准备阶段的资料，为完善阶段的顺利进行铺平道路，从而促使方案向着良好的方向发展。由此可以说，把思维强度的重点放在构思阶段的思维过程构成模式是我们应该提倡的。

通过对建筑创作思维过程构成特征中时间的安排和思维强度的安排深入的分析，我们可以看到不同的思维过程构成模式及其所带来的结果，并且由此总结出思维过程构成特征中良好的时间安排和思维强度安排模式。当然，图示表达自然而然地也应与上述情况相一致，也应符合时间和强度上的构成模式，本来这就是建筑创作思维过程中手、脑、眼协调一致的必然程序。如将这两种模式融合起来，这就是我们在引言中对建筑创作思维过程所做的图解：

我们认为，这种由准备阶段、构思阶段和完善阶段按时间的差异和思维强度的不同所构成的建筑创作思维过程，是最为常见的模式，也是比较合理和值得遵循的模式。对建筑创作思维过程构成特征的了解，可以使我们在实际的创作中，有意识地调整自己的思维进程和有效地发挥自己的思维强度，以便更好地促进建筑创作思维的正常发展。当然，我们在这里不会去划分 a 是几个小时，b 是几天或 c 是几个月。

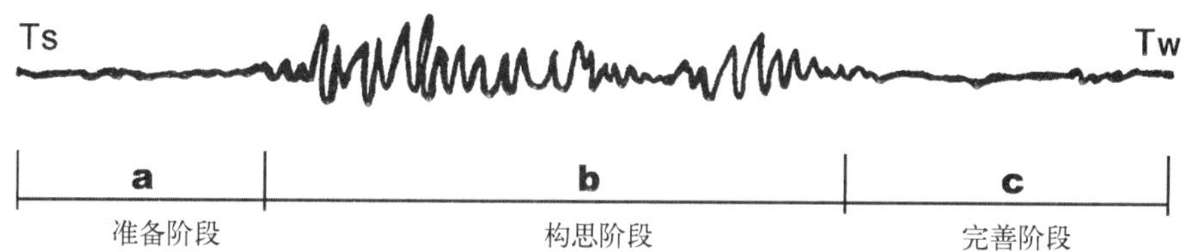

图 4–7 建筑创作思维过程图解 1990 年 张伶伶

这是在引言中图 1–1 的再次出现，之所以在结语中引用此图，就是想加深读者对此图示的理解，强化我们的观点，得出正确的结论。

四、思维过程的培养

通过上面的讨论，我们应当比较清楚地知道了建筑创作思维的过程与其表达的规律、整体性和特征，那么如何养成正确的思维习惯，从而使主体真正提高自己的素质和修养，掌握良好的思维与表达方法呢？概括地说，主体成熟的创作思维习惯，需要经历一个长期磨炼的过程，并不是一蹴而就的。它既要受到主体所处环境的外在影响，又要取决于主体自身内在的原动力。对于外在环境的影响这里不作论述，如果就主体自身的角度分析，良好思维习惯的培养，关键就是一个自觉性的问题。

1. 自觉约束

就目前情况看，我们在理论上分析清楚建筑创作的思维和表达，其实已经是一件很难的事情了。如果要想将这种意义推而广之，那么就要必须靠主体自身的约束能力。实际上平时的日积月累就是最重要的准备，因为积淀的结果必然会使主体受益，而当真的开始创作时就应该有一种“自然而然”的感觉，非是“书到用时方恨少”。同样，有了好的准备，更利于好的构思产生，而好的构思又是具有特色的完善之前提。这一切均要来自于主体对自身的自觉约束行为，认识到思维过程养成的重要性，并在创作实践中强化这种勤奋和努力。那种懒惰、不思进取，甚至功利性极强的短期行为，只能是对己无益、对社会无益。在这里，我们再次强调建筑创作主体论的观点，以利于我们的创作实践。

2. 自觉适应

即使我们有了上述的认识，同样还存在一个自我适应的问题。因为上面的观点从理论的角度进行了系统的阐述，也是一种科学的态度，作为我们个人应积极地去适应这种规律性，以使自己的勤奋和努力不至于事倍功半，甚至找不到方向，摸不清脉络，而陷入一种痛苦之中。当然，这个过程不会像表述过程那么简单，甚至有时是痛苦的，但必须以一个积极的态度有意识地适应这种规律，坚持突破自己，否则永远会踏步不前。在目前的青年学生中，除去强化约束自己的能力外，更为重要的是寻找到一种方法和途径，而建筑创作思维的过程与表达是从根本上探讨了建筑创作的理论和方法，对每个不同经历，不同年龄的设计者均会有不同程度的参考意义，其价值恰恰来源于我们如何自觉地去应用这种理论。

建筑创作的思维与表达是我们从理论层面的一种讨论，希望它能给人们更多的启迪，也希望有更多的人去充实它、实践它、完善它。

附 录

当我们将要完成这部书稿时，偶然发觉我们又涉及了主体论的问题。尽管这是早期的初步认识，然而它仍是推进我们思索的原动力，它才是本书的理论背景。为了便于读者了解，特将发表于《建筑学报》1990 年第 3 期《建筑创作主体论》一文登录于此。此文发表后曾有读者引用，也有读者提出过商榷意见。

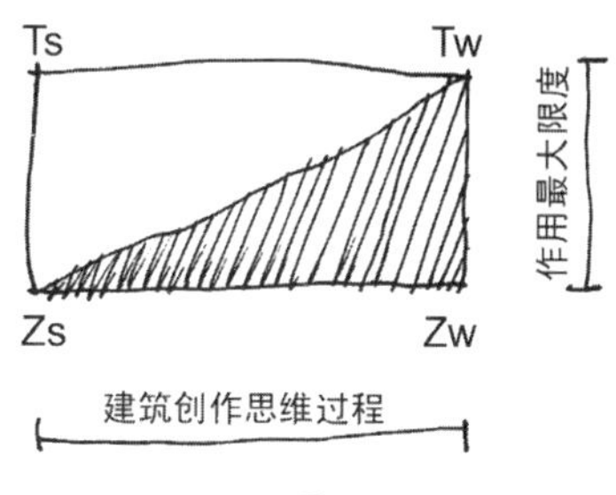

图中清楚地表明第一主体在建筑创作思维过程中作用发挥的最大限度，当建筑创作完成时其作用也趋于消失。

建筑创作主体论

大凡建筑创作伊始，人们都是审慎地分析客观的诸多因素，对“原条件”进行考察、分析。这固然是建筑创作的重要方面，然而我们却忽略了分析、研究、考察、创作的整个过程中一直受到创作者主体意识的支配，而且所有“客观”的分析都是建立在主体的意识之上的。当我们把建筑活动提高到社会文化的高度，面对整体的城市形态，面对那些棘手而苛刻的创作条件，面对出自我们之手的苍白之作时，我们建筑师是否都认识到了自己的责任呢？尽管可以找到种种借口和诸多客观原因，但是，更多的原因或许正是我们自己的过失。因而，建筑创作的主体才是潜在的、难以驾驭的重要因素。

一、建筑创作中的主体

以往我们多是以建筑为目的，强调建筑物自身的完善，要么就是受制于物质的客观条件并以此为依据，强调的是功能的价值，主体的活动指向趋于对象主体。进而，我们开始注意业主、欣赏者的要求，强调建筑不仅仅是物质的、能量的交流，还有更广阔的深层“语义”交流和信息反馈。但我们对这些欣赏者、使用者很难把握，仅仅把他们当成抽象的、具有共性的人来考察，以“理想化”的人作为共同的尺度，以物理性效用取代了人的意识上的不同，这时主体的活动指向趋于接受主体。上述两种情况，尽管指向性不同，注重的却都是外在的世界。建筑师本人的力量却很难派上用场，也只有在形象的物态化时起作用，而心理因素尤其情感因素则被压抑，并没有完全处于较佳状态。如果主体的情感、创作意向得到发挥，主体的个性得到尊重，那么许多积极的潜在因素就会激发出来，这会促进建筑创作水平的提高，然而主体具有什么样的“能量”来得以发挥呢？这就是主体论意义所在。

现在来看一下建筑创作过程中的主体。除去建筑物，出现了两个主体。一是建筑作品的创作者本人，即建筑师，我们称之为第一主体；另一个就是作品的欣赏、使用者，我们称之为第二主体。无论对建筑主体的理解如何，建筑创作的活动一直是受到第一主体活动指向支配的，建筑创作越接近完成，第一主体的作用越随之减弱。一旦建筑落成时，第一主体的作用就完全“消失”——即当作品完成以后建筑师会以第二主体的身份来审视“建筑物”，因此第一主体具有双重身份。第二主体也是随时间变化的，第一主体与第二主体只不过在不同的阶段所处的位置和参与程度不同，二者的交流主要以建筑作品为媒介。“建筑物”是经过第一主体的构思而建成，正是由于第二主体的介入才使建筑物富有生命力，才不是实体与虚空的组合，也不再是外在性的符号和材料，如果没有第二主体的介入，建筑仅仅是僵硬的存在物而已。本文所述的主体论涉及的主要是第一主体，对于第二主体将另文论述。

建筑创作的开始阶段，应该是主体发挥潜能的重要阶段。建筑创作活动之所以不同于其他的艺术活动，可能在于它一半是艺术的构思，另一半是技术的构思，更重要的是构思的过程要服从于以后的建造，因而主体不能随心所欲。

二、主体在创作中的地位

建筑创作不可能是纯粹的艺术活动，尤其当代建筑的发展使建筑活动更趋复杂。建筑创作必然涉及其他活动，这其中包含非创造性的社会活动。创作过程中会受到某个外在于主体的人、某个集团意识的限制，这种多半带有强制性的“改造”只会扭曲创造力而不利于创造力的发挥。建筑创作本身就是综合性的创造，并带有“集体活动”的特征，自然更不易把握。因此，现代建筑落后于其他现代艺术的原因除去时间上的滞后性外，主体的复杂性和异化也是重要因素。

从另一方面看，建筑创作毕竟不同于一般的物质创造，由于主体在创作过程中所处的支配地位和主导作用会潜意识的抵抗那些外来的异化因素，而且构思过程中的精神实践是外在的东西所无法介入的，

雪　1980 年　张伶伶

主体必定会将自己的意识注入整个创作过程，运用“形势规范”将其物态化。在创作过程中主体意志和能力的发挥是必不可少的，如果某个外在的人要用自己的意志取而代之；如果创作的过程中主体完全丧失创造性潜能，那么建筑创作将无法进行。

虽然建筑创作的主体常常被异化，严重时甚至会受到侵蚀和压抑，但在很大程度上主体是能够发挥创造性潜能并实现某些意图的。在创作过程中固然有抵触的一面，也有沟通的一面，尤其在创作构思阶段表现得更为明显，作品相对完成一个阶段以后，主体的作用也随之弱化。然而主体的主导作用已贯穿在作品之中，这种主导作用是引导和改进的总方向，即使受到外在的制约，处于支配地位的仍是主体。每每听到有人在解释：我之所以这样做，是因为受到“客观”的限制。听起来这种“所以选择 A，是因为有 B 限制”的逻辑很有道理，其实不然，不同的主体可以选择 C，D 或 E。主体总在为自己的创作寻找有利的根据以证实自己的正确。其实不必为自己的作品采用某种手法或风格而解释什么，因为自身观念、素质、修养和个性决定了你的创作，解释是徒劳的，解释本身就说明你没有思想，应该坦然的承认。有人认为：创作本身就是选择。这种观点虽过激，也不无道理。从建筑创作的开始以至环境设计、空间组织、结构选择和形式风格都是在主体支配下进行的，因为有 A，B，C，D 和 E 的多种选择，不同的人可能会在同一条件下作出不同的选择，当然这种选择是有高下之分的，这就是我们后面要涉及的内容。

三、主体论要素分析

从上面的论述中可以看到主体在创作中的主导作用和支配地位，也看到了主体受制于客观的异化。无论怎样，主体自身的提高是整体创作水平提高的关键，这种提高显然与主体论要素有关。

1. 思想观念

思想观念的形成源于生活，源于社会，同时也受到国家建设方针的制约。我们要增强国情观念，脚踏实地地面对现实。建筑师个人的生活经历及特定的社会文化传统、时代精神造就了他潜在的心理结构，形成了自己的感受方式和知觉方式，这些经验也促成了他的思想观念，主要包括认识观、审美观和伦理观。

思想观念的构成会对思维方式产生深远影响，而思维方式的差异又会影响思想观念的形成，二者相辅相成。建筑师最初的思想观念是由他从自己的活动中观察、认识得到的。思维方式定型以后，思想观念一方面来自于生活经历的概括、归纳，但更多的是受外在于主体的各种理论的影响，使之更趋复杂化。这时思想虽不一定系统，但已进入理性阶段，我们关注的是思想观念不应“定型化”，抵御这种“定型化”能使我们不断地吸收新思想、新观念。新的思想会对建筑创作起积极的作用，使思维方式更为开放。进入 80 年代随着国家经济形势的发展，建筑创作呈现出“多元化的格局”，这种多元化主要反映在思想观念上的进步。“中

国80年代建筑艺术优秀作品”某种程度上反映了思想观念的变革，如注重城市整体环境观念的上海华东电力管理大楼、龙柏饭店；注重地域文化观念的武夷山庄、敦煌机场航站楼；注重现代意识的北京国际展览中心、深圳体育馆；注重对人的需求探讨的台阶式花园式住宅、南京大屠杀遇难同胞纪念馆等。虽然上述作品不能完全代表整体创作的全貌，毕竟可以看到思想观念的进步。1988年末在古城安阳体育中心体育馆设计中就遇到了思想观念的冲突，一种以古城特色为基调，强调文化意味；一种以现代意识为基点，强调时代气息。我们不能否认两种途径思想观念之不同，然而我们确立了一个更为广阔的“大环境观念”，将两者包容统一于更大的环境背景下，达到了新的层次，这个“大环境观念”就是主体确立的思想观念。

主体的思想观念是一种“无终极设计”的过程，要求我们不断的更新观念，才有可能改变旧的思想结构，产生新的思维方式、审美心理和创作手法。我们不难看出，“超稳定性”的心理与当代观念的不协调，暴露出来的是学术上的分歧和理论上的争鸣，深层含义却是思想观念的冲突。建筑活动受到经济发展的影响，前一时期各地的城市建设，高楼拔地而起，城市雕塑小品急剧增加，文化街相继竣工——这可喜之中更多的是忧虑……不伦不类的建设，失去风格的城市景观，使我们来到一个新的地方很快地忘掉刚离开的地方。难怪有人惊呼达到了人为的“破坏”，热心的“愚蠢”之程度。问题自有客观原因，但不能排除思想观念的原因。不少建筑师和艺术家受到自己单一的知识结构的局限，思维方式仍然习惯于在已有的知识结构中寻找，而缺少思维的创造性。也许我们尚未注意到我们今天的位置，我们需要的不是生物上的进步，而是观念上、文化上的进步，虽然这要经过我们艰苦努力才能实现，但仍属我们力所能及的范围。

主体的思想观念不是对客观存在的机械摄影和简单重复，而是对客观事物再造的能动过程，其中就有主体对客观事物的认知过程。由外部移入的观念和由主体自己总结出来的思想，经常发生矛盾，尤其思维方式定型以后更为明显，但它们却是主体统一的思想观念的两个方面，共存于头脑之中。外来的成分是构成思想观念的主要部分，远远超过建筑师自己概括的思想。

2. 理论素质

主体若一味地创作而不学习理论，那么他必然会枯竭，即使能勉强维持下去，恐怕也早已是那来来去去的“老一套”了。吸收外来的东西与主体的内在理论素质有关，外在的思想除了外在于主体头脑之外，另一特点就是以抽象形态的理论出现。然而，令人遗憾的是，许多建筑师拒绝接受抽象的建筑理论，认为理论太玄、太虚，距实际太远。尽管我们今天不能直接从杂志上看到这种观点，在实际中却“付诸实施”，仅仅埋头于“平方米”和“产值”上，立足点是简单和省事，少花精力，这也是造成整体创作水平不高的重要原因。我们必须清醒地认识到理论代表了一种思想观念和思想体系，带有超前的色彩，是推动创作的动力，也是思想观念更新不可缺少的环节。另一方面，主体生活在本身就充满观念的世界中，即使你不想拥有观念恐怕他早已强行进入你的头脑，尤其眼下的“信息时代”，各种观念、理论、思潮传播很快，可能还来不及抵抗，它们就已占据了你的头脑。令人担忧的是，有的建筑师很能接受新观念，一旦觉得自己有了最新观念，就兴奋不已。然而他们不是将外在抽象形态的理论消化吸收，转化为自己内在的具体观念，而是盲目的套用、模仿，一味地赶潮流。这两种对待新观念的态度截然不同，一种是不愿意接受；一种是盲目的接受。显然，两者都不可取。在思想观念上，前者导致退化，后者导致僵化；反映在建筑创作上，前者单调，后者平庸。当然我们并不是光在抽象的理论上来说教，吸收先进的思想和理论是为了提高理论素质，说到底，是为了提高建筑创作水平。我们反对“阴阳五行、八卦、风水”之中，也反对沉湎于“思潮、流派”的遐想之中。就目前高校建筑师的培养看，大体也是两种倾向：一种光讲基本功，理论素质差，不利今后发展和整体提高；另一种大谈空而玄的理论，却不知如何面对现实进行创作。

学习理论的正确方式是使外在抽象形态的理论转化为主体内在的具体观念，那种原封不动地将外在抽象形态储存于头脑的做法势必会使主体的思维模式老化。外在的抽象理论只有转化成具体观念，才能成为主体的一部分，这种转化非常复杂。一般来说，首先，建筑师应该把抽象形态的理论纳入自己的领域中，使之与自己发生密切的关系，初步具体化；其次，有意识地将这种初步具体化的理论与主体的情感结合起来，染上一定的情感色彩。经过这样两个环节，外在的抽象理论便能转化为主体内在的具体观念了。大多数情况下，仅仅是进入了第一阶段，导致了片面性和“夹生感”。在安阳体育馆设计中，我们在观念上确立了一个大环境观念，具体的实施中又引入了一个“虚构”的概念，否则无法进行，这个引入的概念是一种理论体系，经历了上述两个阶段的内化，而变为具体的观念——并没有引入具体的手法和模仿什么风格。敦煌机场航站楼的作者或许在这方面更为成熟，正如作者所言“借鉴了该借鉴的东西”，“重构与折中”是他的结合点，我们不能一下子找到“借鉴”的痕迹，原因可能正在于此。北京石景山体育馆的创作实践同样是在大量的理论学习和积累中确立了一个新的环境观念，以此为依据使之成为特定环境（实体环境和理论环境）中的产物。理论转化为具体

松花江　1982 年　张伶伶

观念后，便与主体的感受相融合、相促进，这就是理论促进创作的实质。可见，正确的理论也需要转化为具体的观念才有益于建筑创作，至于认为理论有碍建筑创作的看法更是肤浅的。

3. 艺术修养

建筑艺术修养的高下似乎是个虚的无法抓住的东西，然而它却是实实在在的，在创作中表现得极为明显。

任何一个领域都与其他领域有着千丝万缕的联系，建筑领域也同样不是一个完美的“自给自足”的世界。建筑创作无论被视为艺术活动或者被视为文化现象都不可能是单一的“独立活动”，它要涉及复杂的、极为宽阔的其他领域，诸如人文、社会、心理、美学、哲学等等。建筑活动本身的特征也决定了它要比其他艺术活动、实践活动复杂得多。即使那些经典美学、哲学著作一涉及建筑问题也只能一点而过或从多种门类的分析中让你自己去体会。这一方面说明建筑活动的复杂性，另一方面也说明建筑活动要涉猎其他领域。这种“跨越特征”要求我们走出建筑领域，到建筑领域“之外”去获取灵感，这似乎有玄虚之嫌，但近年的理论探索和实践都证明了这一点。因此建筑师的艺术修养成为提高创作水平的重要方面。我们不禁要问，现有的条件、现有的投资就该建成现在的样子吗？答案是否定的。记得1986年前后，某高校为新校区建设进行了大规模的筹划，提出了几个建筑设计方案。我们应该承认几位作者的观念、素质和个人风格的差异，然而反映出的建筑艺术修养是有高下之分的。其中一例是以自己的理论为基点，从城市环境入手，将理论付诸实践，创造了一个地点性极强的好设计，从整体的宏观控制到局部的建筑系馆、高起的行政楼和校内自由布局的广场都反映出作者具有一定的建筑艺术修养，引入的城市文化是作者走出建筑领域，更新设计观念，从其他领域吸收有益成分的结果。这里所指的艺术修养是多方面的，涉及主体的文化素质，也难能与思想观念、理论素质绝对的分割开来。古代诗人陆游曾说过“功夫在诗外”，此话不无哲理。如果说建筑师的功夫在建筑之外有些夸大，但也说明了加强自身修养之重要。我们可以把光讲理论的人称为理论家，把光能动手的人称为创作家，这里无意反对人们按各自特点选择主攻方向，仅仅想说明自身修养的重要。值得注意的是，那些优秀的建筑作品大多出自那些既有理论又有实践，建筑艺术修养颇深的建筑师之手。北京的香山饭店一度引起很大的争议，无论怎样评价它，有一点是明确的，那就是作品的思想观念是新的，艺术修养是高的，无论空间层次还是细部处理都是严谨、细致、耐人寻味的。相比之下，我们许多建筑作品仍暴露出修养不足的遗憾。

提高建筑艺术修养的途径很多，一般有两条途径：一是自觉实践，通过主动实践有意识地提高自身修养，尽可能地涉及相关领域，从中汲取养分。没有哪一位大师不是经过长期实践和不断探索而逐步提高的，并不是要每个人都具备超常素质，但要勤奋学习，有意识地提高自己的文化层次。另一途径就是认真学习在建筑历史发展过程中所积累的建筑经典和那些富有时代精神的优秀之作。这些经典是由先辈建筑师创作出来的杰出作品，具有普遍的代表意义。对这种经典作品的领悟不是一味地模仿和抄袭，重要的是“悟性”的提高。

艺术修养是潜在的表象，不易一下子明晰其作用，这种潜意识是在不断地完善过程中逐步确立的，这种修养程度的高下是指特定的活动气质，有了适当的刺激就会释放出来，这个刺激很可能就是建筑创作活动。

4. 创作个性

每位建筑师都具有自己的创作个性，对此我们不应当随意抹煞，恰恰相反，我们鼓励和培养那些有积极意义的创作个性。我们反对懒惰的、不加思索的一味地借鉴和模仿，这样的结果只能扼杀个性，造成创作水平的下降。个性表现的是一个与另一个的差别，这是独一无二的，是由主体内在因素决定的，尽管建筑师最初的精神结构影响着它的发展，但自觉的走出自己的创作之路是提高主体水平的关键。如果把创作个性与主体的思想观念、理论素质和艺术修养相联系，创作个性的差异也是极为明显的。由于思维结构的不同，即使同一事物在不同人的头脑中也会形成不同的认知图式，人们对客观的领悟是因人而异的，建筑界常常出现的设计竞赛就是一个很好的例证，同一题目会出现不同的理解、不同个性的作品。前几年文学界组织的“同题小说”也是如此，作家在同一主题下展现的是各自的理解和不同的生活体验。不同的思维结构决定主体的认识的深度和广度，显示出极大的差异，建筑师的创作个性是基于自己对客观事物的观察、理解而形成，是按自我的意志去探索的。创作个性的形成会避免创作中的盲目性和相互模仿，有助于探讨建筑创作的新出路和形成多元格局。同时我们必须承认，评论界还没有从建筑师的创作个性角度去分析作品的深层意义，而仅仅停留在建筑表面的评说之中，尽管本文还不能清楚地阐明这个问题，但希望能引起大家的重视。

创作个性的深化应该从两方面入手。首先，建筑师是应该在实践中逐步建立自己的个性语言——他是根据建筑师切身体验，经过提炼加工所采用的建筑语言，它能使建筑形象感染力更强，含义更深刻，能传递更新、更丰富的信息和内涵。这种个性语言的建立并不是随心所欲的，会受到许多因素的限制。建立个性语言一是要表达建筑的特殊性，这种特殊性往往是建立个性语言极重要的因子，它来自于环境、空间、结构诸要素；二是要表达类型性，这是避免盲目追求个性的重要环节，尤其会减少那种模棱两可的程式化意味。这种个性语言的探索对提高建筑创作水平有很大价值，尽管它要在创作实践中不断完善，然而在此过程里一定会见到成效。在北京朝阳体育馆设计中，就是运用了个性语言来强化建筑个性，抓住了环境、空间和结构三方面，反映了建筑的内涵，具有极强的表现力。安阳体育馆的设计就是在大环境观念下，提取了结构体系中的四点支承夸张、变形而成为色彩浓重、雕塑感强烈、具有环境艺术色彩的个性语言，使其恰与大的文化环境一致。

其次，建筑师应当在不断地借鉴、模仿乃至创作中强化自己的个性，确定自己的风格，不应该单纯地去追求某一流派或某一思潮。风格和形式有内在的关联，也自然涉及主体的差异性，差异是客观存在，无须去强求一致，合理地强化这种差异更易确立自己的风格。当然我们也不应强求每人各树一面旗帜，但只要脚踏实地不断探索，这种自觉的风格是会形成的。我们期待着许多优秀的建筑师依据自己的意图，运用自己的建筑语言，将客观制约加以改造，重新组合，构成一个全新的世界。某种意义上，风格是内涵的外延。如果把上面的个性语言看成是内涵的形式语素，在这里风格就是这种语素的外延了，两者具有不可分割的有机联系。我们之所以在这里突出的地强调个性和风格，是因为这才是主体论最终所要表现的结果。

上面的论述，刚刚揭开主体论的表皮。至少有一点是明确的，主体论要素之间相互关联，不可分割，是他们共同构筑了一个完整的主体，主体论要素本身就是一个有趣的自环圈。限于笔者的理论水平，有关研究尚待今后的深化，并望得到同行的指教。

局部　1989 年　张伶伶

插图索引

参考文献

[1] Bryan Lawson，How Designers Think The Architectural Press Ltd:London，1980.

[2] （荷）斯宾诺莎著 . 知性改进论 . 贺麟译 . 北京 ：商务印书馆，1986.

[3] （美）苏珊 · 朗格著 . 情感与形式 . 刘大基等译 . 北京 ：中国社会科学出版社，1986.

[4] （德）玛克斯 · 德索著 . 美学与艺术理论 . 兰金仁译 . 北京 ：中国社会科学出版社，1987.

[5] （德）海纳特著 . 创造力 . 陈绸林译 . 北京 ：工人出版社，1987.

[6] （日）马场谦一等著 . 创造性与潜意识 . 李容纳译 . 长春 ：延边教育出版，1987.

[7] （美）鲁道夫·阿里海姆著 . 艺术与视知觉 . 腾守尧，朱疆源译 . 北京：中国社会科学出版社，1987.

[8] （美）弗朗西斯 .D.K. 钦著 . 形式 空间 秩序 . 邹德侬，方千里译 . 北京：中国建筑工业出版社，1987.

[9] Peter G · Rowe. Design Thinking. The Massachusetts Institute of Technology，1987.

[10] （英）E · H 贡布里希著 . 秩序感 . 杨思梁，徐一维译 . 杭州 ：浙江摄影出版社，1987.

[11] 吴良镛著 . 广义建筑学 . 北京 ：清华大学出版社，1989.

[12] 100 Contemporary Architects,Harry N.Abrams, Inc1991.

[13] 李大厦著 . 路易 · 康 . 北京 ：中国建筑工业出版社，1993.

[14] 王天锡著 . 贝聿铭 . 北京 ：中国建筑工业出版社，1994.

[15] （美）M.N. 布朗，S.M. 基利著 . 走出思维的误区 . 张晓辉，王全杰译 . 北京：中央编译出版社，1994.

[16] Steven Holl 1986-1996. Copyright EL Croquis.S.L. 1996.

[17] 杨春鼎著 . 形象思维学 . 北京 ：中国科学技术大学出版社，1997.

[18] （美）托马斯 L · 贝纳特著 . 感觉世界 . 北京 ：科学出版社，1997.

[19] （美）卡洛林 · M · 布鲁墨 . 视觉原理 . 张功铃译 . 北京 ：北京大学出版社，1998.

[20] 王颖著 . 大系统思维论 . 北京 ：中国青年出版社，1998.

[21] 王明居著 . 模糊艺术论 . 合肥 ：安徽教育出版社，1998.

[22] 杨文虎著 . 艺术思维与创作的发生 . 上海 ：学林出版社，1998.

[23] 何名申著，创作思考方法 . 北京 ：中国和平出版社，1998.

[24] （美）保罗 · 拉索著 . 图解思考 . 邱贤丰等译 . 北京 ：中国建筑工业出版社，1998.

[25] 齐康著 . 建筑思迹 . 哈尔滨 ：黑龙江科学技术出版社，1999.

[26] （美）诺曼 · 克罗，保罗 · 拉塞奥著 . 建筑师与设计师视觉笔记 . 吴宇江，刘晓明译 . 北京 ：中国建筑工业出版社，1999.

后　记

开始探索本书中的问题已是十年前的事了。那时，自己有了近10年的教学经历，加上随同老师们参与了一些重大的工程设计工作，体会也慢慢多起来。曾零零散散地记录了些片断的思索，本想尽快梳理成册。

1992年的秋天，由于工作需要，加上“新老交替”，身不由己，抓起了行政事务。不可否认，这也是一种需要。当然，说的大些是事业的需要。如果说做业务工作刚刚有点头绪，那么行政工作却刚刚开头，一切都要从零开始。在从小的教育中，乃至在母校、老师的教育下，养成了一种认真做事的态度。因此，在行政岗位上也不敢马虎，甚至把行政管理也当成了一种“科研项目”。在这种情形下，自然没有更多的精力坐下来认真思索。虽然在此期间零星的、间断的思索过这个问题，但已难有心境系统地思考了，一个设想中的框架就这样一直存放在头脑之中……

直到1994年，孟浩和李存东成为了我的研究生，我对他们两人讲起了我的这个想法，提出了我的建议。孟浩选择了“场地设计研究”，也是当时“全国高等学校建筑学专业指导委员会”的题目，难度很大，但很急需。为此，他晚于李存东一年后毕业，去了上海，后来我们撰写了那本《场地设计》。李存东的起步同样艰难，最初的构想他是认同的。在深入的过程中陷入了僵局，甚至连我也被带进了“黑洞”，原因是思维太复杂了，又是个无形的东西。这个反复也有好处，至少又让我们确立了起步时的信心，那就是要研究建筑创作的思维必须以过程性作为基本特征，在此基础上的立论使问题简单化、清晰化。因此，李存东的主要工作是按我的思路，抓住过程性来建立框架体系。这项积极性的研究为本书的形成奠定了重要的基础。不可否认，呈献给大家的书稿还很不完善，但却花费了我们力所能及的精力。因此，从我们完成过程性框架的1997年至2000年的秋天，又过去了三年。我的主要工作用于整理和完善，大结构的改变也是在今夏才下的决心，这就是本书的出版迟于《场地设计》的原因。从这个意义上说，孟浩和李存东是我的学生中按照我的构想工作的开端。

本书大致可以概括成这样的结构。引言仅仅是建立一些初步的概念；第一篇是基础理论；第二篇集中对一些苦涩的理论进行通俗化的图示解释；第三篇则是用我们自己的作品对所建构理论的探索；结论提出了我们的主要观点。需要说明的是，第三篇中的作品大多是天作建筑工作室集体创作的结晶。巧合的是，天作建筑工作室组建之时恰好是完成本书框架的1997年秋天，那么接下来的工作就可以理解为在实践中对理论的应用。这也是滞后完成本书的另一原因。天作工作室是个学术性的研究群体，成员都是我的学生，也是合作的伙伴。其中有些人已工作多年，是成熟的建筑师，有些人则处于成长期，也有正在读书的学生。

他们取长补短，发挥各自的优势，契合地走到了一起。因此，他们的潜力巨大，前景乐观，这也是我最为欣慰的事情。我相信在经历了三五年的磨砺之后，他们都能独立工作，做出成绩。尽管现在他们还有不足之处，但毕竟是在积极地探索，努力追求，这些都会在书中那些不成熟的作品中看到，我更希望读者能从中体会到他们认真的态度，而非作品本身。未来的路会很长，或许我们最终也不会达到顶峰，但我们尝试着，探索着，努力着……

在探讨这个问题时，有人常曾问我：思维能说清吗？

我说：思维实在太复杂了，或许永远说不清。但它确是提高主体水平必须涉猎的环节，我们只是努力把这个过程描述清楚。

也有人问：现在的实际情况是，有时三天就要出方案，哪有那么完整的过程？

我们的回答是：三天也是一个过程，哪怕三小时，三个月也同样如此。

还有人问：能把这个问题的三个阶段严格地区分开吗？前三天是准备阶段，第四天则开始进入构思阶段……

我们回答：这样做的意义在于承认这种过程性，进而划分为三个阶段，至于从某个时间来划定不同阶段已不重要了。

通过上面的描述，大家会对本书有一个大概的了解。重要的是我们在实践中应有目的地培养这种意识，进而才有可能去理解它、充实它，也才有可能去提高自己。

说到学生，必然会提到老师。自己从学生到今天，在感谢母校培养的同时，更要感谢老师们的教诲。今年10月，梅季魁老师70诞辰，当时我有两点感受颇深。一是，老师的创新精神一直感染我前进；二是，老师的严格要求使自己学会做事。这是我受益最大的财富，希望本书是我和我的学生献给老师最好的生日礼物。同样，我要感谢在工作、学业、生活上关心、帮助过我的吴满山、荣大成、常怀生、郭恩章、邓林翰、侯幼彬、史春珊、刘志和、智益春、殷福和、陈惠明、孙萃芸、李行等诸位老师，我祝愿他们健康长寿。

我还要谢感谢我的学生们，他们不仅是我的伙伴，也是我的朋友。没有他们的理解、支持和帮助，一定无法完成这本书稿。学院的三位教师李国友、徐洪澎和黄勇参与了本书的编写工作，尤其后期整理、制作中的繁杂琐事，占用了他们的大量宝贵时间。这里，我不想一一列出他们的名字，因为那样会太长，太长……但大家一定会在不同的杂志、刊物和作品中见到他们的名字，那就是他们成长的坚实脚印。我由衷地期望他们尽快超越我，超越他们自己。

感谢前辈杨永生先生厚爱，在定稿的最后阶段提出了重要的修改意见，并为书稿的文字费神。

2012年深秋

天作建筑

补 记

2001 年的秋天，这本历经十多年的书稿终于出版了，很快书籍销售一空，出版社一直想再版，拖了几年才实现。在等待中，又一个十年过去了。教育部把此书列为推荐的研究生教材，后又成为教育部研究生精品教材，这样“再版”就成了必须做的事情，好在教材成本会大大降低，更方便那些就读的学生们，也是一件好事。

一年多的时间修改了几次，尤其书中的后半部分做了较大调整。同时也发现对此问题的思索远没有结束，与之相关的主体、过程和接受问题还需要进一步完善，也促成我将此问题继续下去的决心。希望我和我的同事们的努力成果，在不远的将来不会让读者失望。

本次书稿的修改，我的博士生李辰琦做了大量富有成效的工作，有关第三篇的修改王靖和武威也做了大量调整工作，我很感谢他们。

2012 年深秋
天作建筑